EINLEITUNG

WAS SIE MIT EINER MILLION FOLLOWER WELTWEIT BEWIRKEN KÖNNEN

Wenn Sie etwas zu bieten haben – sei es Talent im Bereich Musik, Kunst, Schauspiel, Sport – oder Sie wissen, wie man eine Marke oder ein Start-up aufbaut, wie man digitale und soziale Plattformen gewinnbringend nutzt, können Sie schnell Millionen, wenn nicht Hunderte Millionen Menschen auf der ganzen Welt erreichen. So sind innerhalb weniger Jahre Social Influencer erfolgreich und manchmal sogar bekannter als »normale« Berühmtheiten geworden. Sie begannen damit, indem sie zu Hause eine Kamera einschalteten und sich aufnahmen; mit anderen das teilten, was sie einzigartig macht. Mit den richtigen Strategien kann fast jeder ein großes globales Publikum aufbauen.

Justin Bieber ist das perfekte Beispiel für jemanden, der intuitiv die Macht der digitalen Medien für sich genutzt hat. Er startete seine Karriere, indem er Videos auf YouTube hochlud; Songs coverte, die damals bereits beliebt waren. Heute ist er einer der größten Stars auf diesem Planeten. Er musste nichts besonders Innovatives tun. Er sah eine Möglichkeit, das zu nutzen, was bereits funktionierte, und tat es. Justins Magie bestand in einer Kombination aus seinem Gesangstalent, das die Menschen auf emotionaler Ebene ansprach, und seiner Fähigkeit, sich selbst mit Liedern in Verbindung zu bringen, nach denen die Leute bereits auf der Plattform suchten, was ihn für sein Publikum relevant machte.

Er hatte eine zeitgemäße und emotionale Botschaft, die bei den Menschen ankam und die sie mit anderen teilen wollten. Und weil die Leute ihm geholfen haben, diese Botschaft zu teilen, erregte er die Aufmerksamkeit von Produzenten, Plattenfirmen und Managern, die dabei halfen, ihn zum Star zu machen. Es gab einen Moment, als sowohl Justin Timberlake als auch Usher darum wetteiferten, ihn unter Vertrag zu nehmen. Das lag allein an seiner Präsenz in den sozialen Medien und seiner Fähigkeit, Millionen Menschen auf der Welt dazu zu bringen, seine Videos anzusehen, zu kommentieren oder zu bewerten und zu teilen. Anfangs war er ein talentierter Niemand – nicht viel anders als viele von Ihnen, die dieses Buch lesen.

Wir verfügen alle über etwas, das uns einzigartig macht und es uns ermöglicht, andere zu inspirieren. Und da Sie dieses Buch lesen, sind Sie vielleicht auch jemand, der anderen etwas zu bieten hat und danach strebt, einen positiven Einfluss zu haben. Aber heutzutage strebt fast *jeder* danach, ein Influencer zu sein, und in einer zunehmend globalisierten Gesellschaft ist es schwieriger denn je, Gehör zu finden. Es werden täglich mehr als 60 Milliarden Botschaften allein auf mobilen Plattformen geteilt. Wie zur Hölle soll man die Aufmerksamkeit der Menschen erregen und dafür sorgen, dass sie zuhören?

Viele Menschen glauben, dass es ausreicht, eine Nachricht auf Facebook, Instagram oder Snapchat zu posten oder zu boosten. Aber das stimmt nicht. Sie müssen wissen, wie Sie die Menschen dazu bringen, dass sie Ihre Nachricht verbreiten – teilen. Wenn eine Person Ihre Nachricht teilt, vergrößert das Ihre Bekanntheit

REDLINE | VERLAG

BRENDAN KANE

EINE MILLION FOLLOWER

Wie man in nur 30 Tagen seine Social-Media-Präsenz massiv erhöht

Growth Hacks und praktische Tipps von weltweit führenden Experten für Ihr Business, Ihre Botschaft und Ihr Marke

Bibliografische Information der Deutschen Nationalbibliothek:
Die Deutsche Nationalbibliothek verzeichnet diese Publikation in der Deutschen Nationalbibliografie; detaillierte bibliografische Daten sind im Internet über http://d-nb.de abrufbar.

Für Fragen und Anregungen:
info@redline-verlag.de

1. Auflage 2023

Übersetzung: Philipp Seedorf
Redaktion: Silvia Kinkel
Umschlaggestaltung: Monika Tomaszewska
Umschlagabbildung: aleksandarvelasevic/ iStock
Satz: ZeroSoft, Timisoara
Druck: GGP Media GmbH, Pößneck
Printed in Germany

ISBN Print 978-3-86881-921-2
ISBN E-Book (PDF) 978-3-96267-484-7
ISBN E-Book (EPUB, Mobi) 978-3-96267-485-4

Wir produzieren nachhaltig
www.m-vg.de

Weitere Informationen zum Verlag finden Sie unter

www.redline-verlag.de

Beachten Sie auch unsere weiteren Verlage unter www.m-vg.de

INHALT

VERSCHAFFE DIR GEHÖR

Du bist auf dieser Welt, um deinen Traum zu leben.
Jeder Mensch hat eine Gabe.
Träume werden dir die Richtung geben.

Hast du den Mut, deinen Traum zu ergreifen?
Ich weiß, du hast ihn.
Du bist bereit, lass dein Licht über diese Welt schweifen, pack es an.
Für einen positiven, dauerhaften, bedeutenden Einfluss auf die Welt,
brauchst du nur einen Plan.

Nutze die sozialen Medien zu deinem Vorteil.
Mächtige Botschaften; Produkte, von denen du erzählen willst; die Zeit ist gekommen,
keine Entschuldigungen mehr.

Du kannst tatsächlich die Welt verändern, mit deiner Botschaft und deinem Content,
es liegt an dir,
das Buch meines Freundes Brendan Kane wird dir das Nötige beibringen, du findest es hier.

Egal, wo auf der Welt du gerade bist –
ob in den USA, Mexiko, Brasilien, Australien, Indien, England und darüber hinaus –
die mächtigen Genies in diesem Buch reichen dir, nur dass ihr es wisst,
die richtigen Tools, die magische Formel, und du kommst groß raus.

Es stimmt!
Ich verspreche es.
Lassen dich inspirieren und folge deinen Träumen.
Nichts ist zu fern,
mag es auch so scheinen,
glaub mir.

Tipps der größten Marketinggenies findest du in diesem Buch.
Sie helfen dir, die Strategien, Partnerschaften und Chancen zu finden,
die du suchst.
Was du willst und brauchst, wirst du finden,
um Unternehmer zu sein und den Erfolg an dich zu binden.

Diese Experten wissen, wie du deine Botschaft in die Welt bringen kannst,
und sie verraten es dir.
Hast du das Buch gelesen, verfügst du über wirkungsvolle digitale Strategien,
und Techniken, dein Publikum zu mehren,
um deine Botschaft in die Welt zu tragen und dich der Veränderung einen Schritt zu nähern.

Wovon du auch träumst …
… Redner, Poet, Model, Social Influencer, Schauspieler zu werden,

ein Tech-Unternehmen zu gründen, Händler, Comedian zu werden
oder mehr, du kannst es schaffen.
Durch dieses Buch wirst du an deinen Erfolg glauben.

Du bist kreativ, unabhängig, innovativ und ein guter Connector.
Du brauchst nur die Informationen, durch die du glaubwürdig und
vertrauensvoll wirst,
in der heutigen Gesellschaft ein absolutes Muss.

Verwandle deine Gaben in Träume,
die Informationen liegen vor dir,
also schnapp sie dir.

Ich glaub an dich,
lies dieses Buch,
folge seinen Perlen der Weisheit und deine Träume werden wahr,
das ist nötig, wertvoll und diese Hilfe so rar.

Wenn du deinen Träumen folgst,
weiß niemand, wohin die Reise führt.
Willst du meinen Rat?
Lies dieses Buch und lern so viel wie möglich daraus.

Tauch ein und vertiefe dein Wissen.
Verwandle deine Gaben in Reichtum,
indem du mit sozialen Medien die Welt veränderst.

Du bist einzigartig,
keiner kann dich ersetzen.
Also komm aus deinem Versteck und zeig dich der Welt.

– **Prince Ea**

und Reichweite exponentiell – die Nachricht erreicht schließlich Hunderte weitere Freunde dieser Person und möglicherweise auch die Freunde der Freunde und Freundesfreunde. Die Geschwindigkeit, mit der Sie Menschen dazu bringen, Ihren Content zu teilen, bestimmt den Erfolg Ihres organischen Wachstums: Je mehr Menschen den Content teilen, desto schneller wachsen Sie.

Sie müssen lernen, wie man das Potenzial der Massen maximiert, Ihre Marke oder Ihr Produkt zu bewerben – und genau das werde ich in diesem Buch erklären, Schritt für Schritt, und mit Tipps und Beispielen illustrieren. Ich nutze meine mehr als zehn Jahre Erfahrung als Digital- und Businessstratege für Berühmtheiten, Marken und Fortune-500-Unternehmen – bei denen ich das globale Netzwerk und meine Expertise einsetzte, um Klienten zu helfen, ihre Reichweite zu skalieren, auszuweiten und zu beschleunigen –, um Sie zu einem Experten darin zu machen, die Menschen dazu zu bringen, sich für das zu interessieren, was Sie zu sagen haben. Manche nennen mich einen Wachstums-Hacker in Anlehnung an einen Begriff von Sean Ellis, aber ich betrachte mich selbst als Digital- und Business-Strategen. Meine Mission besteht darin, Ihnen zu helfen, Ihre geschäftlichen und persönlichen Ziele so schnell wie menschenmöglich zu erreichen. Meistens gelingt das durch das Maximieren des Potenzials Ihres Contents, indem Ihr Content und Ihre Marke geteilt werden, was im Grunde ein Hack der Mundpropaganda ist, die normalerweise diese Aufgabe übernimmt.

Aber Menschen haben unterschiedliche Ziele und deswegen habe ich mich bei meinen Recherchen und Vorbereitungen für dieses Buch an meine Freunde im Business gewandt und an die besten Experten für Wachstum weltweit, um auch deren Strategien zu analysieren. Ich will Ihnen die besten verfügbaren Informationen und Techniken zur Verfügung stellen, damit Sie *Ihre* speziellen Ziele erreichen. In diesem Buch haben Sie Zugriff auf die Vordenker und Experten für jeden Aspekt sozialen und digitalen Wachstums. Ob Sie nach einer Million Follower auf Facebook streben, eine große Anzahl Follower auf YouTube oder Instagram gewinnen oder Produkte im Wert von Millionen Dollar online verkaufen wollen, all die Informationen stehen Ihnen zur Verfügung und warten darauf, dass Sie daraus Kapital schlagen. Wenn Sie tiefer einsteigen wollen und noch mehr Ressourcen oder Beratung brauchen, gehen Sie auf www.onemillionfollowers.com/beyond oder schreiben Sie mir eine E-Mail unter bkane@brendanjkane.com.

Was ich bei meiner Arbeit mit Taylor Swift lernte

In den letzten paar Jahren habe ich mich hauptsächlich auf Content-Testing und Content-Optimierung, Analyse und Daten verlassen sowie für Werbung bezahlt, um Berühmtheiten, Athleten und Medienunternehmen zu helfen, ihre Reichweite und ihr Publikum schnell zu skalieren. Ich habe Jahre mit Experimenten und Beobachtung zugebracht, um die Ergebnisse zu erzielen, die ich heute erreiche, aber ich glaube, das geht alles darauf zurück, was ich bei meiner Arbeit mit Taylor Swift lernte. Während der Zeit mit ihr erkannte ich, welche Macht digitale und soziale Plattformen haben und wie man diese nutzt.

Das Faszinierende an Taylor Swift ist, dass sie ihre Marke, ihre Musik und ihren Starstatus selbst aufgebaut hat. Sie begann mit einer schlichten Myspace-Seite, auf der sie ihre Plattform aufbaute und eine persönliche Verbindung zu den Fans herstellte. Sie verstand intuitiv, dass das ihre Markenreichweite beschleunigen würde. Sie reagierte persönlich auf jeden einzelnen Kommentar, den sie auf dieser Plattform erhielt. Und jedes Mal, wenn sie um ein Autogramm oder ein Foto gebeten wurde, kam sie dem nach.

Einmal veranstaltete Taylor ein 13-stündiges »Meet and greet« – am Ende wurden es 17 Stunden –, bei dem sie Autogramme gab und mit 3000 Fans Selfies machte. Sie wusste, dass jeder Fan, der in der Reihe stand und wartete, um ein Autogramm oder ein Foto zu ergattern, ein lebenslanger Fan – und damit Markenbotschafter – werden würde. Diese Markenbotschafter würden ihre Musik und ihre Botschaft mit all ihren Freunden teilen und unter ihnen verbreiten. Auch wenn Taylor physisch nur 3000 Menschen treffen konnte, erreichte sie an diesem Tag vermutlich 100 000 Menschen. Jede Interaktion war nicht auf einen einzigen Moment beschränkt: Die Fans würden nicht nur ihren Freunden davon erzählen, sondern auch Fotos, Autogramme und Videos, die sie bei diesem Event gemacht und erhalten hatten, auf ihren eigenen sozialen Channels posten. Der durchschnittliche Facebook-User hat 338 Freunde, wenn also jeder ihrer Fans die Bilder mit anderen teilte, konnte sie potenziell bis zu 1 014 000 Menschen erreichen. Die Fans würden für sie Mundpropaganda betreiben. Sie würden all ihren Freunden und sozialen Kontakten sagen: »Ich liebe Taylor Swift!« oder »Ich habe gerade dieses tolle Foto oder Autogramm bekommen.«

Taylor nimmt sich immer noch Zeit für solche Events. Sie besucht die Geburtstagspartys von Fans, Hochzeiten und Brautpartys. 2014 erschien sie vor den Häusern einiger Fans mit Weihnachtsgeschenken und mehr als 18 Millionen Menschen sahen sich die Videos an, in denen sie die Geschenke auslieferte. 2017 lud sie ausgewählte Gruppen von Fans in ihre Häuser in London, Los Angeles, Nashville und Rhode Island ein, wo sie in Partyatmosphäre ihr sechstes Studioalbum, *Reputation*, anhören konnten. Diese Events sind Taylors Art, ihren Fans etwas zurückzugeben, während sie gleichzeitig eine Unmenge an Aufmerksamkeit und Interesse hervorruft.

Das funktioniert bei ihr, weil sie authentisch ist. Sie tut das nicht nur, um das System zu manipulieren. Sie ist nicht nur schlau, talentiert und weiß es zu schätzen, dass die Fans ihre Zeit opfern, sie hat auch ein gutes Herz. Und es ist dieses Herz, das zu einer Markentreue führt, die sich wie ein Buschfeuer verbreitet.

Aber Taylor kann nicht überall auf einmal sein. Zu Beginn ihrer Karriere wohnte sie in Nashville. Natürlich konnte sie dort Autogrammstunden abhalten und sich mit 3000 Fans treffen, aber woher sollte sie die Zeit nehmen, das auch in anderen Teilen der Welt zu tun? Ihre Fans in New York, London, China, Hongkong, Indien und Japan konnten nicht auf diese Art mit ihr in Verbindung treten. Aber durch ihre Onlinepräsenz kann sie mit Menschen auf der ganzen Welt in Verbindung treten – und das schnell.

Bevor sie sich mit meinem Team traf, hatte Taylor um die 75 000 bis 150 000 Dollar für eine Website ausgegeben, die komplett mit Flash programmiert war und bei der es zwei Tage dauerte, etwas upzudaten. Als ich mir die Analysedaten ansah, erkannte ich, dass die Leute weniger als 30 Sekunden auf der Website verbrachten, und 90 Prozent verließen die Homepage sofort wieder, wenn sie darauf landeten. Ich wollte, dass Taylor das Potenzial ihrer Website maximiert und wieder zur ursprünglichen Idee hinter ihrer Marke zurückkehrte – der direkten Eins-zu-eins-Interaktion mit den Fans. Mit der richtigen Strategie konnte sie ihre Website einsetzen, um stärkere Verbindungen zu ihren Fans zu knüpfen.

Mein Vorschlag bestand darin, dass sie mit der Technologieplattform, die mein Team entwickelte, eine ganz neue Website nach ihren Vorstellungen in sechs Stunden aufbauen konnte. In einem Meeting zeigte ich ihr, wie wir dynamisch jedes Element der Website in Echtzeit ändern konnten. Sie konnte den Hintergrund verändern, die Navigationsleiste verschieben, die Navigationsleiste ändern und jedes Element der Website kontrollieren, was ihr die Möglichkeit und Kreativität bot, stets weiterzuentwickeln, wie sie sich ihren Fans gegenüber ausdrücken wollte. Zum Beispiel konnte sie jedes Mal, wenn sie ein neues Album herausbrachte, schnell die gesamte Website in Minuten verändern, um sie an die Ästhetik des neuen Albums anzupassen.

Durch die Möglichkeit, schnell die Website zu verändern, konnte sie eine wirkungsvollere Verbindung mit ihren Fans eingehen. Sie war dadurch in der Lage, sich so auszudrücken, wie sie wollte und wann sie es wollte, in gleicher Weise, wie sie es zu Beginn ihrer Karriere auf Myspace tun konnte. In den nächsten zwei Jahren nutzten wir die Plattform, die mein Team entwickelt hatte, zusammen mit einigen brillanten Technologieplattformen zum Aufbau einer Community, mit denen wir Partnerschaften eingingen. Dadurch verlängerten wir die Zeit, die Fans auf der Website verbrachten, von weniger als 30 Sekunden auf mehr als 22 Minuten. Wie konnten wir diese Zeitspanne so schnell vergrößern? Indem wir den Fans einen Grund gaben, dort zu bleiben. Wir vereinfachten die Kommunikation der Fans, denn Taylor konnte natürlich nur mit einer begrenzten Anzahl Fans gleichzeitig reden. Also bauten wir eine Community auf, in der die Fans *miteinander* darüber reden konnten, wie sehr sie Taylor und ihre Musik mochten.

Wir bauten außerdem ein System auf, bei dem die Fans ihre Facebook-Profile in weniger als 30 Sekunden in Taylor-Swift-Fanseiten verwandeln konnten. Es extrahierte automatisch den Namen und die Fotos der Fans zusammen mit Taylors Fotos und Albumcovern, damit sie ihre ganz eigene Fanseite zusammenstellen konnten. Die Fanseiten nutzten dieselben Technologieplattformen, auf denen wir Taylors Website aufgebaut hatten, damit die Fans alle Elemente einer Fanseite individuell gestalten und personalisieren konnten. Die Fans fühlten sich mit Taylor verbunden, als wären sie ein Teil ihres Teams – sie konnten dieselbe Plattform wie Taylor nutzen und jeden Aspekt selbst neu kreieren. In wenigen Monaten wurden mithilfe dieser Plattform mehr als 35 000 Fanseiten geschaffen. Ich habe keine genauen Zahlen, aber damals war es vermutlich ein Rekord: die größte Anzahl an Fanseiten, die je für einen einzelnen Künstler geschaffen wurden.

Zeuge zu werden, wie gut es für Taylors Marke funktionierte, stärkere Verbindungen zu ihren Fans einzugehen, ließ in mir eine Idee keimen. Ich erkannte, dass Fans bereit sind, Content, Nachrichten und Produkte mit jedem zu teilen, den sie kennen, wenn sie sich verbunden fühlen. Sobald ich das Ausmaß der Wirkung realisierte, wurde es zu einem entscheidenden Teil meines gesamten Ansatzes. Mir wurde klar, dass man nicht Millionen Dollar für Marketing ausgeben muss, um die Massen zu erreichen – man muss nur die Leute dazu bringen, die Botschaft zu teilen.

Nicht jeder kann Taylor Swift sein – und das ist okay

Solange ich zurückdenken kann, habe ich immer das Bedürfnis verspürt, Verbindungen zu bekannten Berühmtheiten, Vorständen, Sportlern und Unternehmern zu knüpfen. Ich begann damit an der Filmhochschule. Ich liebte Filme und wollte lernen, wie man sie produziert, und die Geschäftsseite der Unterhaltungsindustrie besser verstehen.

Mir wurde schnell klar, dass sie einem an der Filmhochschule nichts über die geschäftliche Seite beibringen, also dachte ich mir, am besten lernt man etwas über das Business, indem man sein eigenes aufzieht. Die kosteneffizienteste Methode war damals ein Onlinebusiness – und ist es auch heute noch. Also gründete ich ein paar Internetunternehmen, während ich aufs College ging, um wirklich etwas zu lernen und zu experimentieren. Als ich 2005 nach Los Angeles zog, um eine Karriere beim Film anzustreben, hatte die Unterhaltungsbrancheindustrie nach dem Platzen der Dotcom-Blase gerade ihr Interesse am Digitalen wiederentdeckt. Ich nutzte mein Wissen, das ich durch die Gründung dieser Unternehmen gewonnen hatte, um einen Fuß in die Tür zu bekommen, Verbindungen zu knüpfen und Projekte zu starten. Schließlich managte ich die digitalen Abteilungen zweier Filmstudios. Meine Aufgaben deckten weite Bereiche ab. Ich arbeitete digitale Marketingkampagnen aus, fand Möglichkeiten, Filmarchive zu kommerzialisieren, und arbeitete direkt mit Schauspielern und Regisseuren, um ihre Marke online zu syndizieren.

Irgendwann wollte ich mein Aufgabengebiet vergrößern und wurde selbst Unternehmer. Ich versuchte mich im Bereich Technologie, baute digitale Plattformen auf und lizenzierte sie an Unternehmen wie MTV/Viacom, Yahoo!, Lionsgate, *Vice* Magazine und MGM. Dann begab ich mich in die Welt von Paid Media, half dabei, eine der größten Firmen für bezahlte Social Media Optimization aufzubauen, und managte knapp 70 Millionen Dollar jedes Jahr für bezahlte Kampagnen von Fortune-500-Unternehmen.

Dank meines vielseitigen Hintergrunds hatte ich die Gelegenheit, an Projekten für einige der bekanntesten Namen der Welt zu arbeiten – Taylor Swift, Jason Statham, Rihanna, Katie Couric und die Firmen, die ich oben erwähnte. Mit diesen Giganten zu arbeiten, forcierte meine Neugier und den Drang herauszufinden, was es braucht, um erfolgreich zu werden, ein Star oder ein bekannter Name zu sein.

Nachdem ich zehn Jahre Berühmtheiten, Marken und Unternehmen geholfen habe, ein großes Publikum zu erreichen, fragte ich mich, ob jemand, der bei null anfängt, ebenfalls von meinen Ideen und Techniken profitieren würde. Also führte ich ein Experiment durch, um festzustellen, ob eine Person, die niemals im Fernsehen, Kino oder in den Printmedien präsent gewesen war, eine große Zahl an Followern auf der ganzen Welt gewinnen konnte. Denn wenn mir das mit einer unbekannten Person gelang, konnte ich jedem, der etwas anzubieten hatte, zu Followern und Bekanntheit verhelfen. Ich konnte Menschen helfen, die es verdient hatten, Bestätigung und Glaubwürdigkeit zu erlangen, und sie ihren Träumen ein Stück näherbringen.

Während ich überlegte, wen ich für dieses Unterfangen auswählen sollte, wurde mir klar, dass ich selbst der perfekte Kandidat war: Ich war nicht berühmt; ich war nie im Fernsehen, in einem Kinofilm oder in der Presse aufgetaucht; und ich hatte (bisher) nichts getan, was die Gesellschaft für besonders cool hielt. Ich war ein durchschnittlicher Typ, der es spaßig fand, sich mit Menschen auf der ganzen Welt zu verbinden. Also startete ich im Juni 2017 mein kleines Experiment. Ich wendete alles an, was ich in mehr als zehn Jahren im digitalen Bereich und den sozialen Medien gelernt hatte, um herauszufinden, wie schnell ich Menschen auf der ganzen Welt dazu bringen konnte, Follower meiner Facebook-Seite zu werden.

Zu meinem Erstaunen hatte ich bis Juli – in weniger als einem Monat – über eine Million Follower in mehr als hundert Ländern. Ich kannte diese Menschen nicht und sie kannten mich vor diesem Experiment garantiert auch nicht. Als ich die Anzahl von Likes auf meinem Computerbildschirm sah, konnte ich nicht glauben, was passierte. Das lag nicht daran, dass mir nicht klar war, wie viele Likes man erzielen kann – ich hatte das für meine Klienten geschafft, aber das waren Berühmtheiten und Unternehmen. Mich überraschte vielmehr, dass ich, Brendan Kane, ein Digitalstratege, der hinter den Kulissen aktiv ist (oder hinter dem Bildschirm) und im Grunde über keine Plattform verfügt, zu einer öffentlichen Person werden konnte, die die ganze Welt erreicht. Plötzlich war ich in der Lage, in kurzer Zeit eine Menge Einfluss zu nehmen.

Die Tatsache, dass ich kein Rockstar, Schauspieler oder andere Art von Promi war und dennoch eine Million Menschen auf der ganzen Welt dazu bringen konnte, mir zu folgen, ist bemerkenswert, seltsam und beeindruckend. Es verlieh mir ein gesteigertes Gefühl der Verantwortung und bescherte mir interessante neue Erfahrungen. Ich bekam Nachrichten von Menschen, die mir sagten, wie sehr sie mich mochten oder dass ich sie inspiriert hätte, bis hin zu Todesdrohungen und Hass-E-Mails, weil ich politische Inhalte geteilt hatte, die der Weltsicht mancher Leute in meinem Publikum widersprachen.

Aber ich konnte mich immer noch nicht als Berühmtheit oder gar Influencer sehen – ich hatte all diese Follower buchstäblich in 30 Tagen gewonnen, und das ist etwas ganz anderes, als es über Jahre hinweg aufzubauen. Mein Ziel hatte nicht darin bestanden. berühmt zu werden, sondern es war ein Experiment, um zu sehen, was möglich ist und was ich bewirken konnte. Ich tat es außerdem, um meine Erfahrung und mein Wissen mit Ihnen allen zu teilen. Wäre es mir um Berühmtheit gegangen, hätte ich einen beträchtlichen Aufwand in das Follow-up stecken und meine Marke hegen und pflegen müssen, um sie weiter zu stärken, ebenso wie die Verbindungen zu meinen neu gewonnenen Followern. Es erfordert nämlich eine Menge Zeit, Energie und Arbeit, um ein riesiges Publikum aufzubauen und zu kultivieren, das aus ernsthaft interessierten Fans besteht.

Im Grunde läuft es auf Folgendes hinaus: Wenn ich es tun kann, können Sie es auch. Dieses Buch wird Ihnen zeigen, wie. Mit diesen Tools können Sie Ihren Träumen einen Schritt näherkommen.

Wie man so schnell wie möglich seine Karriereziele erreicht

Vor Kurzem arbeitete ich mit einer aufstrebenden Schauspielerin in Los Angeles. Sie ist sehr talentiert, aber noch recht unbekannt und hat bisher wenig vorzuweisen. Ich fragte sie, was denn bei ihrem Vorsprechen herauskäme, und sie erzählte mir von einem Meeting mit einem der Top-Casting-Agenten in Hollywood, der ihr sagte, ihre Arbeitsproben seien großartig und sie sei eine exzellente Schauspielerin, aber sie würde sich selbst und ihm einen großen Gefallen tun, wenn sie Zigtausende Twitter-Follower hätte. Auch wenn eine Twitter-Gefolgschaft nichts damit zu tun hat, eine gute Schauspielerin zu sein, würde es ihr einen Pluspunkt bei den Produzenten verschaffen, die darüber entschieden, wer eine Rolle bekommt.

Der Wert einer großen Zahl von Followern ist nicht nur für Unbekannte wichtig. Auch auf den höheren Sprossen der Karriereleiter ist das noch wichtig. Sophie Turner aus *Game of Thrones* berichtet, dass sie für Rollen ausgewählt wurde und dabei bessere Schauspielerinnen ausstach, weil sie mehr Follower hat. In einem

Interview mit dem Magazin *PORTER* erklärte sie: »Ich sprach für ein Projekt vor und die Entscheidung fiel zwischen mir und einer anderen jungen Frau, die eine viel bessere Schauspielerin ist als ich, viel besser, aber ich hatte die Follower, also bekam ich den Job. Das ist nicht richtig, aber so läuft es heutzutage in der Filmindustrie.«[1]

In den sozialen Medien gute Zahlen vorweisen zu können, ist nicht nur für Individuen wichtig – es trifft auch auf Marken zu. Laut einer Studie der Wharton-Business-School kann die Beliebtheit in den sozialen Medien die Fähigkeit eines Start-ups demonstrieren, die eigene Marke aufzubauen, Kundenfeedback zu integrieren und spezifische Kundengruppen anzulocken. Daher berücksichtigen einige Investoren das bei ihrer Entscheidung, in was sie investieren.[2]

Ich habe sogar festgestellt, dass es in meinem eigenen Leben etwas bewirkte, mich durch die vielen Fans bestätigt zu fühlen. Durch die vielen Follower war ich in der Lage, den Einfluss meines eigenen Unternehmens zu steigern. Ich konnte mehr Kunden und Partnerschaften sichern. Man bot mir einen Flug nach Schweden an, um in der Weltzentrale von IKEA einen Vortrag zu halten und Workshops zu leiten. Man bot mir Gelegenheiten, Vorträge bei Events wie dem Web Summit in Portugal zu halten, der größten Tech-Konferenz der Welt mit 70 000 Teilnehmern und Rednern wie Al Gore, Elon Musk, Bono, Werner Vogels (Chief Technology Officer und Vice President von Amazon) und Dustin Moskowitz (Mitgründer von Facebook).

---

1 Faith Cummings, »Sophie Turner Says Her Social Media Following Landed Her a Role Over Another Actress«, *InStyle,* 4. August 2017, https://www.instyle.com/news/sophie-turner-social-media-lands-her-roles

2 Fujie Jin, Andy Wu und Lorin Hitt, »Social Is the New Financial: How Startup Social Media Activity Influences Funding Outcomes«, Arbeitspapier, Wharton School, University of Pennsylvania, 7. Februar 2017, https://mackinstitute.wharton.upenn.edu/wp-content/uploads/2017/03/FP0331_WP_Feb2017.pdf

Die Zahlen in den sozialen Medien werden zunehmend wichtiger und können enormen Einfluss auf Ihre Fähigkeit haben, einen Fuß in die Tür zu bekommen und wichtige Partnerschaften aufzubauen. Die gute Nachricht ist, dass Sie kein Megastar sein müssen, um Wachstum zu erzielen. Sehen Sie mich an – ich bin weder in *Game of Thrones* noch ein talentierter Sänger. Im Grunde hatte ich anfangs gar keine Follower in den sozialen Medien, und genau deswegen wollte ich unbedingt dieses Buch schreiben. Ich will Ihnen den Zugang zu den besten Wachstumsstrategien geben, egal, wie viel Einfluss Sie im Moment haben (oder nicht haben). Lesen Sie dieses Buch bis zum Ende und seien Sie versichert, Sie werden eine Vorstellung davon bekommen, wie Sie Ihre Karriereziele möglichst schnell erreichen können.

Die normale Methode

Bevor ich mein System entwickelte, hatten bereits andere Leute (nicht nur Ausnahmen wie Justin Bieber) herausgefunden, wie man Einfluss gewinnt. Das ist toll, aber die meisten Menschen haben keine Strategie hinter ihrem Vorgehen – und diejenigen, die eine haben, behalten sie meist für sich. Wer keine Strategie hat, postet einfach Content und hofft, dass dieser auffällt und viral geht. In seltenen Fällen funktioniert das. Meistens jedoch nicht. Ohne eine Strategie können Sie nur darauf hoffen, dass das Glück Sie voranbringt. Und selbst wenn Ihnen das Schicksal wohlwollend gesinnt ist, werden Sie mit organischem Posting mindestens ein paar Jahre brauchen, um eine große Zahl an Followern zu gewinnen. Ehrlich gesagt haben die meisten Menschen nicht so viel Zeit. Die Welt dreht sich schnell und wir müssen Schritt halten, damit wir so bald wie möglich das Potenzial unserer Talente maximieren können.

Aufgrund der schwindelerregenden Geschwindigkeit der modernen Welt will jeder schnelle Resultate, und das bringt viele

Menschen dazu, mit bezahlten Medien zu arbeiten. Sie denken, sie können ihre Fans und die Aufmerksamkeit ihrer Kunden kaufen. Sie versuchen, Posts zu pushen, oder nutzen Werbemanager für Facebook und bezahlte Platzierungen auf Instagram. Machen Sie sich keine falschen Vorstellungen: Diese Taktiken spielen eine Rolle in meiner Strategie, aber wenn man sie ohne fundierten Plan einsetzt, erzielen sie niemals die erhoffte Wirkung. Es wird unweigerlich zu einer teuren und frustrierenden Angelegenheit. Sie werden nicht weit kommen, wenn Sie sich auf das konzentrieren, was Sie für ansprechend halten, statt auf das, was emotionale Reaktionen hervorruft.

Eine der Marken, mit der ich gearbeitet habe, Skechers, hat Hunderttausende Dollar ausgegeben, um Fotos und Videos anfertigen zu lassen, die in Zeitungen und im Fernsehen funktionieren. Sie wollten sie einfach zweckentfremden und auf sozialen und digitalen Plattformen einsetzen. Leider ist es nicht ganz so einfach. In nur zwei Wochen, die ich mit Skechers arbeitete, half ich ihnen, die Ergebnisse von 13 Jahren zu übertreffen, in denen Menschen mit ihrem Video-Content auf all den Skechers-Facebook-Seiten interagiert hatten. Überlegen Sie mal, wenn es schon für die großen Marken mit ihren Recherchеteams so schwierig ist, wie soll es dann ein Einzelner schaffen?

Vermutlich aufgrund dieser Frustration entstand eine andere Taktik – das Kaufen vorgetäuschter Fans. Dieses Vorgehen kann ich nicht empfehlen, denn, nun ja, es ist schäbig und falsch. Es könnte zu einer kurzfristigen Bestätigung führen, wenn man nicht genau hinsieht, aber das lässt sich nicht aufrechterhalten. Sobald die Leute es herausfinden, wird man unglaubwürdig. Und, ja, die Leute werden es herausfinden. Es gibt heute unzählige Möglichkeiten, so etwas aufzudecken. Dieses Risiko, Ihren Ruf zu beschädigen, ist es nicht wert. Abgesehen davon werden Sie nicht wirklich etwas über Ihren Content oder Ihre Message erfahren oder die wichtigen Informationen erhalten, die Ihnen helfen, anhaltende Popularität zu erlangen und langfristig bekannt zu bleiben.

Zu guter Letzt helfe ich gerne den Leuten, die wie so viele schon Hunderte, wenn nicht Tausende Dollar für Onlinekurse von Social-Media-Experten ausgegeben haben. Leider bestehen viele dieser Kurse aus sinnlosen Anweisungen wie »Seien Sie authentisch« oder »Seien Sie interessant«. Selbst wenn diese Klischees korrekt sein mögen, verraten sie Ihnen nicht, *wie* man das anstellt. Sie brauchen immer noch ein System, das Ihnen die Tools liefert, um herauszufinden, wie Sie selbst so sein können und wie Sie das bewerkstelligen. Genau darum geht es in diesem Buch.

Das von mir entwickelte System

Abgesehen von der direkten Eins-zu-eins-Verbindung, um schnell Fans zu gewinnen und Botschaften zu erzeugen, die Ihr Publikum emotional anrühren, ist ein weiteres Fundament meiner Methode das Testen. In diesem Buch werden Sie lernen, wie Sie mit Tests die beste Strategie finden, um Menschen dazu zu bringen, Ihre Botschaft zu teilen. So werden Sie statt in Jahren in wenigen Monaten Fans dazugewinnen.

Indem Sie meine spezifischen Testmethoden nutzen und intelligent Paid Media anwenden, können Sie Ihr Wachstum beträchtlich steigern und schnell die richtigen Zahlen und Bestätigung erzielen. Sie werden ein System haben, das Ihnen hilft herauszufinden, was funktioniert und was nicht. Sie werden über die wichtigen Daten verfügen, was Ihrem Business und der Entwicklung Ihrer Marke nützt.

Aber ich möchte Sie vorwarnen, dass dieses System Ihnen Arbeit abverlangt. Und es geht nicht nur um die Arbeit, die man leisten muss, um Follower dazuzugewinnen, sondern um etwas noch Wichtigeres: Wie hält man das Interesse der Follower aufrecht und macht sie zu lebenslangen Fans und Markenbotschaftern? Machen Sie sich darauf gefasst, mit Versuch und Irrtum zu arbeiten, Anpassungen vorzunehmen und, vielleicht am wichtigsten, auch zu scheitern.

Ich teste nie nur eine Sorte Content; ich teste Hunderte oder sogar Tausende Variationen dieses Contents. Ich nehme mir die Zeit, so viele Variationen zu testen, bis ich herausgefunden habe, was funktioniert. Und Sie müssen sich darauf einstellen, dasselbe zu tun, wenn Sie Erfolg haben wollen.

So entsteht übrigens alles Großartige. Facebook ist so erfolgreich geworden, weil sein Modell (und das Modell von Silicon Valley im Allgemeinen) auf dem Prinzip basiert, »hart und schnell zu scheitern«. Manche sagen sogar, man müsse »noch schneller scheitern«, denn nur so kann man dazulernen. Indem man etwas testet, dazulernt, scheitert und seine Leistungsziele verfehlt, wird man schließlich erfolgreich sein.

Zu viele Menschen wenden zu viel Zeit und Geld für nur wenig Content auf. Sie investieren all ihre Ressourcen in ein Foto oder Video, teilen es ein einziges Mal online und erwarten, dass es auf magische Weise Wirkung zeigt. Leider tut es das oft nicht und Nachrichten in den sozialen Medien sind kurzlebig – Sie können es sich nicht leisten, so viel Zeit zu vergeuden. Ich habe mit Unternehmen zusammengearbeitet, die Millionen Dollar ausgegeben haben, um einen einzigen Content zu pushen, der nicht das gewünschte Ergebnis bringt und nicht dazu führt, dass ihr Kernpublikum damit interagiert. Das ist einer der Hauptgründe, wieso ich dieses System entwickelt habe. Sie müssen so viele Variationen von Content wie möglich an Ihrem Kernpublikum testen und bereit sein, Veränderungen an diesen Variationen vorzunehmen, wenn Botschaften nicht gut ankommen. Das ist die ungeschönte Wahrheit. Das ist höchstens dann einmal unnötig, wenn Sie ein kreatives Genie sind, wie mein Freund und Mitarbeiter Prince Ea. Er ist Musiker, Dichter, Aktivist, Redner, Regisseur und Content Creator, der in den letzten Jahren über zwei Milliarden Klicks generiert hat. Er kann Content schnell und einfach unter die Leute bringen, aber für uns Normalsterbliche, und das sind 99,9 Prozent der Weltbevölkerung, bedeutet es, Zeit aufzuwenden und zu testen.

Ich werde Ihnen die Hypothesen zur Schaffung von Content, A/B-Tests, Content-Variationen, aufmerksamkeiterregende Überschriften, Zielgruppen, Variationen von Zielgruppen, Testreaktionen und Shareability-Strategien erläutern. All diese Prozesse werde ich Ihnen in den folgenden Kapiteln erläutern. Sie werden außerdem die Ergebnisse meiner vergangenen Fallstudien über Kunden erfahren und etwas von den cleversten Experten für Wachstum weltweit lernen.

Für jede Person, die dieses Buch liest, wird etwas anderes funktionieren. Ich glaube nicht an ein »One size fits all«-Modell für digitale Strategien und Wachstum. Deswegen bin ich losgezogen und habe die herausragenden Experten weltweit interviewt – ich wollte Ihnen nicht nur meine Wachstumsstrategien bieten, sondern auch andere Optionen, damit Sie herausfinden können, was für Sie am besten funktioniert. Sobald Sie die Strategien verstehen, die in den folgenden Kapiteln geschildert und diskutiert werden, verfügen Sie über die Fertigkeiten, um Ihr eigenes Modell zu erstellen und langfristige Ergebnisse zu erzielen. Nach dem Lesen dieses Buches kennen Sie die besten Methoden, um etwas zu bewirken, indem Sie sich einbringen und nutzen, wer oder was Sie sind, um Ihre Ziele so schnell wie möglich zu erreichen.

In diesem Buch finden Sie einige der Topstrategien und Erkenntnisse, die zu einer neuen Art und Weise führen werden, wie Individuen, Marken und Unternehmen mit ihren Fans in Verbindung treten. Sie werden endlich ein System haben, das Sie in die Lage versetzt, Ihre Karriereziele und Wünsche zu verwirklichen. Wenn Sie sich über das Buch hinaus weiterbilden wollen, besuchen Sie www.onemillionfollowers.com/beyond oder schreiben Sie mir eine E-Mail unter bkane@brendanjkane.com.

Als Erstes müssen Sie die Einzelheiten des Content-Testings verstehen. Sobald Sie über dieses Wissen verfügen und es anwenden können, sind Sie bereits zehn Schritte näher an Ihrem Ziel, mehr Fans und Bekanntheit für Ihren Content zu erzielen als die meisten

Menschen. Fangen wir also mit dem grundlegenden Schritt an, um zu lernen, wie man das Potenzial des eigenen Contents maximiert und seine Fanbase schnell vergrößert.

KAPITEL 1

WIE ICH EINE MILLION FOLLOWER GEWANN

Auch wenn es sich wie ein wahnsinniges Unterfangen anhört, eine große Gefolgschaft in den sozialen Medien aufzubauen, lässt sich das in 30 Tagen oder weniger erreichen. Aber zuerst sollte ich darauf hinweisen, dass der wahre Wert dieses Kapitels – und dieses Buches – nicht nur darin besteht, wie ich eine Million Follower gewann. Im Sinne der völligen Transparenz verrate ich Ihnen, dass ich eine Million Follower mithilfe eines Wachstums-Hacks gewann, den ich in diesem Kapitel erklären werde. Aber ich bin kein Anhänger der Idee, sich zu sehr auf Wachstums-Hacks zu verlassen. Natürlich können sie Ihnen helfen, aber ohne die anderen Strategien und Mindsets, die ich Ihnen in diesem Buch erläutere, werden Sie kein Superstar beim Generieren von Content. Sie werden vielleicht erfolgreiche Zahlen vorweisen können, aber keine langfristige Präsenz aufbauen. Fragen Sie jeden, der Erfolg im digitalen Bereich hatte, und er wird Ihnen sagen, dass zweifellos der Content der entscheidende Faktor ist, ein großes Publikum anzuziehen und auch zu fesseln. Behalten Sie das im Hinterkopf, während ich erkläre, wie ich eine Million Follower erlangte.

Der Schlüssel, um die eigenen Follower schnell zu skalieren, ist ein agiler Ansatz beim Produzieren, Testen und Messen, wie Leute in Echtzeit auf Ihren Content reagieren. Das ist eine großartige Strategie für diejenigen, die nicht drei oder vier Jahre Zeit haben, um ihre Plattform aufzubauen. Sie erhalten die sofortige Bestätigung und Glaubwürdigkeit, um sich von anderen unmittelbar abzuheben. Ein Publikum aufzubauen, ist tatsächlich sehr einfach. Es zu erhalten und zur Interaktion zu bringen, erforderte harte Arbeit über längere Zeit.

Diese Tatsache müssen Sie akzeptieren, bevor Sie mit der Arbeit beginnen. Sie können schnell eine Menge Fans gewinnen, aber für eine gedeihende und anhaltende Präsenz in den sozialen Medien müssen Sie die Strategien für Tests, für Messaging und für Content verinnerlicht haben. Die folgenden Kapitel enthalten Anweisungen von führenden Köpfen auf der ganzen Welt, um ein großes Publikum aufzubauen und zu halten.

Drei Phasen

Die Grundlage meiner Methode, um eine Million Follower zu gewinnen, besteht aus drei Schritten:

1. **HYPOTHESEN AUFSTELLEN.** Stellen Sie eine Hypothese auf über ein Format, eine Story oder ein Thema, das beim Publikum Reaktionen und Begeisterung auf eine bestimmte Botschaft hervorruft.
2. **TESTEN.** Überprüfen Sie auf kostengünstige Weise, ob Ihr Konzept oder Ihre Botschaft funktioniert, und lernen Sie möglichst viel aus den Ergebnissen.
3. **UMSTEUERN.** Wenn die Hypothese korrekt ist, investieren Sie weiter. Wenn sie widerlegt wird, wiederholen Sie den Prozess mit einem neuen Format, einer anderen Story oder einem anderen Thema.

Hypothesen aufstellen, testen und umsteuern ist Ihr neues Mantra. Das Modell ist einfach – das Schwierige ist herauszufinden, was man testen soll und wann man umsteuern sollte. Sie müssen viele mit einem verlockenden Köder ausprobieren, um die Aufmerksamkeit der Menschen zu erregen und zu fesseln. Dadurch finden Sie heraus, welche Variationen die besten Ergebnisse bringen, und investieren in diese. Wenn keine funktioniert, müssen Sie umsteuern – gehen Sie einen Schritt zurück, stellen Sie eine neue Hypothese auf und beginnen Sie von vorn.

Als ich eine Million Follower gewinnen wollte, lag mein Fokus vor allem darauf, als gedanklicher Vorkämpfer Anerkennung zu finden, denn meine wahre Leidenschaft besteht darin, Reden zu halten und anderen Menschen etwas beizubringen. Als Digital- und Business-Stratege teste ich immer so viel Content wie möglich, um herauszufinden, was für Klienten funktioniert und was nicht. Aber als ich meine Followerzahl vergrößerte, konzentrierte ich meine Marke auf die Themen Vordenker, Lehrer und inspirierende Posts.

Eines meiner interessantesten und erfolgreichsten Experimente drehte sich um Podcasts. Ich stellte die Hypothese auf, dass Podcasts ein großartiger Kanal für mich als Individuum wären, denn ich hatte eine Menge über Podcasts gelernt, als ich mit Katie Couric arbeitete, von der ich noch erzählen werde. An dieser Stelle nur so viel – ich sah, dass man im Grunde Podcasts für Facebook mit Reverse Engineering analysieren und ein Publikum sowie dessen Reaktionen schnell skalieren konnte. Wir schnitten kleine Audioclips aus Podcast-Interviews, die ich mit ein paar Partnern und Berühmtheiten kreiert hatte, und machten daraus ein Video, indem wir den Ton über ein Bild oder eine Slideshow legten oder mit einem standardisierten Video zu dem Thema unterlegten. Durch verschiedene Testläufe fand ich heraus, dass ich Millionen Menschen binnen Tagen erreichen kann – die meisten der Top-Podcasts weltweit erreichen das nicht einmal in einem Monat. Der Trick dabei ist, dass man das Rad nicht neu erfinden muss. Sehen Sie sich um und leihen Sie sich Ideen von Leuten, die bereits Erfolg hatten.

Der Podcast-Content, den ich testete, bestand aus Interviews mit Justin Baldoni, dem Hauptdarsteller in der Fernsehsendung *Jane the Virgin*, Jeff King, einem Experten für das Prozesskommunikationsmodell (das in Kapitel 3 eine Rolle spielen wird), und Dr. Drew. Ich schnitt das Material zu drei verschiedenartigen Videos zusammen: (1) Videos, die ein einziges Bild zeigten, das mit dem Ton unterlegt war; (2) Videos, die mehrere Bilder zeigten, die mit dem Ton unterlegt waren; und (3) Videos mit Standardmaterial oder Clips, die ich online fand und die zur daruntergelegten Tonspur passten. Dann testete ich diese Clips und verglich, welcher Content am häufigsten geteilt wurde und am erfolgreichsten war. Bei jedem Interview verwendete ich zwischen drei und zehn Audioclips und schuf für jeden ein eigenes Video. Dann erstellte ich zwischen zehn und 100 Variationen jedes Clips (später mehr darüber, wie man Variationen von Content schnell skaliert).

Der mit Abstand erfolgreichste Content war eine der Variationen des Interviews mit Justin Baldoni. Es ist ein inspirierendes Video, das Menschen ermutigt, das Beste aus ihrem Leben zu machen und ihre Ziele zu verwirklichen. Er redet auch darüber, wie man Veränderungen herbeiführt, die das eigene Leben glücklicher und erfüllender gestalten. Ich *lernte*, dass die Botschaft des Contents (die durch die Überschrift ausgedrückt wird) unglaublich wichtig ist. Die richtige auszuwählen, ist entscheidend dafür, dass Menschen etwas anklicken und teilen. Ich spreche hier nicht von Clickbait – die Überschrift/der Hook Point sollte immer dem Content entsprechen. Und ich erkannte, wie wichtig das visuelle Material ist. Ein Video mit Standardmaterial, das dem Audio entsprach, oder ein tatsächliches Video des Interviews schnitten besser ab als ein einzelnes Bild. Darüber hinaus erzeugt es weitere Aufmerksamkeit, wenn man jemanden einbezieht, der viele Follower hat, auf die man abzielen und die man nutzen kann –

all das führt aber nicht dazu, das Publikum zu *binden*, wenn der Content nicht selbst solide ist.

Darüber hinaus teilte und testete ich mehrere inspirierende Zitate – ich hatte gesehen, dass andere Menschen wie Gary Vaynerchuck, ein Entrepreneur mit zweieinhalb Millionen Followern, unglaublichen Erfolg mit solchen Posts hatten. Einige der Zitate, die ich testete, stammten von Menschen, die ich bewunderte, wie Steven Spielberg und Oprah Winfrey, die ähnliche Ansichten vertreten wie ich selbst. Nachdem ich zu Beginn positive Resultate erzielte, legte ich dann meinen Fokus darauf, meine persönlichen Zitate zu formulieren, die ein Gutteil der Posts ausmachen, die ich heutzutage auf meiner Seite veröffentliche. Ich erfuhr, dass Zitate mit einem Bild als Hintergrund besonders gut funktionieren, denn die Menschen interagieren gerne visuell und mental mit positivem und inspirierendem Content. Ein Vorteil von Bildern gegenüber Video besteht darin, dass es einfacher ist, ein qualitativ hochwertiges Bild zu kreieren als ein Video. Es gibt so viele Variablen, wenn man ein großartiges Video machen will: Ton, Tempo, die ersten drei Sekunden, Untertitel, Zwischentitel, Länge und so weiter. Bei einem Foto hingegen muss man nur das richtige auswählen und mit dem geeigneten Zitat kombinieren – weniger Variablen müssen zusammenkommen, um es erfolgreich zu machen.

Dic kurzfristige Strategie besteht darin, zu testen und zu lernen, was in Echtzeit funktioniert. Diese Resultate geben Ihnen Informationen und bestimmen den Content, den Sie auf wöchentlicher Basis produzieren wollen. Wenn Sie dann die Makrotrends dieser Arbeiten sehen, gibt Ihnen das Informationen über eine langfristige Content-Strategie, die Sie ebenfalls vor dem Hintergrund der übergeordneten Botschaft Ihrer Marke testen müssen. Als Experiment testete ich virale Videos von Pranks und von Katzen und Hunden, die lustige Sachen machen. Obwohl alle wirkungsvoll waren, beschloss ich, umzusteuern, denn sie passten nicht zum Thema meiner Marke – Vordenker zu sein. Achten Sie darauf, dass sich der Content, der bei Ihrem Publikum Widerhall findet, mit der Zeit ändern kann. Werfen Sie einen Blick auf Ihre kurzfristige und langfristige Content-Strategie, finden Sie heraus, wie beide ineinandergreifen, und legen Sie das Gewicht auf das, was funktioniert.

Wieso sich mein System auf Facebook konzentriert

Bevor wir durchstarten, möchte ich darauf hinweisen, dass dieses Buch auch Wachstumstaktiken für Instagram, YouTube und Snapchat enthält. Eine Menge der Prinzipien des Systems, das ich für Facebook entwickelt habe, können und wurden für Wachstum auf anderen sozialen Kanälen eingesetzt. Vor Kurzem machte Facebook Schlagzeilen, weil Bedenken laut wurden, wie es mit den Daten der Leute umgeht. Ich möchte dieses Thema ansprechen und erklären, wieso ich immer noch Facebook nutze und glaube, dass es eine wertvolle Plattform ist. Wie Alexandra Samuel in ihrem Bericht über Cambridge Analytica in *The Verge* betont, wurde das Internet entworfen, um Kapital aus dem kostenlosen Austausch von Nutzerdaten zu schlagen.[1] Das wird sich nicht ändern, bis Unternehmen, Konsumenten und Gesetzgeber beschließen, ein anderes Modell zu adaptieren.

Es ist außerdem ein Unterschied, ob man Daten nutzt, um Menschen zu helfen, oder sie nutzt, um sie auszubeuten. Fake News zu kreieren (mit boshaften und manipulativen Absichten) ist unverantwortlich, und niemand sollte das tun. Andererseits kann es einen Wert für potenzielle Kunden bieten, wenn man Daten sammelt,

---

1 Alexandra Samuel, »The shady data-gathering tactics used by Cambridge Analytica were an open secret to online marketers. I know, because I was one«, *The Verge*, 25. März 2018, https://www.theverge.com/2018/3/25/17161726/facebook-cambridge-analytica-data-online-marketers.

die es Vermarktern ermöglichen, die Bedürfnisse ihrer Kunden zu kennen und sie besser zu verstehen.

Angesichts dessen, was passiert ist, sollten die Operationsweise dieser Systeme und Unternehmen wohl verändert werden, besonders, was die Transparenz angeht. Es wird interessant werden, mitanzusehen, wie neue Übereinstimmungen oder Modelle daraus entstehen. In der Zwischenzeit rate ich Ihnen, verantwortungsvoll und ethisch mit den Daten, die Sie auf Facebook nutzen, umzugehen, so wie ich es auch in meiner täglichen Praxis tue.

Wie erwähnt, habe ich durch die Arbeit mit Berühmtheiten wie Taylor Swift gelernt, dass der wichtigste Schlüssel, um ein großes Publikum zu skalieren, darin besteht, die Menschen dazu zu bringen, dass sie Ihre Botschaft teilen. Je mehr Menschen Ihren Content teilen, desto schneller und kosteneffizienter können Sie Ihr Publikum skalieren. Ich wählte Facebook, um eine Million Follower zu gewinnen, denn es ist die demokratischste und am besten zum Teilen geeignete Plattform, zudem auch die einfachste und schnellste für diesen Zweck, um zu skalieren und ein Publikum zu vergrößern (mehr dazu weiter unten). Tatsächlich wird Facebook häufiger genutzt, um Content zu teilen, als E-Mails oder irgendeine andere soziale Plattform.[2] Meiner Erfahrung nach und demzufolge, was ich durch meine Experimente und Gespräche mit den bedeutendsten Experten über Marketing und soziale Medien gelernt habe, werden die Menschen Ihren Content sehr schnell teilen, wenn er wirklich gut ist. Das maximiert wiederum Ihr Potenzial, diesen Content zu pushen.

Facebook eignet sich besser für das Skalieren als andere Plattformen, weil es auf dem Konzept des Teilens aufgebaut wurde. Auf anderen Plattformen hängt es eher von SEO-Rankings (Search Engine Optimization) und Algorithmen ab, ob etwas viral geht. Ja,

2 Jeff Bullas, »Do People Share More on Facebook or Twitter?«, Jeff Bullas's Blog, http://www.jeffbullas.com/do-people-share-more-on-facebook-or-twitter.

es sind auch auf Facebook Algorithmen im Spiel – mehr darüber im nächsten Abschnitt –, aber wenn Leute Ihren Content teilen, können Sie den Algorithmus viel leichter aushebeln als auf Plattformen wie YouTube, Snapchat und Instagram. Zum Beispiel teilt der Filmemacher, Redner und Aktivist Prince Ea Videos, die auf Facebook innerhalb der ersten Woche 30 Millionen Klicks bekommen. Es ist weitaus schwieriger, diese Zahlen auf anderen Plattformen zu erreichen.

Ein weiterer Grund, wieso ich empfehle, mit Facebook zu arbeiten, besteht darin, dass es die größte Plattform ist. Sie haben Zugang zu einer Community von mehr als zwei Milliarden Menschen auf der Welt (und diese Zahl steigt weiter).[3] Facebooks Werbeplattform (die auch hinter Instagram, WhatsApp und Facebook Messenger steht) ist ein extrem wirkungsvolles Marktforschungstool. Sie können sie nutzen, um alle Arten von Content zu testen und herauszufinden, wie er bei Menschen mit verschiedenen Hintergründen in verschiedenen Teilen der Welt ankommt. Wenn Sie diese Informationen korrekt analysieren, werden Sie Ihre Marke wirkungsvoll verbessern und Ihre Marktfähigkeit erkennen.

Drei Arten, Follower zu gewinnen

Es gibt drei Methoden, wie Sie Follower auf Facebook gewinnen können. Die erste besteht darin, organisch zu wachsen, worauf ich noch eingehen werde. Die anderen beiden Methoden basieren darauf, die Facebook-Werbeplattform zu nutzen, um (1) *einen Content viral gehen zu lassen*, sodass Sie massenhaft Aufmerksamkeit erhalten, wodurch der korrelative Effekt eintritt, dass die Leute

---

[3] Jeff Dunn, »Facebook totally dominates the list of most popular social media apps«, *Business Insider*, 27. Juli 2017, http://www.businessinsider.com/facebook-dominates-most-popular-social-media-apps-chart-2017-7.

Ihnen aufgrund dieser Aufmerksamkeit folgen, oder (2) eine »Page Likes Ad Unit« zu nutzen (jede Werbeanzeige, die darauf abzielt, mehr Likes/Follower für Ihre Seite zu generieren), um potenzielle neue Follower anzusprechen. Eine der einfachsten Methoden, um diese Art von Kampagne zu kreieren, besteht darin, Ads Manager auf der Facebook-Werbeplattform zu nutzen und »Page-Likes« als Marketingziel/-objektive zu wählen. Das ist nicht die einzige Methode, wie man die Facebook-Werbeplattform nutzt – aber die Nuancen der Facebook-Werbeplattform zu erläutern, würde ein eigenes Buch füllen.

▶ Für weitere Ressourcen, die Ihnen dabei helfen, die Facebook-Werbeplattform zu nutzen, gehen Sie auf www.onemillionfollowers.com/beyond oder schreiben Sie mir eine E-Mail unter bkane@brendanjkane.com.

Beide Methoden sind effektiv und letztlich würde ich eine Kombination aus beiden empfehlen. Zu wissen, wie man einen Content viral gehen lässt, ist eine wirkungsvolle langfristige Vorgehensweise. Beginnen Sie, indem Sie den Content testen, den Sie bereits haben, und finden Sie heraus, ob er dazu führt, dass eine bedeutende Zahl an Menschen ihn teilt. Es ist immer am besten, Follower über viralen Content zu gewinnen, denn das sorgt dafür, dass Ihr Publikum sich austauscht. Jetzt fragen Sie sich vielleicht: »Und wie schaffe ich Content, der geteilt wird oder viral geht, und das dauerhaft? Was ist die Formel dafür?« Ich bin froh, dass Sie gefragt haben – in Kapitel 5 wird es nur um dieses Thema gehen. Aber für den Anfang sollten Sie eine Werbeanzeige kreieren, die das Ziel hat, »Page-Likes« zu erzielen, wie oben erwähnt, um zu testen und zu lernen, was nötig ist, um jemanden als Follower zu gewinnen.

Aufgrund von Facebooks Algorithmen wird der Content, den Sie posten, auch nachdem Sie eine Million Follower erreicht haben, im Durchschnitt nur zwei bis fünf Prozent Ihres Publikums erreichen. Die meisten Menschen haben Hunderte, wenn nicht Tausende Seiten gelikt. Wenn die Leute sich ihren Hauptfeed ansehen, kann Facebook ihnen nur eine begrenzte Menge an Content zeigen. Der Hauptfeed muss limitiert sein, um den am besten performenden Content aus allen Seiten anzuzeigen, denen man folgt. Und Facebook stellt sicher, dass die User den Content ihrer engsten Freunde sehen. Der Algorithmus gewichtet den Content, um sicherzustellen, dass ihr Social Feed mit dem gefüllt ist, was sie interessiert. Wenn Ihr Content nicht ankommt, wird er nur einem kleinen Teil Ihres Publikums gezeigt. Kommt hingegen der Content gut an, erreicht er eine große Mehrheit (wenn nicht alle) Menschen, die zu Ihren Followern gehören, und Sie haben die Chance, dass Ihr Content geteilt wird und zu organischem Wachstum führt.

Das sollten Sie im Hinterkopf behalten, wenn Sie auf Facebook-Likes abzielen. Dies war ein Teil meiner Strategie, als ich meine Followerzahl vergrößerte, denn es ist ein großartiges Tool, das Ihre Validationszahl skalieren und aufbauen kann, um Ihre Glaubwürdigkeit zu sichern. Sie schaffen echte Verbindungen mit echten Menschen und Ihre neu erworbene Glaubwürdigkeit kann sinnvoll genutzt werden, um organisches Wachstum zu generieren.

▶ Für eine detailliertere Erklärung, wie ich »Page-Likes« einsetzte, besuchen Sie www.optin.tv/brendan oder gehen Sie auf www.onemillionfollowers.com/beyond.

Es gibt immer ein CPA, um Follower zu gewinnen

Einige Influencer haben Fans gewonnen, indem sie jeden Tag Content veröffentlichen und starke Beziehungen zu ihrem Publikum über einen beträchtlichen Zeitraum aufbauen. Sie haben eine Beziehung zu ihren Fans – die Fans wissen, wer sie sind, und interagieren mit ihnen schon seit Jahren. Offensichtlich ist das nicht die beste Option, um schnelle Resultate zu erzielen. Das bringt uns zu einer wichtigen Überlegung: *Es gibt immer ein CPA (Cost per Acquisition), um einen Follower zu gewinnen.* Wenn Sie eine Fanbase aufbauen wollen, entstehen immer Kosten, um einen Follower oder Subscriber zu gewinnen. Jeder, der Ihnen erzählt, dass man Follower auf organische Weise kostenlos gewinnt, liegt falsch.

Top-Influencer wie der Entrepreneur Gary Vaynerchuk, mit dem ich erfreulicherweise in Helsinki reden konnte, haben oft ein Team, das Vollzeit für sie arbeitet. Vaynerchuk hat sechs Vollzeitangestellte und betreibt eine der Top-Social-Media-Agenturen weltweit. Dabei nutzt er das Wissen, das er aus der Arbeit mit seinen Klienten gewonnen hat, um seine persönliche Marke aufzubauen, und umgekehrt. Seine Agentur unterstützt nicht nur die Klienten, sondern auch ihn selbst dabei, seinen Content zu schaffen, zu editieren und zu vermarkten. Aber wenn Sie nicht für ein Team bezahlen, das für Sie arbeitet, so wie Vaynerchuk, dann bezahlen Sie mit Ihrer Zeit, indem Sie die ganze Arbeit tun – Videos drehen, editieren, posten, nachverfolgen.

Einer der Gründe, wieso ich die Methode wählte, Hypothesen aufzustellen, zu testen und umzusteuern, war mein fehlender Zugang zu einem richtigen Team. Ich schaffte es mit minimaler Unterstützung zu einer Million Follower. Damit waren Kosten verbunden, aufgrund der bezahlten Medien, aber egal, welche Route Sie wählen, es entstehen immer Kosten, in Form von Zeit, Engagement, Geld oder einer Mischung aus allen dreien. Sie müssen etwas investieren, um Follower zu gewinnen. Meine Strategie ist zwar eine der schnellsten und erfordert die geringste Anzahl an Personen. Natürlich ändert das nichts an der Tatsache, dass Sie weiterarbeiten müssen, sobald Sie Follower gewonnen haben. Es ist nicht so, als würden Sie bei einer Million anlangen und sind fertig. Sie müssen mit diesem Publikum interagieren, sonst verlieren Sie Ihre Glaubwürdigkeit.

Wie viel Geld muss ich investieren?

Mein Freund und ehemaliger Kollege David Oh, der Chief Product Officer und Head of Growth bei FabFitFun, ein Aboservice, bei dem man vierteljährlich ein Paket mit Lifestyleprodukten für Frauen erhält, und der Hunderte Millionen Dollar an Umsatz im Jahr erzielt, sagt, die meisten Menschen glauben, bezahlte Medien seien irrelevant. Er hat den Eindruck, dass, wenn wir bestreiten, wie wichtig bezahlte Medien sind, wir die Bedeutung der Kunden mindern – ein Konzept, das für ihn etwas Entmenschlichendes hat. Er versteht nicht, wie die Leute erwarten können, ihr Publikum ohne jede Form von Werbung zu erreichen.

Um einen Nutzen aus Werbung zu ziehen, muss man sich seiner Auffassung nach bewusst machen, wie viel man dafür ausgibt und wie viel man zurückerhält. Sich das Return on Investment (ROI) anzusehen, gehört zu den grundlegendsten und wichtigsten Dingen, die man gerne vergisst, wenn man über Marketing, Business und Werbung redet. Wie viel Geld haben Sie ausgegeben und wie viel Geld haben Sie durch dieses Investment verdient? Das ist die einzig relevante Frage. Und manchmal besteht der Gewinn nicht in barer Münze. Manchmal ist es die Glaubwürdigkeit oder der Anstoß, den man erhält, weil man höhere Zahlen in den sozialen Medien und mehr Interaktion erzielt. Return on Investment kann auch in Form eines Jobs beim Fernsehen, einer Rolle in einem Film, einem Modelvertrag, einem Plattenvertrag oder einem Investor für Ihr Start-up bestehen, aber Sie müssen sich fragen, wie viel diese Verbindungen Ihnen wert sind. Welches Ergebnis streben Sie an? Und welchen Betrag an Zeit und Geld sind Sie dafür zu investieren bereit?

Jon Jashni, einer von Hollywoods erfolgreichsten Filmproduzenten, Media Executives und Investoren, bestätigt das, was Sophie Turner in der Einleitung sagte, und erklärt, die Studios würden darauf achten, wie viele Follower jemand in den sozialen Medien hat und wie viele Follower mit dem Content auf sozialen Plattformen interagieren, wenn sie eine Entscheidung für eine Rollenbesetzung treffen. Es ist billiger für die Studios, mehr Leute zu erreichen, wenn Schauspieler ihre Präsenz auf sozialen Medien ausbauen. Das trifft besonders zu, wenn man fürs Fernsehen castet, denn dort entwickeln sich die Dinge schneller und man muss mehr Lärm schlagen und schneller sein, um bemerkt zu werden. Jashni sagt: »Wenn zwei Schauspieler etwa gleich attraktiv sind und über vergleichbares Können verfügen, wird ihre soziale Reichweite das Zünglein an der Waage sein.«

Das trifft heute in vielen Geschäftsbereichen zu. Denken Sie darüber nach, wie viel Wert Ihre Zahlen in den sozialen Medien bieten, und überlegen Sie sich darauf basierend einen Geldbetrag. Natürlich ist es bei jedem, mit dem ich arbeite, mein Ziel, so wenig Geld wie möglich auszugeben, um maximale Resultate zu erzielen. Selbst wenn ich mit hochrangigen Klienten arbeite wie Katie Couric, gebe ich so wenig wie möglich aus. David Oh meint dazu, dass die Marketingleute im Allgemeinen versuchen sollten, mindestens 100 Prozent ROI zu erzielen, wenn man nur die Umsatzkosten berücksichtigt und den Umsatz, der durch Werbekosten erzielt wird (aber Sie sollten sich einen vernünftigen Zeitrahmen setzen, das Investment wieder hereinzuholen).

Wenn Sie versuchen, in weniger als 30 Tagen eine Million Follower zu erreichen, hängt der Geldbetrag, den Sie dafür ausgeben, von verschiedenen Variablen ab, unter anderem davon, welchen

Markt Sie anpeilen und welchen Teil der Welt Sie erreichen wollen. Wenn Sie ein weltweites Unternehmen aufbauen oder eine weltweite Marke, ist das Geld effizienter eingesetzt, wenn Sie in Wachstumsmärkten Publikum dazugewinnen wollen. In den Vereinigten Staaten oder dem Vereinigten Königreich konnte ich Follower für sechs oder sieben Cent gewinnen. In Wachstumsmärkten wie Indien können Sie oft einen Follower für einen Cent oder weniger dazugewinnen, wenn Sie durchschnittlichen bis guten Content haben.

Wir werden dieses Thema noch näher in Kapitel 7 betrachten, an dieser Stelle will ich nur diejenigen ansprechen, die skeptisch sind, welchen Nutzen es haben soll, Fans in Wachstumsmärkten zu gewinnen, oder die gehört haben, dass Leute sagten: »Fans aus Indien sind fake.« Fans aus anderen Ländern sind echte Menschen. Indien hat zum Beispiel die zweithöchste Bevölkerung der Welt mit 1,3 Milliarden echten, lebenden Menschen. Einige der smartesten Investoren der Welt und Unternehmen wie IKEA, Netflix, MTV, Coca-Cola und PepsiCo investieren umfassend auf dem indischen Markt. Facebook hat gerade verkündet, ihre größte Usergruppe mit 251 Millionen Usern sitze in Indien und man konzentriere sich auch auf das Wachstum in Ländern wie Malaysia, Türkei und Saudi-Arabien. Wenn die größten Investoren der Welt ein Auge auf ausländische Märkte werfen, wären Sie ein Narr, wenn Sie diese unberücksichtigt ließen.

Sie müssen auch die Qualität Ihres eigenen Contents berücksichtigen. Je besser der Content, desto besser das ROI. Wenn Sie großartigen Content haben und von einem weltweiten Publikum profitieren können, können Sie eine Million Follower in weniger als einem Monat gewinnen (sogar in einer Woche, wenn Sie es richtig anstellen), und das für einen geringen Betrag zwischen 7500 und 8000 Dollar. Sie könnten auch einen hybriden Ansatz verfolgen – nutzen Sie die Strategien aus diesem Kapitel, um rasch 250 000 bis 500 000 Follower zu gewinnen, und nutzen Sie dann die Informationen weiter hinten in diesem Buch als Hebel, zum Beispiel strategische Allianzen zu schmieden, wie in Kapitel 6 erläutert, um die restlichen Follower auf organische Weise zu gewinnen.

Auf jeden Fall erfordert es eine gewisse finanzielle Investition. Es hört sich vielleicht nach viel Geld an, aber wenn ich zu Ihnen käme und sagte: »Ihr Traum wird leichter erreichbar sein, wenn Sie 7500 Dollar ausgeben«, wäre es das wert? Wie viel ist eine Filmrolle, ein Modelvertrag oder ein Plattenvertrag Ihnen wert? Denken Sie darüber nach, wie viel Sie investieren können, welches Ziel Sie haben und was Sie dafür brauchen – vielleicht brauchen Sie gar nicht eine Million Follower, um mehr Glaubwürdigkeit zu erlangen. Vielleicht reichen Ihnen 500 000 oder 100 000 Follower. Was immer Ihr Ziel ist, dieses System kann Ihnen auf jeden Fall helfen, es zu erreichen.

Erick Brownstein, President und Chief Strategy Officer bei Shareability, einem Unternehmen, das Content produziert hat, der zum am häufigsten geteilten aller Zeiten gehört, stimmt dem zu und sagt, egal, wie gut der eigene Content ist, es sei essenziell, ihn mit bezahlten Medien zu verstärken. Hoffnung, so Brownstein, sei eine schlechte Strategie. Egal, wie teilbar ein Content ist, man muss ihn pushen und dafür etwas bezahlen. Da draußen gibt es zu viel Hintergrundlärm und Durcheinander. Sie müssen Ihre Posts boosten und die Initialzündung kostet etwas. Brownsteins Team arbeitet auf der Grundlage »Effizienter bezahlter Content ist der neue organische Content«. Bezahlte Medien wirkungsvoll einzusetzen, ist der Schlüssel. Sie werden weit kommen, wenn Sie clever sind und im Vergleich zu anderen einen Bruchteil der Kosten aufwenden, um Fans zu gewinnen.

Die Kosten für Follower drücken

Jeder kann die Ads zur Steigerung von Page-Likes nutzen, die es auf der Facebook-Advertising-Plattform gibt, aber der tatsächliche Trick besteht darin, die Kosten zu drücken, um einen Follower zu erhalten. Um das zu tun, muss man den richtigen Content finden, der zum Publikum passt, das man erreichen will, und der dafür sorgt, dass jemand den Like- oder Share-Button klickt. Sie müssen Ihr Publikum motivieren oder es in den Bann ziehen, indem Sie Content finden, der auf Widerhall stößt.

Manche sind der Ansicht, wenn man die Werbeplattform nutzt, kauft man Likes oder Follower, aber das stimmt nicht. Man bezahlt Facebook für die Möglichkeit, jemandem einen bestimmten Content zu präsentieren. Dann muss diese Person aktiv werden und den Content liken, und dazu kann man niemanden zwingen. Es ist so, als würde man für Werbeplatz in einer Tageszeitung oder einem Magazin bezahlen. Sie können für die Anzeige bezahlen, aber das bedeutet nicht, dass Leute bei Ihnen anrufen oder Ihr Geschäft aufsuchen.

Wenn Sie großartigen Content haben, registrieren die Facebook-Algorithmen, dass die Menschen auf das Produkt Ihrer Kreativität reagieren, und Sie müssen weniger Geld ausgeben. Facebooks Werbesystem funktioniert wie eine Auktion. Wenn Ihr Content wirklich gut ist und die Menschen darauf reagieren, wird Facebook die Anzeige weiter schalten und Sie müssen in der Auktion weniger dafür bezahlen. Wenn Sie hingegen Content haben, der eine schwache Performance abliefert, wird Facebook Ihnen weiterhin gestatten, die Anzeige zu schalten, aber die Kosten werden extrem hoch sein, denn der Content ist für die Plattform weniger wertvoll. Das ist Facebooks Art, das System zu regulieren und sicherzustellen, dass es im eigenen Ökosystem wertvollen Content gibt.

Sobald jemand Ihre Posts likt, kommentiert oder teilt, verleiht Ihnen das mehr Bekanntheit und ermöglicht Ihnen, weniger Geld auszugeben, um Ihren Content zu vermarkten. Dieses Konzept ist nichts revolutionär Neues und man kann es mit dem Prozess vergleichen, der offline vor dem digitalen Zeitalter stattfand.

Als die Beatles am Beginn ihrer Karriere standen, spielten sie in Klubs in England und Europa. Sie mussten oft etwas bezahlen, um in diesen Klubs auftreten zu können, und zu Beginn finanzierten sie ihre Konzerttouren selbst. Wenn sie nicht gut gespielt hätten oder den Menschen ihre Musik nicht gefallen hätte, wäre ihr Return on Investment nicht besonders gut ausgefallen. Da sie jedoch gute Arbeit leisteten (oder großartige, wenn man die Meinung des Großteils der Musikliebhaber zugrunde legt), wurden sie immer erfolgreicher. Sie hatten mehr und mehr Fans, denn sie lieferten den Leuten einen bestimmten Wert, und die Mundpropaganda kam ihnen zugute. Das gleiche Konzept gilt auch für digitale Medien – wenn Ihr Content nicht gut ist, wird er sich nicht verbreiten. Und wenn er es ist, wird er sich verbreiten – vorausgesetzt, die Leute haben die Gelegenheit, darauf zu reagieren.

Woher wissen Sie also, ob Ihr Content gut genug ist und bei den Menschen ankommt? Sehen Sie sich die Zahlen an. Wenn Ihr Content geteilt und gelikt wird, haben Sie einen guten Ausgangspunkt. Und behalten Sie immer Ihren Freund, den ROI, im Hinterkopf. Wenn der nicht gut ist, müssen Sie umsteuern. Sehen Sie sich die Daten der Werbeplattform an und setzen Sie diese nutzbringend ein, damit Sie herausfinden, was nötig ist, um neue Follower zu gewinnen. Welcher Content wird geteilt? Klicken die Leute auf den Link zu Ihrem Blog? Was ist erforderlich, damit jemand ein Ticket kauft oder irgendeine Transaktion vornimmt? Finden Sie heraus, welches System für Sie am besten funktioniert.

Anwendung in der Praxis

Ich werde erläutern, wie Sie Ihre Zielgruppe ansprechen, eine Botschaft auswählen und diese fein abstimmen, indem Sie Tests durchführen und Content kreieren, der geteilt wird. Das wird der Inhalt der nächsten Kapitel sein, aber zuerst will ich Ihnen ein paar praktische Tipps geben, wie Sie Ihre Anzeigen auf Facebook schalten können, denn diese Anzeigen sind der Schlüssel, um Menschen auf Ihre Facebook-Seite zu locken.

Bleiben Sie bei dem Gebotsbetrag, den Facebook vorschlägt

Die Werbeplattform von Facebook wird Ihnen den Betrag vorschlagen, den Sie für Ihre Anzeige ausgeben sollten. Abhängig von der Art der Anzeige liegt dieser normalerweise zwischen 11 und 25 Dollar. Ich bleibe in der Regel bei diesem Gebotsbetrag. Ich weiche nicht davon ab, und wenn ich es doch tue, gebe ich stets weniger aus. *Ich gebe niemals mehr als diesen vorgeschlagenen Betrag aus.* Je mehr Sie Ihren täglichen Gebotsbetrag nach oben treiben, desto höher werden Ihre Kosten bei der Auktion sein.

Ein häufiger Fehler, den Menschen – soweit ich das sehe – machen, wenn sie Anzeigen schalten, besteht darin, den Gebotsbetrag mitten in der Kampagne zu erhöhen. Vielleicht beginnen sie mit einer Anzeige, die für 25 Dollar am Tag läuft und gute Performance liefert. Die Person ist begeistert, weil es funktioniert, also will sie dem Ganzen mehr Schwung verleihen. Man setzt dann den gebotenen Betrag von 25 auf 100 oder 500 Dollar. Das Problem ist: Wenn man das tut, werden die Kosten in der Auktion von Facebook neu berechnet. Vielleicht haben Sie einen Cent pro Page-Like bezahlt, aber wenn Sie Ihre Ausgaben für eine Anzeige von 25 auf 100 Dollar erhöhen, wird alles neu berechnet und die Kosten steigen.

Ich empfehle Folgendes: Wenn eine Anzeigenserie besonders gut funktioniert, duplizieren Sie diese und kreieren Sie eine neue. Kreieren Sie eine zusätzliche Anzeigenserie zum ursprünglichen Betrag von 25 Dollar und finden Sie neuen kreativen Content oder sprechen Sie einen anderen Interessenschwerpunkt an, um dafür zu sorgen, dass die Anzeige mehr Menschen erreicht. Diese Variablen zu verändern, gestattet es Ihnen, neue Variationen zu schaffen.

Trennen Sie die Interessenschwerpunkte

Es ist wirklich wichtig, alle »Interessen« voneinander zu trennen, wenn man eine Anzeigenserie kreiert. Vermischen Sie nicht alle

Interessen in einer Anzeige. Wenn Sie zum Beispiel ein Motivationsredner sind, packen Sie nicht »Glück«, »Depression«, »Selbsthilfe«, »Motivation«, »Inspiration« und Ähnliches in die gleiche Anzeigenserie. Schaffen Sie für jeden dieser Schwerpunkte eine eigene Anzeige. Das sollten Sie aus zwei Gründen tun: Zuerst einmal werden Sie nichts lernen, wenn Sie alles in einen Topf werfen. Wenn alle Schwerpunkte in der gleichen Anzeigenserie aufgelistet sind, werden Sie nicht wissen, welcher Schwerpunkt die Performance bestimmt. Zweitens erlaubt Ihnen das Trennen der Schwerpunkte, die Reichweite Ihres kreativen Contents zu maximieren. Wenn Sie zehn Schwerpunkte haben, die alle in einen Topf geworfen werden, können Sie nicht mehrere Duplikate der Anzeige erstellen. Wenn Sie aber die einmal erstellte Anzeige nehmen und für jedes dieser zehn Interessen eine eigene Anzeige entwerfen, werden Sie zehn Anzeigen haben, die 25 Dollar kosten, insgesamt also 250 Dollar. Das gestattet Ihnen, Ihr tägliches Budget weiter zu skalieren, ohne Ihre Kosten in einer Auktion zu beeinflussen.

Welche Art von Content

Als ich meine Follower-Zahl steigerte, nutzte ich eine Menge Bilder mit Zitaten, denn das ist eine schnelle und effektive Methode, um Content zu erstellen. Es ist leicht, Zitate zu finden oder zu erfinden, die zu Ihrer Marke oder Botschaft passen. Videos sind viel schwieriger in hoher Qualität zu erstellen, aber wenn Sie qualitativ hochwertige Videos kreieren, werden Sie eine bessere Performance abliefern.

Um herauszufinden, welche Bilder und Zitate am besten funktionieren, müssen Sie jede erdenkliche Variante in der Praxis testen. Nehmen Sie ein Bild und testen Sie es mit fünf verschiedenen Zitaten. Sie können auch ein Zitat nehmen und es mit fünf verschiedenen Bildern testen.

Sie müssen die beste Möglichkeit finden, Ihre Botschaft auszudrücken, damit das Ganze für Ihr Publikum nicht nur eine passive Erfahrung darstellt. Schaffen Sie Content, den sich die Leute ansehen und sagen: »Das mag ich. Ich werde es teilen«, oder: »Ich werde diesen Follow-Button klicken, denn mir gefällt, wofür diese Marke steht«.

Die Macht des Targetings und »Dark Posts«

Bevor wir im nächsten Kapitel genauer auf das Targeting eingehen, sollten Sie sich über die Bedeutung der Facebook-Werbeplattform im Klaren sein. Eine Anzeige auf Facebook zu schalten, nennt man einen »Dark Post« – eine Anzeige, die wie ein Newsfeed wirkt, aber nicht organisch in Ihrer Timeline oder dem Feed Ihrer Follower erscheint.

Ein Dark Post wird von dem Publikum gesehen, das Sie in der Werbeplattform auswählen, basierend auf Geschlecht, Interessen, Alter und anderen Attributen, die Sie auswählen. Das ist gut, denn dadurch können Sie den Content testen, ohne Ihr Publikum damit zu bombardieren. Auf diese Weise erfahren Sie, was funktioniert, ohne Ihre Fans zu nerven. Sie wollen keine 50 verschiedenen Variationen derselben Anzeige in Ihrem Mainfeed haben und das System damit zuspammen.

Dark Posts schließen jedoch nicht automatisch Follower aus. Ein Beispiel: Ich habe vor Kurzem einen Test für Under Armour, ein Unternehmen, das Schuhe, Sport- und Alltagskleidung produziert, und deren Sponsoring der UCLA abgeschlossen. Wir testeten verschiedene Anzeigen in den sozialen Medien für dieses Sponsoring, indem wir die Fans von SportsCenter, FOX Sports, UCLA und UCLA Football ins Visier nahmen. Wenn jemand Follower von Under Armour war und außerdem von SportsCenter, dann sah der Under-Armour-Fan vielleicht die Dark-Post-Werbeanzeige. Wenn man nicht will, dass das passiert, hat man die Option, Follower von

Under Armour oder jedem beliebigen anderen Marken-Account, von dem aus man die Anzeige schaltet, auszuschließen.

Facebook gibt einem die Kontrolle, und deswegen ist diese Plattform so wirkungsvoll. Viele Menschen boosten ihre Posts nur unter ihren eigenen Followern. Aber wenn Sie das tun, werden Sie nichts daraus lernen. Nutzen Sie Facebook als Marktforschungswerkzeug. Daraus können Sie eine Menge Wert ziehen und lernen, was man braucht, um die Menschen dazu zu bringen, Ihre Follower zu werden und auf Ihre Posts zu reagieren.

Ich empfehle außerdem die größte Bandbreite an Alter und Nationalität, damit die Facebook-Plattform für Sie das Steuer übernimmt. Sie können sich die Zahlen ansehen und herausfinden, welches Publikum die besten Resultate bringt. In anschließenden Tests können Sie dann spezifischer eingrenzen, was für Sie funktioniert. Fangen Sie möglichst breit an und grenzen Sie dann ein.

Starten Sie um Mitternacht

Ich starte normalerweise alle meine Anzeigen um Mitternacht, denn damit erhält der Content volle 24 Stunden für eine Testphase. Manchmal sind die Auktionen fehlerhaft, und wenn man Anzeigen später am Tag lanciert, versucht Facebook, den aufgelaufenen Bestand zu schnell zu verarbeiten, wodurch Sie nicht den besten Preis in der Auktion erzielen. Kreieren Sie Ihre Anzeige also, wann immer Sie wollen, aber legen Sie den Zeitplan so fest, dass sie um Mitternacht lanciert wird.

Sie denken vielleicht: »Was ist mit meinem Publikum? Wird es dann nicht schlafen?« Tatsache ist, dass es mehr als zwei Milliarden Menschen auf Facebook gibt, also ist immer jemand wach und nutzt es gerade. Auf die unwahrscheinliche Chance hin, dass keiner Ihre Anzeige sieht, wird Facebook Ihren Content erst präsentieren, wenn die Leute sich tatsächlich einloggen. Sie werden nichts bezahlen müssen, bis jemand Ihre Anzeige sieht.

Indem Sie diese um Mitternacht lancieren, wird die Anzeige unmittelbar für sieben oder acht Stunden geschaltet, unabhängig davon, wie viel Sie schlafen. Ich bin keine Nachteule, also überprüfe ich normalerweise die Ergebnisse am Morgen, aber wenn Sie aufbleiben, können Sie innerhalb der ersten paar Stunden nachsehen und die Kampagne optimieren. Es ist an Ihnen – man muss keinesfalls lange aufbleiben oder seinen Schlaf opfern, um Erfolg zu haben.

Ich habe noch nie erlebt, dass eine Werbeanzeige die Performance nach einer Stunde um mehr als 30 Prozent erhöht hätte – egal, ob ich Page-Likes, Video-Views oder Website-Traffic-Zahlen als Ziel setze. Das bedeutet: Wenn Sie 50 Cent pro Like zahlen, werden es nicht plötzlich nur noch ein oder zehn Cent sein. Es könnte aber von 50 auf 30 Cent sinken, und das kann sich durchaus lohnen. Meiner Erfahrung nach wird eine Anzeige beim Publikum nicht ankommen, wenn sich nicht sofort etwas tut. Mein Rat wäre also, diese Anzeige zu deaktivieren und eine andere auszuprobieren. Wo ich gerade dabei bin, ich habe E-Commerce-Experten sagen hören, wenn man Cost per Lead (CPL), Cost per Acquisition (CPA) und Lead to Value (LTV) als Ziele setzt, wird man nach ein paar Tagen Erfolge sehen, wenn man die Anzeige laufen lässt. Sie wissen nie, was für Sie am besten funktioniert, wenn Sie es nicht ausprobieren, also testen Sie alles selbst und finden Sie heraus, womit Sie die besten Resultate erzielen.

Die Zahlen analysieren

Wenn ich Anzeigen für Page-Likes schalte, besteht eine meiner Regeln darin, dass es im Inland nicht mehr als 20 Cent pro Page-Like kosten sollte (mein bisher niedrigster Betrag waren fünf Cent) und weltweit nicht mehr als ein Cent pro Page-Like (hier lag mein niedrigster Betrag bei 0,004 Dollar). Aber das ist mein ganz persönlicher Standard und die Performance, die ich anstrebe. Ich empfehle, dass Sie Ihre eigenen Schwellenwerte setzen. Manche Menschen werden nicht diese Performance erzielen, basierend auf der Qualität ihres Contents, und andere erzielen vielleicht eine bessere. Testen Sie es und prüfen Sie, was passiert.

Wenn Sie die Strategie einsetzen, Ihren Content viral gehen zu lassen, habe ich folgende Regel: Wenn die Costs per Share (CPS) bei 50 Cent liegen, läuft es gut für Sie – alles darüber ist ein Zeichen, dass Ihr Content bei Ihrem Kernpublikum nicht ankommt. Alles unter einem CPS von 30 Cent bedeutet, dass Sie großartigen Content haben, und ein CPS von zehn Cent bedeutet – Sie sind ein Rockstar. Sie können Ihren CPS auf der Ads-Manager-Plattform von Facebook finden.

▶ Für weitere Informationen über die Grundlagen des Facebook-Ads-Managers besuchen Sie bitte www.onemillionfollowers.com/fbtutorials.

Behalten Sie stets im Auge, wie weit Sie Ihre Performance pushen können. Oft beobachte ich bei Leuten, dass sie glauben: »Oh, ich erziele 30 Cent pro Share. Das muss ich dann wohl dafür bezahlen.« Versuchen Sie, die Kosten zu drücken und die Performance so weit wie möglich zu steigern, statt sich mit diesem Preis zu arrangieren. Werden Sie nicht faul, streben Sie stets nach mehr.

Testen und lernen

Wir werden in Kapitel 4 näher darauf eingehen, wie wichtig das ist, aber der bedeutendste Aspekt dieses Systems ist das *Lernen*. Sie müssen nachvollziehen können, wieso etwas Bestimmtes funktioniert oder nicht funktioniert. Ansonsten werden Sie nicht klüger daraus. Wenn Sie nicht darüber nachdenken, könnten Sie Tausende Variationen testen und dennoch nicht die gewünschte Performance erzielen. Verschwenden Sie nicht Ihre Zeit. Analysieren Sie die Daten und lernen Sie dazu. All das Testen und Lernen ist extrem wertvoll, um Ihre kurz- und langfristige Content-Strategie zu entwickeln, was Ihr organisches Wachstum antreibt.

Wenn Sie das tun, wird es sich auf jeden Fall für Sie lohnen. Sobald Sie etwas aus Ihren Tests lernen, wird das wahre Wachstum bei den Leuten, die Ihren Content teilen, exponentiell werden. Der Zauberkünstler und Social-Media-Entrepreneur Julius Dein, der mehr als 15 Millionen Follower in 15 Monaten erhielt, ist der beste Beweis dafür. Er sagt:

> Man muss sich die Leiter hocharbeiten. Es dauert eine Weile, bis man auf Sprosse zwei und drei angelangt ist, aber dann vermehrt es sich schnell. Als ich eine Million Likes hatte, dachte ich: »Verfluchter Mist, das hat aber lange gedauert, auf eine Million zu kommen.« Dann erreichte ich innerhalb von Wochen zwei Millionen. Und auf Instagram war es der gleiche Prozess. Ich erreichte meine erste Million vor zwei Monaten und jetzt bin ich schon bei fast drei. Ich wette, es wird sogar noch schneller gehen, vier, fünf und sechs Millionen zu erreichen.

Follower zu gewinnen, braucht Zeit, Aufwand und Geld, aber denken Sie an die ROIs. Denken Sie an die Bestätigung und die Glaubwürdigkeit, die Sie erlangen werden. Das sollten Sie bei jeder Anzeige und jeder duplizierten Anzeigenserie im Auge behalten, dann werden Sie einen Schritt näher dran sein, Ihr Publikum zu vergrößern und Ihre Träume zu erreichen.

Tipps und Zusammenfassung

- Es gibt zwei Arten, wie Sie die Facebook-Werbeplattform nutzen können, um Follower zu generieren: (1) Sorgen Sie dafür, dass ein bestimmter Content viral geht, und gewinnen Sie die Aufmerksamkeit der Massen oder (2) nutzen Sie die Ad-Unit-Page-Likes, um gezielt Leute anzusprechen, die Ihrer Seite folgen sollen.
- Content ist der entscheidende Faktor, wenn es darum geht, ein großes Publikum online wachsen zu sehen und es dazu zu bringen, auf Ihren Content zu reagieren.
- Der Schlüssel, ein großes Publikum in der schnellstmöglichen Zeit zu skalieren, besteht in einem flexiblen Ansatz, Content zu produzieren, zu testen und in Echtzeit zu messen, wie die Leute darauf reagieren.
- Stellen Sie Hypothesen auf, testen Sie diese, lernen Sie dazu und steuern Sie um.
- Sie müssen nicht das Rad neu erfinden; sehen Sie sich um und borgen Sie sich Ideen aus dem Arsenal, das bei anderen funktioniert.
- Facebook ist die Plattform, auf der man am leichtesten eine Million Fans gewinnen kann, denn sie basiert auf dem Konzept des Teilens.
- Ein Publikum aufzubauen, erfordert ein Investment von entweder Zeit oder Geld.
- Dieses System gestattet Ihnen nicht, Follower zu kaufen. Es ermöglicht Ihnen, Facebook für die Möglichkeit zu bezahlen, den Menschen einen bestimmten Content zu präsentieren.
- Um die Kosten zu reduzieren, halten Sie sich an den von Facebook vorgeschlagenen Gebotsbetrag. Geben Sie nur mehr Geld aus, indem Sie die Anzeigenreihe duplizieren und dabei ein anderes Interesse ansprechen oder eine andere Anzeige verwenden.

- Denken Sie immer an den ROI und arbeiten Sie von dort ausgehend rückwärts. Wenn eine Anzeige nicht Ihre gesetzten Ziele erreicht, deaktivieren Sie diese.

KAPITEL 2

SPRECHEN SIE IHRE ZIELGRUPPE AN

Targeting kann zum geschäftlichen Erfolg oder Niedergang führen. Viele Produkte und Marken könnten ein großes Publikum erreichen, aber die Nuancen zu kennen, wer tatsächlich mit Ihren Produkten oder Ihrer Marke interagiert, ist letztlich das, was Ihnen dabei hilft, eine bedeutende Zahl an treuen Followern und damit eine Kundenbasis aufzubauen. Wie bereits besprochen, werden Sie die Leute finden müssen, die nicht nur Ihre Message teilen, sondern auch Ihre Produkte, um schnell zu skalieren. Wie wir später in diesem Kapitel besprechen werden, gibt es verschiedene Targeting-Strategien und -Techniken für bestimmte Ziele. Darüber hinaus wird es Ihnen Zeit, Geld und Energie sparen, das richtige Publikum anzusprechen.

Nehmen wir an, Sie wollen Yogahosen für Frauen verkaufen. Es würde keinen Sinn ergeben, Männer als Zielgruppe zu definieren, denn sie sind nicht diejenigen, die das Produkt brauchen oder benutzen (außer Sie sprechen sie rechtzeitig vor dem Valentinstag an und bewerben die Hosen als Geschenkidee). Vielleicht verkaufen Sie aber auch T-Shirts mit dem Slogan »Philadelphia Eagles Super

Bowl« – dann würden Sie keine Fans der New England Patriots als Zielgruppe nehmen, nachdem diese den Super Bowl verloren haben, oder? Das wäre eine Verschwendung Ihrer Ressourcen. Oder stellen Sie sich vor, Sie wohnen in einem Ort, in dem sich alle vegan ernähren. Dort würden Sie kein Steakhaus eröffnen. Ihr Unternehmen hätte keine Chance.

Das Targeting der richtigen Leute lässt Ihr Unternehmen gedeihen. Und wenn Sie genau wissen, was Ihr Zielpublikum ist, so ist es durch das Internet – besonders die sozialen Medien – heute leichter als je zuvor, sich das Feedback der Kunden anzuhören. Bekleidungsunternehmen wie Zara verlassen sich völlig auf die Vorschläge ihrer Kunden, wenn es darum geht, ihre Designs anzupassen – im Stammsitz des Unternehmens liest man Tausende Kommentare von Kunden und nutzt dieses Feedback, um die nächste Bekleidungslinie zu kreieren. Dieser nutzergenerierte Ansatz für Fast Fashion sei nach Unternehmensangaben der Schlüssel ihres Erfolges.[1] Das ist unter anderem der Grund für Zaras Dominanz auf dem Bekleidungsmarkt – für andere Marken ist es schwer, mit diesem Maß an Aufmerksamkeit mitzuhalten, das dem Feedback aus dem Zielmarkt entgegengebracht wird.

Werden Sie präzise

Wir leben im Informationszeitalter, das bedeutet, dass eine präzise Zielgruppenermittlung wichtiger ist als je zuvor. Es herrscht starker Wettbewerb – mit einer Unmenge an Produkten, Botschaften und Content, der den Menschen unglaublich viele Optionen bietet. Kunden und Fans sind heute viel spezifischer in ihren Interessen

---

1 Derek Thompson, »Zara's Big Idea: What the World's Top Fashion Retailer Tells Us About Innovation«, *Atlantic,* 13. November 2012, https://www.theatlantic.com/business/archive/2012/11/zaras-big-idea-what-the-worlds-top-fashion-retailer-tells-us-about-innovation/265126.

und es gibt eine große Bandbreite an Nischenpublikum. Nutzen Sie das zu Ihrem Vorteil.

Wenn Sie mit einer Zeitmaschine zurück in die 1970er-Jahre reisen und zehn Menschen auf der Straße nach ihren zehn Lieblingssongs fragen würden, würden vermutlich fünf oder sechs Lieder immer wieder genannt. Die Leute hatten damals begrenzten Zugang zu Musik, denn es wurde weniger Musik produziert und es gab weniger Kanäle für diese Musik (zum Beispiel nur Radio oder Fernsehen).

Würden Sie diese Umfrage heutzutage durchführen, gäbe es nicht so viele Übereinstimmungen. Es gibt ein größeres Angebot an Musik, mehr Kanäle für Musik, darunter auch Plattformen, auf denen man seine eigenen Songs unter die Leute bringen kann (zum Beispiel Facebook, iTunes oder Spotify), und mehr direkten Zugang zu den Künstlern als je zuvor. Das Ausmaß an Content, Information und Produkten auf dem Markt hat bedeutend zugenommen und die Interessen der Menschen verteilten sich auf verschiedene Nischenbereiche.

Dies lässt sich in vielen Branchen beobachten. Sehen Sie sich nur an, was mit dem Fernsehen passiert ist, seitdem es Streamingdienste wie Netflix, Amazon Prime und Hulu gibt. Wir haben mehr Optionen und eine Auswahl an Sendungen als je zuvor. Für fast jedes Genre gibt es ein Publikum – Sie müssen nur wissen, wie man es findet.

Mit Facebook und anderen Online-Werbetools können Sie ein ganz bestimmtes Publikum für Ihre Marke ansprechen. Sie können zum Beispiel Menschen mit Hochschulabschluss und 75 000 Dollar Jahreseinkommen ansprechen, die in Chicago, Illinois, wohnen, verheiratet sind und Hunde lieben. Bevor es das Internet gab, war es viel schwieriger (wenn nicht unmöglich), eine große Zahl Menschen aus einer so spezifischen Gruppe zu erreichen. Mit den Targeting-Features von Facebook kann man herauszufinden, wer Ihre Produkte kauft, und den Content und die Strategie spezifisch auf die Bedürfnisse dieser Kunden zuschneiden, was Ihnen wiederum erlaubt, kosteneffizienter zu sein und die Profitabilität zu steigern.

Ich profitierte von Facebooks Werbeplattform, indem ich sie nutzte, um mein Publikum genauer zu definieren und den Titel sowie das Cover dieses Buches auszuwählen. Mein Team testete kreative Designs an unterschiedlichem Publikum und wir lernten dadurch nicht nur, welches Buchcover (bis hin zu einer bestimmten Farbe) am besten funktioniert, sondern auch, bei welcher Art Publikum es die meiste Resonanz fand. Wir testeten das Cover dieses Buches an »Entrepreneuren«, »Kleinunternehmern« oder »Menschen, die Publikationen wie TechCrunch, *Wired* und *Fast Company* lesen«. Diese Informationen halfen uns zu verstehen, wer das größte Interesse an diesem Buch haben würde und welche Marketingbotschaften ihnen am meisten gefallen.

Eine Targeting-Checkliste

Hier eine recht breit angelegte Checkliste, die nicht notwendigerweise alles abdeckt, was Sie an spezifischen Targeting-Zielen haben, die Ihnen jedoch hilft, Ihr Zielpublikum zu analysieren, wenn Sie bei null anfangen. Um die richtigen Leute zu erreichen, müssen Sie eine Vorstellung von ihnen haben.

Als Erstes sollten Sie alle Informationen aufschreiben, die Sie bereits über Ihr Produkt oder Ihre Marke haben. Denken Sie darüber nach, wer dazu am leichtesten einen Bezug herstellen könnte oder wem es am meisten nützt. Sobald Sie ein paar Punkte aufgelistet haben, stellen Sie sich folgende Fragen:

1. Welches **GESCHLECHT** hat Ihr Zielpublikum? Richten Sie sich an Männer, Frauen oder beide?

2. Welches **ALTER** hat Ihr Zielpublikum? Wenden Sie sich an junge Teenager, Erwachsene, Menschen in den Dreißigern oder eine andere Altersgruppe?

3. Was ist Ihr **ANGESTREBTES MARKETINGZIEL**? Was soll Ihr Publikum tun? Wollen Sie:

    a. Ihre Marke bekannter machen?
    b. ein bestimmtes Produkt verkaufen?
    c. dass Menschen sich auf Ihrer E-Mail-Liste eintragen?
    d. mehr Reaktionen auf Ihre Posts?
    e. Traffic zu einem Blog oder auf eine Website locken?
    f. Oder haben Sie ein anderes Marketingziel?

4. Wo **LEBT** Ihr Publikum? Richten Sie sich an Menschen auf der ganzen Welt, nur in den Vereinigten Staaten oder in einem anderen Land? Vielleicht haben Sie ein lokales Unternehmen und wollen einen bestimmten Postleitzahlenbereich, eine Stadt oder ein Bundesland (einen Bundesstaat) erreichen? Wo sich Ihr Publikum befindet, hängt sehr von Ihren Marketingzielen ab und davon, was Sie erreichen wollen. Sie müssen wissen, ob Sie ein Produkt direkt an Menschen in einer bestimmten Region verkaufen wollen oder versuchen, Markenwahrnehmung und Glaubwürdigkeit aufzubauen. Aber wenn Sie in der Unterhaltungsbranche tätig sind oder versuchen, eine globale Marke aufzubauen, kann es sehr nützlich sein, in der ganzen Welt bekannt zu werden. (Über dieses Thema können Sie mehr in Kapitel 7 lesen, »Die ganze Welt erreichen [eine Chance]«, um zu erfahren, wie es die Glaubwürdigkeit Ihrer Marke steigern kann, wenn Sie Ihr Targeting auf ein globales Publikum ausrichten.)

5. Was **INTERESSIERT** die Leute, die Ihre Produkte oder Ihre Marke kaufen?

    a. Welche Musik hören sie?
    b. Welche Mannschaftssportarten betreiben sie?
    c. Welche Modemarken tragen sie?
    d. In welchen Geschäften kaufen sie ein?
    e. Wie sieht ihre Alltagsroutine aus?
    f. Zu welchen Events gehen sie?
    g. Welche Werte haben sie?
    h. Welchen Hobbys gehen sie nach?
    i. Welche Produkte von welchen Marken verwenden sie?
    j. Welche Autos fahren sie?
    k. Welche Sendungen sehen sie sich an?
    l. Was sind ihre Lieblingsfilme?
    m. Welchen Berühmtheiten folgen sie in den sozialen Medien?
    n. Welche anderen Interessen haben sie Ihrer Meinung nach vielleicht?

6. Welche zusätzlichen Informationen über den **LEBENSSTIL** Ihres Publikums besitzen Sie?

    a. Sind sie verheiratet, Single oder geschieden?
    b. Welchen Bildungsabschluss haben sie?
    c. Welchem Beruf gehen sie nach?
    d. Welches Jahreseinkommen haben sie?
    e. Welche Bedürfnisse haben sie?
    f. Auf welche Weise macht Ihr Produkt oder Ihre Marke das Leben Ihrer Kunden besser oder einfacher?

7. Wer sind Ihre **TOPKONKURRENTEN** und über welche Eigenschaften von Ihrer Liste verfügen deren Fans?

Diese Fragen zu beantworten, wird Ihnen helfen, die Menschen zu verstehen, auf die Sie für Ihre ersten Tests abzielen, und Ihnen letztlich dabei helfen, neue Kunden zu gewinnen. Je mehr Sie über die Art Menschen wissen, von denen Sie glauben, sie werden an Ihrem Produkt interessiert sein, desto besser.

Wenn Sie anfangen, die oben festgelegten Variablen zu testen, benehmen Sie sich wie der klassische »verrückte Wissenschaftler«. Testen Sie so viele Kombinationen wie möglich. Segmentieren Sie verschiedene Variablen und teilen Sie diese auf verschiedene Tests auf. Wenn Sie Yogahosen für Frauen verkaufen, könnten Ihre Tests etwa so aussehen:

- Test 1: Alter 18 bis 35, mag Lululemon
- Test 2: Alter 36 bis 50, mag Lululemon
- Test 3: Alter 18 bis 35, mag Lululemon und hat einen Hochschulabschluss
- Test 4: Alter 36 bis 50, mag Lululemon und hat einen Hochschulabschluss
- Test 5: Alter 18 bis 50, mag Yoga
- Test 6: Alter 18 bis 50, mag Meditation
- Test 7: Alter 18 bis 50, mag Yoga und wohnt in Chicago
- Test 8: Alter 18 bis 50, mag Meditation und wohnt in Chicago

Diese Liste ist nur ein Beispiel, aber Sie sehen, dass die Zahl der Tests sehr schnell wächst. Versuchen Sie immer, so viele Variablen wie möglich zu testen, bis Sie die Antwort finden, nach der Sie suchen. Testen Sie stets, um Ihre Ergebnisse zu verbessern.

▶ Um mehr darüber zu erfahren, wie Sie diese Testkampagnen aufbauen, besuchen Sie www.onemillionfollowers.com/beyond.

Sie müssen auch überprüfen, ob Ihre Vorannahmen zutreffen. Um sicherzugehen, dass Sie auf dem richtigen Kurs sind, wenn Sie nicht bereits eine existierende Fangemeinde haben, schlägt David Oh von FabFitFun vor, dass Sie offline gehen und mit Ihrem hypothetischen Zielpublikum direkt sprechen. Wenn Sie glauben, Ihre Kundenbasis bestehe aus Frauen zwischen 18 und 30, gehen Sie hinaus in die Welt und reden Sie mit Leuten aus dieser demografischen Gruppe. Finden Sie heraus, wie diese über Ihre Botschaft, Ihre Ideen und Ihren Content denken. Nutzen Sie Freunde, Familie und Bekannte als Ressource, um Ihnen bei Ihrer Marktforschung zu helfen.

Wenn Sie bereits eine bestehende Fangemeinde haben, die aus Leuten besteht, die mit Ihrem Content interagiert und Ihre Produkte oder Dienstleistungen kauft, gibt es noch weitere Methoden, um Marktforschung zu betreiben. Sie können die Analysedaten von Ihren sozialen Plattformen nutzen (wie Facebook Insights) oder die Informationen von Google Analytics, um zu erfahren, wer Ihre Website besucht. Sie können auch bisherige Bestellungen analysieren und Umfragen bei Ihrer bestehenden Fangemeinde und Ihren Kunden durchführen. Nutzen Sie jede Analyse oder Daten über Ihr Publikum, die Sie bekommen können, um herauszufinden, wer am besten auf Ihren Content, Ihre Produkte oder Ihre Marke reagiert.

David Oh nutzt zum Beispiel die Analysedaten seiner Website, um die demografische Kerngruppe der Käufer besser zu verstehen, die Abo-Boxen von FabFitFun bestellen. Diese Informationen beinhalten das Alter, Geschlecht, Interessen an Beauty-/Modeprodukten und die Namen der Marken, die sie mögen. Oh befragt sogar die Kunden darüber, welche Aspekte der Produkte sie in den vorherigen Paketen mochten und welche Produkte sie gerne in Zukunft sehen würden. Dann nutzt er diese Informationen, um effektivere Marketingkampagnen zu kreieren, wodurch sein Unternehmen skalieren konnte.

Ein weiteres Beispiel entstammt der Filmindustrie. Wenn ein Film gedreht wird, testet man eine erste Schnittfassung in Vorführungen, die der Marktforschung dienen. Der Zweck dieser Testvorführungen ist, das ideale Zielpublikum in ein Kino zu bekommen, um den Film vor seinem Start zu zeigen. Produzenten und Studios laden das angestrebte Publikum ein, zeigen den Film und verteilen dann Bewertungszettel, um Beobachtungen, Gefühle und Meinungen über den Film zu erhalten. Die Filmproduzenten und Vermarkter nutzen diese Informationen, um herauszufinden, bei welchen Menschen der Film gut ankommt. Die Daten aus diesen Testvorführungen werden dann genutzt, um die Marketingstrategie und die Positionierung am Markt zu steuern und den Film zu verbessern.

Eine Fallstudie aus der Marktforschung: *Florence Foster Jenkins*

Mein Team führte einen Marktforschungstest für Paramount Pictures für den Film *Florence Foster Jenkins* aus dem Jahr 2016 durch, in dem Meryl Streep und Hugh Grant mitspielten. Paramount wollte testen, wie sie den Film in Bezug auf ihr Zielpublikum positionieren sollten.

Wenn Sie ihn nicht gesehen haben – Meryl Streep spielt die Titelrolle, eine Frau, die professionelle Opernsängerin werden will, bevor sie stirbt. Paramount hatte Mühe, einen Werbeslogan für den Film zu finden. Sie hatten fünf zur Auswahl, unter anderem »You're never too old«, »Dream big« und »Every voice matters«. Aber sie benötigten Daten und Analysen, um die beste Entscheidung zu treffen, was die Kernbotschaft beim Marketing des Films sein sollte.

Mein Team testete Variationen der Slogans bei 561 756 Menschen – 53 Prozent Frauen und 47 Prozent Männern – in den Vereinigten Staaten, zu deren Interessen »Filme über Musik«, »Filmbiografien« und »Meryl Streep« gehörte, da sie am wahrscheinlichsten diesen Film sehen würden. Ein Publikum dieser Größe mit traditioneller Marktforschung zu erreichen oder diese Tests im Fernsehen durchzuführen, würde Wochen und ein beträchtliches Budget erfordern. Stattdessen schlossen wir unsere Tests innerhalb von 48 Stunden ab und für einen Bruchteil der Kosten, denn wir nutzten die Facebook-Werbeplattform als Marktforschungstool, um all diese Tests in Segmente aufzuteilen und die Daten in Echtzeit zu sammeln. Als die Tests abgeschlossen waren, stellten wir die Daten in einem umfangreichen, 41 Seiten langen Bericht zusammen, um sicherzustellen, dass wir so gründlich wie möglich mit unseren Ergebnissen waren – auf diese Art konnte Paramount eine Entscheidung für ihre Kampagne treffen, die auf soliden Informationen basierte.

Als wir den Abschlussbericht ablieferten, waren die Paramount-Vorstände baff, wie viele Details wir in so kurzer Zeit zusammengetragen hatten. Ihnen wurde klar, dass sie eine neue, kosteneffiziente und schnelle Datenquelle hatten, um künftige Entscheidungen darüber zu treffen, in welche Botschaften sie Millionen Dollar pumpen sollten. Und das wurde alles möglich aufgrund von Tests und dadurch, dass wir unsere selbst erdachte Marktforschung bei dem entsprechenden Zielpublikum durchführten.

Ein anderer Ansatz für das Targeting: Erreichen Sie diejenigen, die etwas teilen

Wie wir in diesem Kapitel besprochen haben, ist es eine großartige Strategie, die jeweilige demografische Gruppe anzusprechen, wenn der einzige Fokus darauf liegt, einen bestimmten Call to Action (CTA) an die Mitglieder dieser Gruppe zu richten – zum Beispiel, etwas anzuklicken, zu kaufen, sich für etwas zu registrieren. Aber es gibt noch eine weitere Targeting-Strategie, die ich gern nutze und bei der es darum geht, Fürsprecher zu finden, die Ihren Content und Ihre Marke für Sie teilen. Wenn Sie Frauenschuhe verkaufen und Frauen zwischen 18 und 35 Jahren ansprechen wollen, mit dem CTA einen bestimmten Schuh zu kaufen, dann ist Ihr Targeting recht einfach. Wenn Sie aber großartigen Content produzieren können, sollten Sie eine zweite Option in Betracht ziehen, die darin besteht, Ihre Botschaft mit größerer Geschwindigkeit zu teilen, was Ihrem Content Auftrieb gibt und damit die Kosten für Schlüsselindikatoren der Performance sinken. Um das zu erreichen, sollten Sie Ihre Botschaften nicht nur bei denjenigen testen, die Ihre Produkte kaufen oder Ihre Marke liken, sondern auch bei Personen, die mit der größten Wahrscheinlichkeit Ihren Content teilen (und das ist überraschenderweise nicht immer Ihr Zielmarkt).

Wenn Sie glauben, diese Targeting-Strategie ist so ziemlich das genaue Gegenteil dessen, was wir im vorherigen Kapitel skizziert haben, dann haben Sie recht. Es gibt mehrere effektive Ansätze und Strategien, von denen einige widersprüchlich erscheinen. Aber was für eine Person oder Marke funktioniert, klappt vielleicht bei einer anderen nicht. Mein Ziel ist es, Ihnen die effektivsten Optionen zu bieten, damit Sie testen und wählen können, welche am besten für Sie und Ihre Ziele funktioniert.

Wenn Sie Mühe haben, genügend Content zu generieren, der auch geteilt wird, sollten Sie vielleicht damit anfangen, den ersten Ansatz zu nutzen und bei Ihrem Targeting spezifisch zu sein. Wenn Sie in der Lage sind, Content zu kreieren, der häufig geteilt wird, versuchen Sie, Ihre eigene Reichweite über den offensichtlichen Zielmarkt hinaus auszudehnen und zu sehen, wie die Reaktion ausfällt. Manchmal kommen Sie an die Menschen, die Sie erreichen wollen, am besten über andere heran. Es gibt vielleicht Meister des Messaging, die nicht zu Ihrem spezifischen Zielmarkt gehören, die für Sie aber Ihren Zielmarkt erreichen können.

Fallstudie: Chatbooks

Ein großartiges Beispiel, wie man Meister des Messaging außerhalb des eigenen Kernmarkts findet, ist ein Projekt, an dem ich mit Chatbooks gearbeitet habe, der Nummer eins für Fotoprodukte online mit mehr als einer Million Abonnenten. Chatbooks trat an mich heran, weil sie eine Kampagne starten wollten, um auf den Muttertag aufmerksam zu machen. Sie hatten ein emotionales Video über Mütter aus der Perspektive von kleinen Kindern produziert. Im Video redeten Kinder zwischen vier und acht Jahren darüber, dass ihre Mütter ihre Heldinnen sind. Es ist eine wunderbare, kreative Anzeige, die von Nate Morley produziert wurde, von dem Sie später mehr in diesem Buch hören werden.

Chatbooks sagte mir, sie wollten auf »Mütter ab 45« abzielen. Nachdem ich gesehen hatte, wie toll der Werbefilm war, wusste ich, dass es ein großes Potenzial gab, dass eine Menge Leute ihn schnell teilen würden, also drängte ich sie, mir einen Test des Contents zu gestatten und Markenfürsprecher für dieses Video zu finden. Als ich mit meinen Tests begann, nutzte ich ein breites demografisches Spektrum, aber war spezifisch, wenn es um die Interessen ging, die mit dem Produkt zusammenhingen (zum Beispiel Scrapbooking, Fotografie, Mutterschaft und Elternsein). Bei Kampagnen, bei denen es darum geht, Wahrnehmung und Interaktion hervorzurufen, teste ich in der Regel zuerst bei Männern und Frauen zwischen 18 und 65 Jahren (außer bei geschlechtsspezifischen Produkten), um zu sehen, wo der Facebook-Algorithmus den Content innerhalb der ersten paar Stunden der Kampagne pusht. Ich finde das nützlich, denn der Facebook-Algorithmus entwickelt sich beständig weiter, sodass Sie herausfinden können, wo Ihr reaktionsfreudigstes Publikum sitzt. Wenn Sie feststellen, dass der Content bei einer bestimmten demografischen Gruppe oder einer Gruppe mit bestimmten Interessen nicht ankommt, lancieren Sie einen anderen Test. Und dann noch einen weiteren. Starten Sie Test um Test, bis Sie die gesuchten Antworten erhalten. Bei einer Wahrnehmungskampagne, die auf eine breite Basis zielt, sollten Sie ebenfalls mit einem breit gefächerten Zielpublikum arbeiten, denn das senkt für gewöhnlich die Kosten der Auktion und verschafft Ihnen weitere Eindrücke und Gelegenheiten, Ihr Publikum dazu zu bringen, mit Ihnen zu interagieren.

Bei diesen Tests fand ich heraus, dass die Menschen, die das Video teilen, Frauen zwischen 18 und 25 Jahren waren. Das waren nicht notwendigerweise diejenigen, die das fertige Produkt kaufen würden, aber sie waren diejenigen, bei denen der Content etwas auslöste. Nach einer weiteren Analyse stellte ich fest, dass sie das Video mit ihren Müttern teilten, sie taggten und sich mit ihren Müttern über den Content unterhielten.

Die Reichweite auszudehnen, um jüngere Frauen zu erreichen, ermöglichte es Chatbooks, ihre demografische Kerngruppe noch wirkungsvoller anzusprechen. Sie zielten auf die emotionale Verbindung zwischen Müttern und Töchtern. Außerdem gestattete es ihnen, das Produkt einem neuen Publikum zu präsentieren.

Hierin sehe ich die Stärke der Shareability und wie wirkungsvoll es ist, einen breiteren Ansatz beim Targeting zu nutzen. Es kann das Bewusstsein für Ihre Botschaft und Ihren Content steigern, Ihnen helfen, Markenfürsprecher zu finden und, was am wichtigsten ist, Ihr Kernpublikum auf einflussreiche Weise zu erreichen – indem man einen Freund dazu bringt, etwas mit einem anderen Freund oder einem geliebten Menschen zu teilen. Im Grunde hat man damit einen Hack für Mundpropaganda, und genau die lässt sich im Marketing am schwierigsten erreichen.

Seien Sie kreativ und schaffen Sie die Möglichkeit, dass Verbindungen zwischen Ihren Käufern und den Vermittlern Ihrer Botschaft entstehen. Sie entdecken vielleicht neue Arten, Ihr Produkt oder Ihre Marke zu vermarkten sowie neue Fans zu gewinnen, Ihre Zahlen in den sozialen Medien zu boosten und mehr zu verkaufen.

Stellen Sie keine Vermutungen an

Latham Arneson, der ehemalige Vice President für digitales Marketing bei Paramount Pictures, sagt, dass viele Menschen zu wissen glauben, wen sie ansprechen müssten. Häufig mögen sie recht haben, oft aber auch nicht. Er erklärt, dass man beim Marketing für Kinofilme mit einem ziemlich breit gefächerten Satz an Parametern beginnen muss – zum Beispiel »junge Frauen«. Das ist eine große Gruppe und innerhalb dieser Gruppe herrschen viele verschiedene Interessen. Herauszufinden, wer in dieser demografischen Gruppe die höchste Bereitschaft aufweist, etwas zu teilen, ist ein wichtiger Fokuspunkt.

Auch wenn Lathams Erfahrung und Expertise sich hauptsächlich um das Vermarkten von Filmen dreht, kann man sie auch auf Menschen anwenden, die eine Marke etablieren wollen oder versuchen, Wachstum zu erzielen. Wenn ein Film kein Teil einer bekannten Reihe oder eines Franchise ist, haben die Vermarkter die fast unmögliche Aufgabe, eine Marke innerhalb von einem halben Jahr aufzubauen, und genau das versuchen viele der Leser dieses Buches.

Latham hält fest, dass der Schlüssel im Testen besteht. Er meint, man könne ein paar gute Schätzungen abgeben, aber was wirklich funktioniert, erfährt man durch Tests. Dann erfährt man wirklich, wer interessiert ist, durch die Reaktionen auf den Content. Schließlich und endlich kann man nicht 100-prozentig sicher sein, bis man den Content hinaus in die Welt lässt und sieht, wer darauf reagiert.

Wenn es konkret um Videos geht und die Frage, wie viele Menschen sie ansehen, schlägt Arneson vor, in Erfahrung zu bringen, wie viele Personen das Video bis zum Ende ansehen und wie die Leute reagieren, die das Video gesehen haben. Es ist großartig, wenn ein Zuschauer 75 bis 100 Prozent des Videos ansieht, aber noch besser ist es, wenn er einen Großteil anschaut und dann etwas tut, wie diesen Content zu teilen. Betrachten Sie die Menschen, die als Erste in Aktion treten, indem sie etwas teilen oder anklicken (ein

Video, ein Bild oder einen Link) als den besten Indikator für Ihr Zielpublikum.

Targeting für Kampagnenziele

Ein Teil des Targetings besteht darin, die Art von Anzeige zu wählen, mit der Sie Ihre Kampagnenziele erreichen. Sie können die Anzeige gezielt einsetzen, um Videokampagnen zu beschleunigen, Website-Traffic zu generieren, Leads zu schaffen, Interaktion mit Posts, Reaktionen auf Events und Ähnliches. Meiner Erfahrung nach wird jedes dieser Ziele von Facebook-Auktionen unterschiedlich bewertet.

Sagen wir, Sie haben ein Video, das Sie bewerben wollen, aber Sie wählen das Ziel, Leads zu generieren. Ihre Kosten pro Zuschauer für das Video werden aufgeblasen, denn Facebook betrachtet es nicht aus der Kosten-pro-Aufruf-Perspektive. Es wird versuchen, so viele Leads wie möglich zu erzeugen. Bei einer Videoanzeige, ob diese Leads generieren soll oder Traffic, empfehle ich normalerweise, als Erstes Views für das Video zu generieren. Indem man das tut, kann man die Kosten pro Aufruf so weit wie möglich senken, um das größte Publikum zu erreichen. Mehr Menschen zu erreichen bedeutet, dass Sie mehr Gelegenheiten für andere schaffen, Ihre Message für Sie zu teilen. Wenn es mehr Leute teilen, erhalten Sie Auftrieb, was Ihre Kosten pro Lead senkt. Und das ist natürlich großartig für diejenigen, die Markenbewusstsein schaffen wollen und auf große Zahlen abzielen. Aber wenn die Menschen etwas nicht teilen, ist es vielleicht am besten, wenn Sie versuchen, Leads zu generieren oder zu konvertieren, wenn Sie einfach nur daran interessiert sind, ein Produkt direkt zu verkaufen.

Wenn ich eine Hierarchie aufstellen wollte, stünde es ganz oben auf meiner Liste, Reaktionen auf Posts zu generieren oder Videoaufrufe, wenn man guten Content hat. Wenn Sie durchschnittlichen oder unterdurchschnittlichen Content haben, nutzen Sie das

Generieren von Leads oder die Website-Konversionsziele (wie viele Besucher einer Website eine Aktion ausführen, Anm. d. Übers.). Testen Sie und lernen Sie dazu – wie bereits erwähnt, ist das die einzige Methode, um herauszufinden, was für Ihre Marke am besten funktioniert.

Targeting neu ausrichten und ein ähnliches Publikum ansprechen

Nach einigen Tests und sobald Sie etwas dazugelernt haben, werden Sie wissen, welcher demografischen Gruppe Ihr Kernpublikum angehört und welche Interessen es hat, und Sie werden ein Auge auf die Art Leute werfen, die am wahrscheinlichsten Ihre Message teilen. Sobald Sie diese Daten gesammelt haben, sollten Sie sicherstellen, das Targeting auf die Menschen auszurichten, die mit Ihrer Marke *interagieren*.

Erick Brownstein von Shareability erläutert, dass sein Team immer eine Neuausrichtung des Targetings vornimmt, um neuen Content denjenigen zu präsentieren, die mit dem ersten Satz an Content interagiert haben. Er betont: Wenn eine Person einmal mit einem Content interagiert hat, wird sie es wahrscheinlich auch ein zweites Mal tun. Sein Team testet »Myriaden verschiedener Zielgruppen« und beginnt dann damit, ähnliche Publikumsgruppen aufzubauen und diese ebenfalls zu testen, basierend auf dem Publikum, das mit einer entsprechenden Handlung reagiert.

Tim Greenberg, Chief Community Officer bei World Surf League, betont ebenfalls, dass es clever ist, nach ähnlichen Publikumsgruppen zu suchen. Zuerst findet er heraus, wer die Website des Unternehmens besucht, indem er Facebook Pixel benutzt, ein Analysetool, das ihm hilft, die Effektivität der eigenen Werbung zu messen oder Besucher der Website zu tracken (Sie können Pixel auch nutzen, um sich anzusehen, welche Aktionen die Leute auf

Ihrer Website durchführen, und besser zu verstehen, wie Sie Ihr angestrebtes Publikum ansprechen können).[2] Als Nächstes überprüft Greenberg, wer sich für die World-Surf-Mailingliste eintragen lässt. Dann analysiert er die Personen, die die Plattform der World Surf League besucht haben, und diejenigen, die den Livestream angesehen haben – das sind die Kern-User, die Hardcore-Fans, die sich die Mühe machen, den Content anzusehen. Greenbergs Team muss einfach nur diese Menschen mithilfe einer Awareness-Nachricht informieren, dass der Content vorhanden ist.

Wenn dieser Prozess abgeschlossen ist, konzentrieren sie sich auf die zweite Gruppe von Zuschauern – sie wenden sich an eine *ähnlich zusammengesetzte Publikumsgruppe, die den ursprünglichen Fans entspricht.* Zu diesem Publikum gehören Menschen einer ähnlichen demografischen Gruppe mit ähnlichen Interessen und zusätzlichen Parametern. Sie sind vielleicht noch keine Surf-Fans und viele haben die Website noch nicht besucht, aber vielleicht werden sie das noch tun. Sein Team gruppiert diese Personen in eine andere Targeting-Gruppe und schickt ihnen eine ähnliche Werbekampagne, die der Kernkampagne ähnlich ist.

Greenbergs Team hat herausgefunden, herausgefunden, dass, je weiter sie sich vom Kernpublikum und dessen nächstem Umfeld (dem Publikum, das ähnliche Interessen und Charakteristika hat, aber kein direkter Teil des Kernpublikums ist) entfernt, es desto unwahrscheinlicher ist, dass diese Personen sich einen Surf-Wettkampf ansehen, selbst wenn sie einen Teil des Contents gelikt haben. Also geht sein Team äußerst sorgfältig vor. Es hat festgestellt, dass es am besten funktioniert, das Publikum anzusprechen, das entweder Kernkonsumenten sein könnten oder tatsächlich das Kernpublikum ist. Mehr Likes zu bekommen, mag gut aussehen, aber wenn es darum geht, diese Likes in eine tatsächliche Hand-

---

2 »The Facebook Pixel«, Facebook Business, https://www.facebook.com/business/help/651294705016616.

lung zu konvertieren, ist es wichtig, sich an das Publikum zu halten, das man mithilfe der Daten gefunden hat.

Die Facebook-Plattform hat der World Surf League eine Menge neuer Fans gebracht. Aufgrund der Größe von Facebook hat die League ein großes Publikum erreicht, das anders vermutlich nicht zu erreichen gewesen wäre. Das hat ihnen gestattet, Daten zu erlangen und ihre Produkte und ihren Content an neuen Publikumsgruppen auszuprobieren – um neue Fans auf die Websites zu bringen, die der World Surf League gehören oder von ihr betrieben werden. Greenbergs Team hat einen Mechanismus aufgebaut, mit dem es neue Fans gewinnen und sie mit einer Merchandising-Message, der Aufforderung, sich etwas anzusehen, oder mit dem Vorschlag, eine App herunterzuladen, ansprechen kann. Das hat einen großen Nutzen für das Unternehmen.

Interessante Info: Hypertargeting kann selbst Raketenwissenschaftler überlisten

Wenn Sie das Targeting clever einsetzen, können Sie nahezu jeden auf Facebook erreichen. David Oh von FabFitFun hat mir eine Geschichte erzählt, wie er einigen Personen im Jet Propulsion Laboratory (JPL), einem staatlich finanzierten Forschungs- und Entwicklungszentrum und NASA-Stützpunkt in La Cañada, Flintridge, und Pasadena, Kalifornien, einen Streich spielte. Oh hielt einen Vortrag darüber, wie man das digitale Marketing von Facebook nutzt und wie Hypertargeting funktioniert – das darin besteht, gezielte Botschaften an spezifische Personengruppen zu schicken. Wenn sich das vertraut anhört, dann deswegen, weil es die Art von Targeting ist, das ich bereits in diesem Kapitel besprochen habe, wobei man sich auf demografische Faktoren wie Alter,

Geschlecht, Wohnort, Sprache, Bildungsgrad, Interessen und Arbeitsstelle konzentriert.

Bevor er sich dem Vortrag widmete, startete Oh ein kleines Experiment. Er schaltete ein paar gefakte Werbeanzeigen auf Facebook und richtete sie an jeden, der in einem Umkreis von 30 Kilometern für JPL arbeitete. Eine Anzeige lautete: »Leben auf dem Mars?« Die Anzeige zeigte einen Mars-Rover mit einem Fragezeichen darauf. Eine weitere Anzeige lautete: »Finanzierung für das nächste Mars-Rover-Projekt gestrichen?« Er stellte zehn verschiedene Variationen dieser Fake-Werbeanzeigen mit verschiedenen Überschriften und Bildern zusammen. Er hatte auch von einem Freund über einen Insiderwitz gehört, dass man beim JPL die Leute »Peanuts« nannte, also stellte er eine Website zusammen, auf der man landete, wenn man die Anzeige anklickte, und deren Überschrift »Peanut Community News« lautete. Darauf war ein kleiner Countdown-Timer, der anzeigte, wann er seine Rede halten würde.

Oh gab etwa zwei Dollar dafür aus und er erhielt etwa zehn Klicks. Vier Wissenschaftler hatten sogar ihre persönliche E-Mail-Adresse auf die Mailingliste eingetragen, die er angelegt hatte. Während des Vortrags erklärte er, was er getan hatte (wobei er die Namen unleserlich gemacht hatte, damit es niemandem peinlich war), aber zwei IT-Mitarbeiter von JPL standen auf und sagten: »Das war hoffentlich keiner von euch.«

Der Punkt ist: Die Möglichkeit des Hypertargeting über die Facebook-Werbeplattform macht es möglich, selbst Raketenwissenschaftler auszutricksen. Wenn Sie also Ihr Publikum kennen, gestattet Ihnen das, auf Facebook sehr erfolgreich zu sein und auch auf jeder anderen Plattform, auf der dieses Feintuning möglich ist.

Tipps und Zusammenfassung

- Es gibt zwei Strategien für das Targeting:

  1. Eine genaue demografische Gruppe anzusprechen, ist eine großartige Strategie, wenn der einzige Fokus darauf liegt, diesen Personen einen bestimmten CTA zu präsentieren, den sie umsetzen (zum Beispiel etwas anklicken, kaufen, sich für etwas registrieren).
  2. Wenn Sie in der Lage sind, Content zu kreieren, der von vielen geteilt wird, können Sie eine Strategie für Tests nutzen, um Fürsprecher zu identifizieren, die Ihren Content und Ihre Marke für Sie teilen.

- Wenn Sie Mühe haben, einen Content zu kreieren, der häufig geteilt wird, und sich auf Marketingkampagnen konzentrieren, die eine direkte Reaktion hervorrufen sollen (zum Beispiel ein bestimmtes Produkt oder eine Dienstleistung zu verkaufen), ist der beste Startpunkt ein eng umrissener Ansatz mit einer Targeting-Checkliste. Skizzieren Sie Ihr Publikum, indem Sie Aspekte seiner Persönlichkeit herausfinden, inklusive Geschlecht, Alter, welche Aktion sie ausführen sollen, Wohnort, Interessen und Lebensstil.
- Wenn Sie breiter angelegte Kampagnen starten und versuchen, die Aufmerksamkeit der Massen zu gewinnen, legen Sie Ihr Targeting breiter an und schauen sich an, was die Facebook-Algorithmen pushen. Ihr Zielpublikum breit gefächert zu halten, wird normalerweise die Kosten der Auktion senken.
- Nutzen Sie Google Analytics und die Daten der sozialen Medien wie Facebook Insights, um Ihr Data-Mining in Bezug auf Ihr Zielpublikum zu unterstützen.

- Analysieren Sie vorherige Bestellungen und führen Sie Umfragen unter Ihrer bestehenden Fangemeinde durch, um zu bestimmen, bei wem Ihr Content, Ihre Produkte und Ihre Marke am besten ankommt.
- Die Priorität sollte bei den Kampagnenzielen darauf liegen, dass Menschen auf Posts reagieren oder Videos ansehen, wenn Sie guten Content haben. Wenn Sie ein Konversionsziel verfolgen, versuchen Sie einfach nur, ein Produkt zu verkaufen, wobei Ihr Content durchschnittlich oder unterdurchschnittlich ist.
- Testen Sie eine Unmenge verschiedener Zielgruppen.
- Nehmen Sie nicht an, dass Sie Ihr Publikum kennen; lassen Sie Raum dafür, neue Zielgruppen zu entdecken.
- Richten Sie Ihren Content neu auf diejenigen aus, die mit dem ursprünglichen Content interagierten.
- Bauen Sie ähnliche Publikumsgruppen mit Personen auf, die etwas gekauft oder eine angestrebte Aktion, wie etwas zu teilen oder anzuklicken, ausgeführt haben.
- Sie können nicht hundertprozentig sicher sein, wer Ihr Publikum ist, bis Sie tatsächlich Ihren Content der Welt präsentiert und gesehen haben, wer darauf reagiert.

KAPITEL 3

WÄHLEN SIE EINE BOTSCHAFT FÜR DIE MASSEN

Sobald Sie Follower gewonnen haben und Ihr Hauptpublikum kennen, müssen Sie dafür sorgen, dass dieses mit Ihrem Content interagiert. Sie müssen Content schaffen, der bei Ihren Followern den Wunsch nach mehr weckt, ihre Interessen trifft und dafür sorgt, dass Ihre Marke mit der größten Geschwindigkeit geteilt wird. Das ist die beste Methode, um sicherzustellen, dass Ihre Message weiter im Social Feed Ihres Publikums erscheint. Es hat keinen Sinn, eine Menge Follower zu gewinnen, wenn es zu keinen Interaktionen kommt. Content zu kreieren, der die Aufmerksamkeit der Menschen erregt und dafür sorgt, dass sie diesen mit ihren Freunden und Connections teilen wollen, ist der Schlüssel.

Zu wissen, wie man seine Botschaft strukturiert, ist entscheidend für den Erfolg. Wenn Sie mit dem, was Sie sagen, nicht die Aufmerksamkeit Ihres Publikums gewinnen können und es nicht mit Ihrem Content interagiert, dann war die Arbeit, die Sie in den Aufbau dieses Publikums gesteckt haben, umsonst. Fans zu bekommen, genügt nicht. Man muss sie auch dauerhaft an sich binden. Das ist wichtig für stetes Wachstum des eigenen Publikums und der Follower in den sozialen Medien.

Auch wenn ich Ihnen nicht die spezifischen Botschaften liefern kann, die am besten für Ihre Marke sind, da jeder andere Botschaften, abhängig von Zielen und Zielmärkten, hat, kann ich Ihnen zumindest Richtlinien an die Hand geben, die Ihnen helfen, die beste Botschaft auszuwählen. Wenn Sie diesen einfachen Richtlinien folgen, wissen Sie, wie man sich vom Hintergrundlärm abhebt.

Finden Sie Ihren Hook Point

Um faszinierende Informationen mit anderen zu teilen, müssen Sie einen einzigartigen Hook Point finden – etwas, mit dem Sie herausragen, das die Aufmerksamkeit Ihres Publikums erregt und dafür sorgt, dass es mehr will. Dies ist eine essenzielle Übung, wenn man wissen will, welchen Wert man zu bieten hat.

Ein großartiges Beispiel für einen brauchbaren Hook Point ist, worauf Tim Ferriss mit seinem Buchtitel *The 4-Hour Work Week* anspielt. Ferriss hatte ein Konzept und eine Vorstellung, welchen Wert er der Welt bieten konnte, aber er brauchte einen Hook, um die Menschen dazu zu bringen, seiner Botschaft Aufmerksamkeit zu schenken. Hätte er keine packende, zum Nachdenken anregende Botschaft gefunden, wäre sein Buch wohl kaum ein Bestseller geworden. Die Idee der 4-Stunden-Arbeitswoche weckte die Aufmerksamkeit der Menschen. Die Konzepte in seinem Buch waren nicht revolutionär oder neu, aber Ferriss' Fähigkeit, diese Ideen mit dem Konzept zu verbinden, nur vier Stunden pro Woche zu arbeiten, weckte das Interesse der Menschen. Es war die konkrete Vorstellung von einem Lebensstil, den die Menschen anstrebten. Sie wussten jedoch nicht, wie sie ihn erlangen konnten. Genau das war der Hook, der Köder, denn sie wollten mehr über dieses faszinierende und interessante Angebot wissen. Wenn Ferriss den Titel *Der*

Tim-Ferriss-Ratgeber, um weniger zu arbeiten gewählt hätte, wäre das weit weniger fesselnd gewesen. Stattdessen dachte er darüber nach, was bei seinem Zielpublikum ankommen würde und welcher Titel es ködern konnte. Er fand heraus, was das Publikum wollte, und konzentrierte sich nicht nur darauf, sich selbst voranzubringen. Indem er sich eine fesselnde Art und Weise einfallen ließ, sein Material zu erläutern, und den Menschen das Bild eines bestimmten Lebensstils vor Augen führte, erregte er die Aufmerksamkeit der Massen.

Es genügt nicht, dass man nur über sich selbst redet und erklärt, was man tut. Viele andere haben das gleiche Skill-Set wie Sie. Sie müssen etwas finden, was Sie und Ihr Produkt oder die Informationen, die Sie bieten, zu etwas Einzigartigem und Relevantem für das Leben anderer Leute macht.

Wodurch unterscheidet sich das, was Sie tun, von anderen? Und wie können Sie dafür sorgen, dass es für andere wichtig ist? Sie müssen Informationen auf prägnante und aufmerksamkeiterregende Art und Weise vermitteln. Und sie müssen relevant sein. Sie müssen Themen ansprechen, die zeitgemäß und interessant sind und die Bedürfnisse Ihres Publikums ansprechen. Der Hook Point ist das, was die Menschen dazu bringt, innezuhalten und aufmerksam zu sein.

Finden Sie eine Überschrift

Im Folgenden eine Übung, die ich gerne mit Klienten mache, um den Hook Point zu finden: Stellen Sie sich vor, Sie bekommen einen Exklusivartikel über sich oder Ihr Unternehmen in einer bedeutenden Zeitschrift. Stellen Sie sich nun vor, ein potenzieller Kunde geht die Straße entlang und kommt an einem Zeitungsstand vorbei. Welche Überschrift würde die Aufmerksamkeit dieser Person erregen und dafür sorgen, dass sie stehen bleibt, die Zeitung oder Zeitschrift kauft und Ihren Artikel liest? Versuchen Sie, sich in diesen Kunden hineinzuversetzen. Fragen Sie sich aufrichtig, was denjenigen dazu bringen würde, innezuhalten und seine Aufmerksamkeit Ihrer Botschaft zuzuwenden. Denken Sie daran, es gibt mehr als 60 Milliarden Messages, die jeden Tag in die Welt hinausgesendet werden. Ihr Hook Point muss sich ABHEBEN.

Überschriften sind in so ziemlich jeder Branche wichtig. Der Film *Blair Witch Project* von 1999 war ein Riesenerfolg, weil die Vermarkter dahinter ein Händchen dafür hatten, wie man eine gute Überschrift wählt. Ihre Werbekampagne basierte auf der Idee, die Geschichte sei real, was die Aufmerksamkeit der Leute erregte und dafür sorgte, dass sie mehr darüber erfahren wollten. Sie schufen folgende Überschriften: »Im Oktober 1994 verschwanden drei Filmstudenten in den Wäldern in der Nähe von Burkittsville, Maryland, während sie einen Dokumentarfilm drehten … Ein Jahr später hat man ihre Aufnahmen gefunden«, »Alles, was Sie gehört haben, ist wahr« und »Der gruseligste Film aller Zeiten ist eine reale Geschichte«. Diese Überschriften (oder Taglines, wie man sie in der Filmbranche nennt) nahmen die Vorstellungskraft der Zuschauer gefangen und die Leute waren neugierig darauf, was passiert war. Viele fragten sich, ob der Film tatsächlich die Realität wiedergab, und sie waren motiviert, ihn zu sehen. Außerdem bewegte die Idee, dass die Filmemacher verschwunden waren, die Menschen auf einer emotionalen Ebene, indem es ihre Angst und Neugier weckte und sie an der Geschichte emotional beteiligt waren.

Ein weiterer Film mit einer guten Tagline war *Paranormal Activity* (2007): »Was passiert, wenn du schläfst?« Dieses Konzept erregte die Aufmerksamkeit der Leute, weil es eine Frage ist, die viele Menschen interessiert und die sie sich schon selbst gestellt haben. Wenn Ihre Überschrift eine Frage ist, die sich Ihr Publikum bereits selbst gestellt hat, dann haben Sie eine starke Überschrift.

Gute Überschriften stechen heraus. Ein Beispiel für eine gute Nachrichtenüberschrift ist: »Die Wahrheit schmerzt: Der Millionen-Dollar-Videospielwettbewerb«. Sie erregt Aufmerksamkeit, weil »Die Wahrheit schmerzt« etwas Spezifisches, Prägnantes ist, das eine emotionale Reaktion hervorruft. Und das mit »Der Millionen-Dollar-Videospielwettbewerb« zu kombinieren, weckt Interesse, denn die meisten Menschen haben noch nicht von einem Videospielwettbewerb gehört, der eine Million Dollar Preisgeld bietet. Das ist eine Überschrift, die dafür sorgen könnte, dass viele Menschen wenigstens fünf Sekunden eines Videos ansehen oder etwas über den Artikel lesen würden. Sie ist relevant für das Leben des Zielpublikums und spricht ihre Bedürfnisse, Wünsche und Träume an.

Eine weitere starke Nachrichtenüberschrift ist: »Buckingham Palace: Die Polizei verletzte und verhaftete einen Mann, der in der Nähe des Buckingham Palace ein Schwert trug«. Das erregt Aufmerksamkeit, denn es kommt nicht jeden Tag vor, dass ein Mann mit einem Schwert Menschen angreift. Das ist etwas Einzigartiges, bringt ein Königshaus/Prominente ins Spiel, spricht die Angst der Leute vor dem Unbekannten an, weckt Interesse und erregt Aufmerksamkeit.

Wo Sie nun langsam ein Gespür dafür bekommen, welche Überschriften funktionieren, lassen Sie uns einen Blick auf eine Überschrift werfen, die nicht effektiv ist: »Trump unter Druck«. Diese Überschrift ist zu vage und man will sie nicht wirklich anklicken (außer man ist jemand, der sich für so ziemlich alles interessiert, was mit Präsident Trump zu tun hat). Das könnte man leicht verbessern, indem man eine der folgenden Überschriften verwendet: »5 Gründe, wieso Trump im nächsten Jahr ein Impeachment droht«, »Neue Details der Mueller-Kommission deuten ein eventuelles Impeachment von Trump an«, oder »Mueller-Untersuchung enthüllt schockierende Details über Trumps internationale Geschäfte«.

Machen Sie A/B-Tests für Ihre Überschriften

Wenn Ihnen klar ist, was Sie kommunizieren wollen, können Sie A/B-Tests machen, um herauszufinden, wie man es am effektivsten kommuniziert. Vielleicht sind Sie an einem Punkt, an dem Sie wissen, was Sie zu bieten haben, Sie sind sich Ihres Wertes bewusst, aber noch unsicher, wie Sie mit Ihrer Botschaft am besten Aufmerksamkeit erregen können. An dieser Stelle kann mein System nützlich sein. Nehmen Sie Ihre Kernbotschaft, testen Sie sie im Vergleich zu anderen und entscheiden Sie dann in Echtzeit, welche am besten performt.

Um sicherzustellen, dass Ihre Überschrift Aufmerksamkeit erregt, testen Sie verschiedene Variationen auf Facebook. Sie haben eine Version A und eine Version B. Gehen wir einen Schritt zurück zu dem Beispiel der 4-Stunden-Arbeitswoche, um zu demonstrieren, wie man das mit einer Überschrift testet.

Tim Ferriss benutzte Google AdWords, um den Titel und das Cover seines Buches zu testen, was extrem clever war und teilweise der Grund dafür, dass es ein Bestseller wurde.[1] Aber das war, bevor Facebook seine ausgefeilten und detaillierten Targeting-Optionen entwickelte. Wenn Ferriss stattdessen heute mein System verwenden würde, wäre es, als würde er seine damaligen Versuche *mit einem Turbo* durchführen.

Zuerst würden wir einen Zielmarkt wählen, zum Beispiel Menschen zwischen 18 und 25 Jahren, die Englisch sprechen, in Nordamerika und Europa wohnen und an Entrepreneurship interessiert sind. Wir würden diese Parameter mit Variante A bedenken:

---

1 Cory Doctorow, »HOWTO use Google AdWords to Prototype and Test a Book Title«, *Boing Boing*, 25. Oktober 2010, https://boingboing.net/2010/10/25/howto-use-google-adw.html.

Die 4-Stunden-Arbeitswoche, und dann duplizieren, um Variante B zu testen: *Der Tim-Ferriss-Ratgeber, um weniger zu arbeiten.* Indem wir diese zwei Titel vergleichsweise in Echtzeit testen, können wir interessante Informationen darüber erlangen, welche Botschaft eher die Aufmerksamkeit der Menschen erregt.

Die Facebook-Plattform ist großartig für diese Tests, denn Sie können spezifische Daten und Zielgruppen bei Tests berücksichtigen. Sie können überprüfen, wie eine bestimmte Botschaft bei verschiedenen Geschlechtern, Altersgruppen, Interessenbereichen (zum Beispiel Filmen, Büchern, Kunst, Autos), digitalen Plattformen, Jahreseinkommen, Gesamtvermögen und Kaufverhalten ankommt. Dadurch erhalten Sie spezifische Daten, die nützlich sein können, um Ihre Botschaft, Kampagne oder sogar das Produkt, das Sie verkaufen, anzupassen.

Sie erfahren, bei wem Ihre Botschaft ankommt. Und Sie müssen keine Unmengen an Geld ausgeben, um großartige Resultate zu erzielen. Mit nur zehn Dollar können Sie viele wertvolle Informationen erlangen, die Ihnen helfen herauszufinden, wie Sie Ihre Botschaft gemäß Ihren Bedürfnissen am besten gestalten.

Die Psychologie der Kommunikation

Häufig ist der Content, den Sie teilen, nicht so wichtig wie der Kontext, in den Sie ihn stellen. Um aus Ihrem Content möglichst viel herauszuholen, müssen Sie ein Kommunikationsexperte sein. Die sozialen Medien waren ursprünglich eine Form der Kommunikation in beide Richtungen. Und das Ziel der Kommunikation besteht stets darin, die Person zu erreichen, mit der Sie kommunizieren wollen. Jeff King, ein Experte für das Process Communication Model (PCM), einem Beobachtungswerkzeug für Verhalten, das ermöglicht, effektiver zu kommunizieren, und das großen Einfluss darauf hatte, wie ich und viele große Unternehmen auf der Welt kommunizieren, Content kreieren und untereinander kommunizieren. PCM wurde von Taibi Kahler in den 1970er-Jahren begründet und von sehr erfolgreichen und einflussreichen Menschen genutzt, von Präsident Bill Clinton über Experten, die Astronauten für die NASA auswählten, bis hin zu Produzenten der Pixar Animation Studios.

King erklärt, wenn er Seminare über das Prozessmodell hält, beginnt er stets mit der Aussage, dass Kommunikation nicht uns selbst zum Mittelpunkt hat (er deutet dabei auf sich), sondern den anderen (er deutet auf eine Person im Publikum). Der wahre Nutzen der Kommunikation besteht darin, den Menschen, die man erreichen will, Informationen zu liefern. Und um jemanden effektiv zu erreichen, müssen Sie eine Sprache sprechen, die derjenige versteht. PCM hilft Ihnen, den Kommunikationsstil der Person einzuschätzen, mit der Sie kommunizieren. Dadurch können Sie Ihre Botschaft maßschneidern, damit die Zielperson die Information wahrnimmt und versteht. Kings Erfahrung zufolge sind wir oft zu selbstsüchtig in unserer Kommunikation; wir denken für gewöhnlich mehr darüber nach, wie wir etwas ausdrücken wollen, als über die Person, die am anderen Ende zuhört – und das ist ein Fehler. Wenn wir wollen, dass andere uns deutlich hören (und unsere Message teilen), müssen wir für einen Moment unseren eigenen Standpunkt verlassen und auf die andere Person eingehen. PCM ist ein Werkzeug, das uns dabei helfen kann.

Der größte Fehler, den Menschen häufig machen und den ich meine Klienten zu korrigieren helfe, besteht darin, Content durch die Linse der eigenen Weltwahrnehmung zu kreieren und dabei nicht anzuerkennen, dass ein großer Teil der Bevölkerung die Welt anders wahrnimmt. Die Botschaft wird nicht klar vermittelt. Wenn Sie Content für ein Publikum entwickeln, dürfen Sie ihn für sich selbst kreieren. Sie müssen Ihren Content aus der Perspektive Ihres Publikums betrachten. Denken Sie eine Weile darüber nach, wie Ihr Publikum einen bestimmten Content oder eine bestimmte Botschaft wahrnehmen wird. An dieser Stelle kann PCM hilfreich sein.

King erklärt, dass Content bei den Menschen Widerhall finden muss, bevor sie ihn mit anderen teilen. Und Menschen reagieren unterschiedlich. Leute, die eher gefühlsbetont sind, werden Content teilen, durch den sie sich besser fühlen, wohingegen andere, die die Welt eher logisch wahrnehmen, vielleicht gut auf Content reagieren, der ihren Verstand anspricht. Der Content, der bei ihnen am besten ankommt, wird der Content sein, den sie teilen.

Im PCM gibt es sechs Persönlichkeitstypen: Logiker, Beharrer, Empathiker, Träumer, Rebell und Macher. Jeder Persönlichkeitstyp erlebt die Welt auf andere Weise. Logiker nehmen die Welt durch Gedanken wahr und ihre Währung ist *Logik*. Beharrer nehmen die Welt durch Meinungen wahr und ihre Währung ist *Wert*. Empathiker nehmen die Welt durch Emotionen wahr und ihre Währung ist *Einfühlungsvermögen*. Träumer nehmen die Wahrheit durch Nichthandeln wahr und ihre Währung ist *Vorstellungsvermögen*. Rebellen nehmen die Welt durch Reaktionen wahr und *Humor* ist ihre Währung. Und zu guter Letzt, aber von einigem Gewicht, denn sie gehören oft zu den Mächtigen, nehmen die Macher die Welt durch Handlungen wahr und ihre Währung ist *Charme*. All diese Persönlichkeitstypen stecken in jedem von uns, aber wir haben eine Grundpersönlichkeit, mit der wir geboren werden und die sich im Verlauf unseres Lebens nicht verändert.

Eine kleine Übung dazu besteht darin, einen Werbetext für ein Auto zu schreiben. Mithilfe von PCM erklärt King, er würde den Content so gestalten, dass er das deutlichste Bild des Autos kommunizieren kann, und es auf eine Weise verpacken, die für jeden Persönlichkeitstyp Sinn ergibt. King schlägt etwa Folgendes vor:

> Denken Sie an ein Auto. Dieses Automodell verbraucht knapp fünf Liter auf 100 Kilometer. Verglichen mit anderen Modellen ist das der niedrigste Verbrauch in seiner Klasse. Wir glauben, dass dieses Fahrzeug unseren Kunden mehr Wert bietet als den Betrag, den sie dafür bezahlen müssen. Fazit – es ist das beste Auto auf dem

> Markt. Es fühlt sich gut an, es sieht gut aus und Sie werden darin sehr bequem fahren können. All Ihre Freunde werden endlich mehr Zeit mit Ihnen verbringen, weil dieses Auto so toll ist.

Lassen Sie uns nun jeden Satz anhand des angesprochenen Persönlichkeitstyps analysieren:

- Dieser Satz spricht die **LOGIK** der Logiker an: »Denken Sie an ein Auto. Dieses Automodell verbraucht knapp fünf Liter auf 100 Kilometer. Verglichen mit anderen Modellen ist das der niedrigste Verbrauch in seiner Klasse.«
- Dieser Satz spricht den **WERT** an und wendet sich an die Beharrer: »Wir glauben, dass dieses Fahrzeug unseren Kunden mehr Wert bietet als der Betrag, den sie dafür bezahlen müssen.«
- Dieser Satz verwendet **CHARME** und spricht die Macher an:
- »Fazit – es ist das beste Auto auf dem Markt.«
- Dieser Satz nutzt **GEFÜHLE/MITGEFÜHL** und spricht die Empathiker an: »Es fühlt sich gut an, es sieht gut aus und Sie werden darin so bequem fahren können.«
- Dieser Satz nutzt **HUMOR** und spricht die Rebellen an: »All Ihre Freunde werden endlich mehr Zeit mit Ihnen verbringen, weil dieses Auto so toll ist.«

Wie Sie sehen, ist die Anzeige so geschrieben, dass sie alle Persönlichkeitstypen anspricht (abgesehen von den Träumern, denn die sind in diesem Kontext schwerer anzusprechen). Wenn Sie sich diese Denkweise aneignen, werden Sie ein größeres Publikum erreichen und alle Arten von Menschen ansprechen – der Content muss bei einem Individuum etwas ansprechen, bevor derjenige ihn teilt. Diejenigen, die die Welt durch Gefühle wahrnehmen, werden den Content teilen, der bei ihnen positive Gefühle auslöst. Diejenigen, die die Welt durch Humor wahrnehmen, wollen ihre Freunde ebenfalls zum Lachen bringen. Der Content, der sie am meisten anspricht, wird derjenige sein, den sie teilen.

Wenn Sie eine Ahnung davon haben, wie Ihr Publikum die Welt wahrnimmt, und das in Ihren Kommunikationsstil einbinden, kann das sehr effektiv sein, wenn es darum geht, Ihren eigenen Content zu entwickeln. King empfiehlt, sich auf *Gefühle/Einfühlungsvermögen* zu konzentrieren, wenn man die Mehrheit der Bevölkerung erreichen will, denn das spricht die Empathiker an, die 30 Prozent der nordamerikanischen Bevölkerung ausmachen; bei *Logik*, die die Logiker anspricht, sind es 25 Prozent; und *Humor*, der die Rebellen anspricht, weitere 20 Prozent. King rät dazu, sich auf diese drei Persönlichkeitstypen zu konzentrieren, um Content zu kreieren, der ein breites Publikum erreicht. Auf diese Art werden Sie Ihren Content so maßschneidern, dass ein Großteil von Nordamerika Ihre Botschaft wirklich wahrnehmen, verstehen und darauf reagieren kann.

PCM hat sich als so wirkungsvoll und effektiv erwiesen, dass Politiker auf höchster Ebene dieses Modell anwenden. Einer der wichtigsten Wendepunkte während des Präsidentschaftswahlkampfes 1996 war der Moment, als Bill Clinton eine entscheidende Debatte gegen George Bush gewann. King erläutert, dass während der Debatte eine Frau eine Frage stellte, wie jede der Parteien Menschen in ihrer Situation helfen würde – ihre Familie lebte in Armut und hatte Mühe, genug Geld für Lebensmittel aufzubringen. Bush reagierte auf die Frage mit Ideen und Logik sowie Werten und Meinungen. Aber die Frau nahm die Welt durch Gefühle und Emotionen wahr, daher fand Bushs Antwort bei ihr keinen Widerhall. Clinton hingegen erkannte ihren Kommunikationsstil sofort, und bevor er die Frage beantwortete, sagte Clinton zu ihr: »Ich fühle mit Ihnen.« Er stellte eine Verbindung auf einer tiefen Ebene her. Er sah, dass sie eine gefühlsbasierte Person war (wie 30 Prozent der nordamerikanischen Bevölkerung). Indem er diese Worte verwendete, gewann er sofort das Vertrauen der Menschen in dieser Gruppe und sorgte dafür, dass sich diese Frau (und Menschen wie sie) verstanden und gehört fühlte.

Clinton ist bekannt dafür, PCM gemeistert zu haben. King berichtet, dass es ihm geholfen habe, Präsident der Vereinigten Staaten zu werden, weil er sich darauf konzentrierte, Gefühle, Logik und Humor in seine Reden einfließen zu lassen. Die Leute stimmten vielleicht nicht mit allen ideologischen Punkten von Clinton überein, aber die meisten hatten den Eindruck, dass er ein großartiger Kommunikator ist und sie direkt anspricht. Er studierte diese Technik von Grund auf und weiß, wie man den Persönlichkeitstyp eines Individuums sehr schnell identifiziert. Und wenn er zu einem großen Publikum spricht, stellt er sicher, alle Währungen einzubeziehen.

Denken Sie daran, dass es nicht immer um den Content geht, sondern um den Kontext, in dem Sie den Content präsentieren. Konzipieren Sie Ihre Botschaften so, dass sie alle Arten der Weltwahrnehmung der Menschen ansprechen. Kommunizieren Sie dieselbe Botschaft in verschiedenen Stilen. Das gestattet Ihnen, die Reichweite Ihres Contents zu maximieren und dadurch – Sie wissen schon – mehr der Aufmerksamkeit zu erhalten, nach der Sie sich verzehren. (Kleiner Scherz. Vergessen Sie nicht, es geht darum, etwas zu geben. Ich hoffe, Sie haben bisher aufgepasst.)

Seien Sie relevant

Wenn Sie darüber nachdenken, wie Sie Ihre Überschrift gestalten sollen und welche Botschaft Sie mit anderen teilen wollen, gibt es einige Trends, denen Sie folgen können. Ihre Überschrift wird nirgendwohin führen, wenn die Leute nicht an Ihrem Content interessiert sind. Sie müssen das, was Sie anzubieten haben, zugänglich machen, indem Sie es mit etwas verbinden, das bereits funktioniert.

Beliebter Content, der oft geteilt wird, kann in fünf Kategorien eingeteilt werden:

1. Inspirierend, motivierend und auf sozialen Aufstieg bedacht
2. Politisch/Nachrichten
3. Unterhaltung
4. Komödiantisch
5. Haustiere

Egal, ob Ihre Marke direkt mit einem dieser Typen von Content verbunden ist oder nicht, Sie können diese zu Ihrem Vorteil einsetzen. Indem Sie einen Weg finden, wie Sie Ihre Botschaft mit dem verbinden, was bereits beliebt ist, können Sie Ihre Klicks und Shares verbessern. Sie müssen Ihre Kernbotschaft analysieren, Ihren Hook Point, und relevante, beliebte Trends mit Ihrer spezifischen Botschaft verknüpfen.

Als ich meine Fangemeinde aufbaute, orientierte ich mich sehr an Content, der inspirierend und auf sozialen Aufstieg bedacht war. Ich verband meine Botschaft, die darin bestand, Follower zu gewinnen und die sozialen Medien effektiver einzusetzen, damit, den Menschen bei der Erfüllung ihrer Träume zu helfen. Indem ich meine Botschaft mit den Träumen der Menschen verband, konnte ich mehr Aufmerksamkeit gewinnen, als wenn ich nur gesagt hätte: »Das ist die beste Art, soziale Medien zu nutzen.« Als ich eine Million Follower hatte, wurde mein Hook Point: »Von null auf eine Million Follower in 30 Tagen«. Mithilfe dieses Hook Points kreierte ich eine Videokampagne auf Facebook, die mehr als 15 000 Anfragen aus aller Welt in 60 Tagen generierte, die mich anheuern wollten, um von mir zu lernen, wie man mein System implementiert.

Ich nutzte außerdem politisch basierten Content zusammen mit einem Podcast über PCM. Meine Botschaft ist nicht politisch und ich habe nichts mit Politik zu tun, aber ich wusste, dass ein politischer Blickwinkel für mein Podcast-Interview mit Jeff King über PCM dem Content einen starken Hook Point geben würde. Wir konnten die Botschaft mit dem Wahlkampf zwischen Hillary Clinton und Donald Trump verbinden, der gerade in aller Munde war und über den man zu diesem Zeitpunkt sehr leidenschaftliche Meinungen vertrat. Indem ich PCM und Jeff King mit etwas verband, das im Leben der Menschen relevant und ein Tagesthema war, machte ich den Content zugänglicher.

Wie langweilig wäre es gewesen, diese Information mit den Worten zu bewerben: »Das Process Communication Model ist Verhaltenspsychologie, die den Menschen hilft, effektiver zu kommunizieren.« Es ist zu vage und niemand würde sich dafür interessieren. Stattdessen nahm ich die Botschaft und verband sie mit verschiedenen Referenzpunkten aus der Alltagskultur, die das Interesse der Menschen wecken würden. Als ich King interviewte, fragte ich ihn natürlich auch nach den Persönlichkeitstypen von Berühmtheiten und Personen des öffentlichen Lebens. Ich verwendete Überschriften wie »Finden Sie heraus, wieso Tom Cruise, Leonardo DiCaprio und Donald Trump alle denselben Persönlichkeitstyp haben«. Diese Art von Überschrift erregt Ihre Aufmerksamkeit weit mehr, als nur zu sagen, dass PCM eine nützliche Kommunikationsmethode ist.

▶ Um nachzuverfolgen, wie ich relevante und interessante Themen mit PCM verband, hören Sie sich das Podcast-Interview an unter: www.onemillionfollowers.com/Jeff-King. Sehen Sie sich auch die Facebook-Videos auf meiner Facebook-Seite an, die wir aus diesem Interview kreiert haben: www.facebook.com/BrendanJamesKane.

Sie können für jede Botschaft einen Anknüpfungspunkt zur Populärkultur finden, und das ist auch dann nötig, wenn Ihre Informationen in eine der fünf Kategorien fallen. Ich habe eine Freundin namens Stephanie Barkley, die Comedian und aufsteigende Instagram-Influencerin ist. Sie lenkte eine Menge Aufmerksamkeit auf sich und konnte die Botschaft über ihre Fähigkeiten als Comedian verbreiten, indem sie einen Sketch über Melania Trump kreierte. Stephanie ist immer noch dabei, ihre Fangemeinde zu vergrößern, also muss sie Content schaffen, der fesselnd ist, unterhaltsam und die Aufmerksamkeit der Menschen erregt, die ihre Arbeit noch nicht kennen. Wenn sie eine Überschrift verwenden würde wie »Stephanie Barkley macht großartige Comedy«, wäre die Botschaft zu distanziert und irrelevant für das Leben der meisten Menschen. Sie wäre außerdem ineffektiv, wenn es darum geht, Follower zu gewinnen, und würde nur bei den Hardcore-Fans Interesse wecken. »Was Melania wirklich darüber denkt, wie es ist, mit Donald Trump zusammenzuleben« hingegen weckt bei einem breiteren Publikum Aufmerksamkeit.

Ich kann nicht genug betonen, dass man herausstechen muss – angesichts von 60 Milliarden Botschaften, die jeden Tag auf den digitalen Plattformen gepostet werden. Die gute Nachricht ist, dass die überwiegende Mehrheit dieser 60 Milliarden Botschaften nicht relevant oder interessant ist. Das ist ein Vorteil für Sie. Nutzen Sie diese Tatsache und sorgen Sie dafür, dass Ihre Informationen relevant sind. Kreieren Sie Botschaften, an denen Ihr Publikum interessiert ist.

Sprechen Sie Emotionen an

Eine weitere Frage, die Sie sich immer stellen sollten, wenn Sie Content schaffen, ist: »Wird dieser Content bei demjenigen, der ihn sieht, eine emotionale Reaktion hervorrufen?« Jeder Content, der eine emotionale Reaktion bei denen hervorruft, die ihn sehen, ist wertvoll. Beim Schaffen eines bestimmten Contents und während Sie über die Botschaft nachdenken, sollten Sie sich fragen, ob jemand deswegen lacht, weint, lächelt, wütend wird, sich motiviert fühlt oder eine ausgeprägte Meinung über den Inhalt hat. Emotionale Botschaften und emotionaler Content werden geteilt. Wenn der

Content Ihr Publikum innerlich bewegt, sind die Chancen größer, dass es auch handelt und den Content mit anderen teilt.

Mit dieser Idee verbunden ist das Konzept der sozialen Währung. Jonah Bergers Buch *Contagious* aus dem Jahr 2013 erklärt, was unser Verhalten beeinflusst, illustriert, wie man die Leute dazu bringt, Botschaften zu teilen, und erläutert die Idee der sozialen Währung. Soziale Währung ist Content, den wir teilen, weil wir den Eindruck haben, es werfe ein gutes Licht auf uns, wenn wir ihn teilen. Wir glauben, dadurch schlauer zu wirken, und als würden wir anderen damit helfen.

BuzzFeed hat enormen Erfolg, indem es die Taktik der sozialen Währung auf ihrer Facebook-Seite für die Lebensmittelmarke Tasty einsetzt. Im September 2017 war Tastys Facebook-Seite der drittgrößte Video-Account auf Facebook mit fast 1,7 Milliarden Videoaufrufen. Tasty kreiert einfache Rezeptvideos, durch die Menschen mithilfe eines visuellen Formats lernen, leckere Gerichte zuzubereiten. Indem sie diese Videos teilen, haben die Fans das Gefühl, ihren Freunden zu helfen, wie sie Gerichte zubereiten können, die ihrer Familie und ihren Freunden Freude bereiten. Und sie fühlen sich dadurch wichtig, weil sie Informationen über ein Thema teilen, das für viele Menschen einen Wert darstellt (für nahezu jeden, der gutes Essen mag). Die Leute teilen diesen Content mit hoher Geschwindigkeit, denn es vermehrt ihre soziale Währung.

Das Teilen von Artikeln über den Tod des Schauspielers Bill Paxton illustriert ebenfalls, wie wirkungsvoll diese Taktik ist. Die Artikel über seinen Tod riefen eine starke emotionale Reaktion hervor und die Leute teilten diese Information. Einige teilten sie, weil sie emotional war, andere, weil es ihnen soziale Währung verschaffte – sie hatten den Eindruck, selbst an Wert zu gewinnen, weil sie die erste Person waren, die der Welt berichtete, dass Bill Paxton gestorben war.

Aus irgendeinem Grund ist der Tod einer Berühmtheit ein Thema, das, wenn man es angemessen einsetzt, sehr hilfreich beim

Verbreiten Ihrer Botschaften sein kann. Einmal legte ich eine Website an, die Informationen und Ressourcen darüber beinhalten sollte, Drogen- und Alkoholmissbrauch zu bekämpfen. Das ist kein sonderlich attraktives Thema. Den Menschen ist es oft peinlich und sie wollen nichts mit Sucht zu tun haben. Es ist Content, bei dem man die Menschen normalerweise schwer dazu bringt, ihn zu liken oder zu teilen. Aber ich fand einen Weg, wie man dieses Thema zugänglicher gestaltet und dafür sorgt, dass es von der Öffentlichkeit häufiger geteilt wird.

Indem ich Todesfälle von Berühmtheiten als Folge von Drogen- und Alkoholmissbrauch mit dem Thema verband und über Berühmtheiten redete, die mit Sucht kämpften, sorgte ich dafür, dass diese wichtigen und hilfreichen Informationen häufiger geteilt wurden. Ich verband diese Informationen mit dem Tod des Rockstars Chris Cornell und auch mit Geschichten über einige der Kardashians, die mit Drogen- und Alkoholmissbrauch zu kämpfen hatten.

Ich nutzte diesen Blickwinkel auf Prominente, um Aufmerksamkeit zu erregen und die Menschen dazu zu bringen, die Website zu besuchen. Sie haben sie vielleicht besucht, um Klatsch und Tratsch über Prominente zu lesen, aber der Artikel hatte Substanz. Er beinhaltete Informationen darüber, was man tun sollte, wenn man selbst oder jemand, den man kennt, mit Abhängigkeit zu kämpfen hat. Der Content wurde angeklickt, weil er Unterhaltung bot – und ich bin mir sicher, ein großer Prozentsatz erkannte nicht den Wert darüber hinaus –, aber es gab einen bedeutenden Anteil an Menschen, die daraus hilfreiche Ratschläge über Drogen- und Alkoholmissbrauch zogen. Die Information, die in den Content eingewoben war, stimmte nachdenklich und vielleicht verfügten sie hinterher über die Ressourcen, einem Familienmitglied, Freund oder sogar sich selbst zu helfen, wenn sie mit diesen Problemen kämpften.

Es gibt natürlich viele Informationen über Drogen- und Alkoholmissbrauch. Es ist kein neues Thema, aber eine Botschaft-Strategie zu entwerfen, die dabei hilft, diese Informationen hervorstechen zu lassen und einen einzigartigen Hook Point zu schaffen, der die Aufmerksamkeit der Menschen erregt, ist entscheidend. Die Botschaft wird dadurch für mehr Menschen relevanter.

- Gehen Sie auf Facebook und finden Sie heraus, welche Themen gerade im Trend liegen, um etwas aus diesen Botschaften zu lernen. Diese Trendthemen können Ihnen bei der Entscheidung helfen, welchen Content Sie an einem bestimmten Tag teilen sollen, und Ihnen Beispiele für Überschriften liefern, die Interesse wecken. Diese Informationen vermitteln Ihnen neue Perspektiven für Storys und Anregungen, Ihren Content mit Themen zu verbinden, die bereits Interesse wecken.

Fallstudie: Katie Couric

Katie Couric wandte sich eines Tages mit einem Problem an mich. Damals fußte ihre sehr erfolgreiche Karriere auf einem Modell, das vor allem das Fernsehen als Kanal bevorzugte. Sie hatte Pionierarbeit geleistet und war die erste Frau, die Hauptmoderatorin einer Abendnachrichtensendung wurde. Mit über 24 Jahren Erfahrung im Fernsehen war sie Gast in bekannten Sendungen wie *The Today Show*, *NBC Nightly News*, *CBS Evening News* und *ABC News* und damit eine der wichtigsten Journalistinnen in den Vereinigten Staaten. Katie erreichte jeden Tag Millionen von Menschen, und ihre Fans hatten sich daran gewöhnt, zu einer bestimmten Zeit den Fernseher einzuschalten, um ihren Content zu konsumieren. Sie wussten, dass sie Katie jeden Morgen sehen konnten, während sie in den Tag starteten. Katie war zu einem Teil ihres Alltags geworden.

Im Jahr 2013 nahm Katie eine drastische Veränderung vor und ging eine Partnerschaft mit Yahoo! ein. Auch wenn Katie eine digitale Pionierin war und die sozialen Medien seit ihrer Zeit bei *The Today Show* genutzt hatte, war sie nun einer Strategie ausgesetzt, die die digitalen Medien an erste Stelle setzte, was ihre Beziehung zu den Fans, die über die Jahre gewachsen war, völlig veränderte. Deswegen bekam sie immer wieder das Feedback von Fans, dass sie Probleme hatten, ihren Content zu finden. Es gab keine bestimmte Uhrzeit mehr, zu der ihr Content konsumiert werden konnte, und ihre Fans hatten Mühe, einen Draht zu Katie zu finden und diese Beziehung aufrechtzuerhalten.

Bei unserem ersten Treffen fragte mich Katie, was man tun könne, um dieses Problem zu lösen. Sie benötigte eine schnelle Lösung und ich fragte sie, wann sie ihr nächstes Interview hatte, worauf sie antwortete: »In zwei Stunden.« Ich erwiderte: »Perfekt! Genug Zeit, um uns eine neue Strategie einfallen zu lassen.« Sie würde die Schauspielerin Elizabeth Banks interviewen. Ich nahm mir ein paar Minuten und erklärte, dass wir Themen identifizieren mussten, die eine starke emotionale Reaktion bei einem bestimmten Teil des Publikums hervorrufen sollten, damit es diesen Content schneller und mit größerer Durchschlagskraft mit seinen Peers teilte.

Die Schauspielerin Elizabeth Banks kennt man unter anderem aus *Die Tribute von Panem* und der Filmreihe *Pitch Perfect*. Sie ist außerdem eine entschiedene Leitfigur des Feminismus, also waren das die spezifischen Themen, um die herum wir das Interview strukturierten. Wir entwarfen Fragen, die die besten Chancen hatten, eine starke emotionale Reaktion bei den Fans hervorzurufen, die an diesen Themen interessiert waren. Darauf aufbauend schnitten wir 30 bis 60 Sekunden lange Clips aus jedem dieser Interviewsegmente zusammen und schufen 50 bis 100 Variationen jedes dieser Clips. Dann führten wir A/B-Tests mit diesen Clips auf Facebook durch, um zu sehen, welche Varianten von welchem Teil des Publikums am schnellsten mit ihren Peers geteilt wurden. Wir schufen spezifischen Content, der sich um die *Tribute von Panem* drehte. Wir kreierten außerdem spezifischen Content, der die Fans von *Pitch Perfect* und die Unterstützer der feministischen Agenda ansprechen sollte. Indem wir so vorgingen, sorgten wir dafür, dass auch Menschen, die keine Fans von Katie Couric waren, sich genug interessierten, um Katies Marke zu teilen. Sobald wir diesen Grad an Shareability erreicht hatten, konnten wir sagen: »Hey, hör mal, wenn dir dieser Clip von Elizabeth Banks gefallen hat, die über *Die Tribute von Panem* redet, wieso gehst du nicht auf Yahoo!, um dir das gesamte Interview anzusehen?« Die Strategie war, dass die eingeschworenen Fans eines bestimmten Themas, bestimmter Promis und bestimmter Storys in den Nachrichten den Content von Katie teilten, um nicht nur Katies Kernfangemeinde zu erreichen, sondern auch ein neues Publikum mit ihrem Content bekannt zu machen. Kurz gesagt vergrößerte das die Bekanntheit von Katie und ihrer Yahoo!-Marke enorm.

Im Verlauf von 16 Monaten wurde diese Formel bei allen Interviews von Katie angewandt. Das generierte über 150 Millionen Views, erhöhte die Zahl der Shares in den sozialen Medien um 200 Prozent und Yahoo! sparte zig Millionen Dollar, um Traffic zu erzeugen. Ihr übliches Fernsehinterviewformat erreichte ein paar Hunderttausend Zuschauer und mit dieser neuen Strategie waren wir nun in der Lage, durchschnittlich über eine Million Views pro Interview zu erreichen. Das erfolgreichste Interview war das mit Brandon Stanton, dem Gründer des Fotoblogs Humans of New York. Dieses Interview allein generierte mehr als 30 Millionen Views und wurde über 300 000-mal geteilt. In weiteren erfolgreichen Interviews mit Prominenten und Personen, die in der Öffentlichkeit standen, unterhielt sie sich unter anderem mit DJ Khaled, Joe Biden, Gal Gadot, Bryan Cranston, Deepak Chopra, Chance the Rapper, Edward Snowden, Skrillex und Jessica Chastain.

Wir haben jeden Monat Millionen Menschen an Yahoo! verwiesen, um Katies Interviews zu sehen. Leute sprachen Katie auf der Straße an und sagten, dass sie nun wieder ihren Content sehen würden.

Wieso hat dieser Prozess funktioniert? Im Laufe von 16 Monaten haben wir mehr als 60 000 Variationen an Content, bestehend aus 200 Interviewsegmenten, getestet. Ich habe Katie regelmäßig gesagt, dass sie ein bestimmtes Segment nicht zu sehr ins Herz schließen sollte. Stattdessen sahen wir uns die Daten an, wenn ein Interview nicht die erwartete Performance brachte, identifizierten, wieso es nicht funktioniert, und verbesserten das nächste. Mit diesem flexiblen Messaging-Ansatz lernten wir schnell, was funktionierte und was nicht, wenn es darum ging, Katies Content und ihre

Marke erfolgreich auf höchstem Niveau zu syndizieren. Bei jedem Interview lernten wir dazu und bauten Katies Content und Messaging-Strategie weiter aus. Wir erreichten einen Punkt, an dem wir genau identifizieren konnten, wen sie interviewen, welche Schlagworte und Themen sie ansprechen und sogar, welche spezifischen Fragen sie stellen sollte. Letztlich ermöglichte uns unsere Content-Strategie, Katies Content schnell vom üblichen Verhaltensmuster der Erstausstrahlung im Fernsehen inklusive der gewohnheitsmäßigen Zuschauer an ein Konsumverhalten anzupassen, bei dem die digitalen Medien vorrangig waren, und das alles, indem wir herausfanden, welche Botschaften wichtig waren.

Jetzt sind Sie am Zug. Wenden Sie diese Informationen auf den nächsten Content an, den Sie kreieren. Finden Sie eine Möglichkeit, Ihre Botschaft mit dem zu verbinden, was bereits beliebt ist, um die Menschen für das zu interessieren, was Sie tun.

Tipps und Zusammenfassung

- Legen Sie Ihren Hook Point fest, indem Sie herausfinden, was Sie einzigartig macht.
- Wählen Sie eine gute Überschrift, die spezifisch und relevant ist.
- Passen Sie Ihren Content an das an, wofür sich Ihr Publikum bereits interessiert.
- Führen Sie A/B-Tests für Ihre Überschriften durch, um herauszufinden, was die größte Relevanz und den größten Nutzen hat.
- Berücksichtigen Sie Psychologie und menschliches Verhalten, um Ihre Botschaft deutlich an verschiedene Publikumsgruppen zu kommunizieren. Ihr Publikum so anzusprechen, dass es versteht, was Sie meinen, ist der Schlüssel. Erinnern

Sie sich daran, dass man bei der Mehrheit der nordamerikanischen Bevölkerung am besten ankommt, wenn man sich laut PCM auf **LOGIK, HUMOR und EMOTIONEN** konzentriert.

- Finden Sie Botschaften, die dafür sorgen, dass Ihr Publikum sich die Fragen stellt, über die es bereits nachgedacht hat, aber noch keine Antworten hat.
- Finden Sie heraus, ob politische, komödiantische, inspirierende, unterhaltende, haustierbasierte Aspekte oder solche der sozialen Währung nutzbringend eingesetzt werden können, um die Aufmerksamkeit auf Ihren Content zu legen.
- Schaffen Sie Content und Botschaften, die Menschen emotional bewegen.
- Informieren Sie sich, welche Themen auf Facebook und online im Trend liegen.

KAPITEL 4

FEINTUNING DURCH SOCIAL TESTING

Wir haben bereits diskutiert und betont, wie wichtig es innerhalb meines Systems ist, Tests durchzuführen. Dieses Kapitel erläutert die Bedeutung, Strategien und Philosophien, die einige der bedeutendsten Denker im digitalen Bereich in Bezug auf Tests anwenden. Um herauszufinden, was für Ihr Publikum funktioniert, müssen Sie sich den Raum geben, um zu testen, auszuprobieren und Neues zu entdecken. Wenn Ihr Content keinen Widerhall findet, testen Sie weiter und passen ihn an, bis Sie den Content finden, der es tut. Wie Katie Couric sagt: »Zum Wichtigsten, was ich von Brendan gelernt habe, gehört es, flexibel zu sein.« Wenn etwas nicht funktioniert, ist das in Ordnung; Sie müssen nur daraus lernen und rasch umsteuern.

Ich will, dass Sie sich angewöhnen, stets zu testen – beobachten Sie die Reaktionen Ihres Publikums und erfahren Sie in Echtzeit, wie es auf Ihren Content reagiert. Die Resultate zu analysieren, hilft Ihnen dabei, die Effektivität Ihrer Content-Strategien besser zu verstehen. Auf diese Art schaffen Sie sofort wirksame Feedbackschleifen. Die Analysedaten zu betrachten, ist der erste Schritt, man muss aber auch daraus lernen. Werfen Sie also einen gründlichen Blick darauf und seien Sie ehrlich zu sich selbst. Wenn etwas nicht funktioniert, lassen Sie sich nicht davon überwältigen und frustrieren. Schauen Sie es sich genau an und fragen Sie: »Okay, wieso hat das nicht funktioniert? Wieso wurde dieser Content tausendmal geteilt und dieser hier nur einmal?« Analysieren Sie über das gesamte Spektrum, was funktioniert hat und was nicht. Dann können Sie beginnen, Hypothesen aufzustellen, wie Ihre kurz- und langfristigen Content-Strategien aussehen sollten. Beobachten Sie, welcher Content jemanden dazu bringt, darauf zu reagieren, Follower Ihrer Seite zu werden, Ihren Content zu teilen, Ihr Produkt zu kaufen und so weiter. Nutzen Sie die Facebook-Werbeplattform (die auch auf Instagram, WhatsApp und Facebook Messenger Anwendung findet) als Marktforschungstool, wie wir es im ersten Kapitel besprochen haben, um in Erfahrung zu bringen, was erforderlich ist, damit jemand eine bestimmte Handlung ausführt.

Der Wert des Testens

Testen ist kein neues Konzept – jeder, vom Wissenschaftler bis zum Unternehmensbesitzer, hat es schon getan. Zielgerichtete Experimente waren auch der Schlüssel für den Erfolg von Thomas Edison, als er die Glühbirne erfand, und im Moment ist es die Geheimwaffe auf Facebook. Laut eines Artikels auf Medium.com ist es tatsächlich so, dass Facebook in der Regel 10 000 verschiedene Versionen laufen lässt, um zu sehen, welche für die User am effektivsten ist. Facebook-Gründer Mark Zuckerberg sagt, dass diese Experimente die bedeutendste Strategie sind und den Erfolg seines Unternehmens begründeten.[1]

---

[1] Michael Simmons, »Forget Practice – Edison, Zuckerberg, and Bezos All Show the Secret to Success Is Experimentation«, *Business Insider*, 4. Januar 2017, https://flipboard.com/@flipboard/-edison-zuckerberg-and-bezos-follow-the-/f-9637670253%2Fbusinessinsider.com.

Das Grundprinzip für das Testen entstammt der Wissenschaft, wo es zusammengefasst wird als »Theorie, Vorhersage, Experiment und Beobachtung«. Im Business wird das Modell heruntergebrochen auf »planen, tun, überprüfen, handeln«. In meinem System heißt es »Hypothese, Test, Umsteuern«. Im Grunde ist das alles das Gleiche. Dieser Prozess funktioniert, egal, was Sie kreieren wollen.

David Oh von FabFitFun sagte, wenn man wachsen wolle, müsse man testen. Er drängt Unternehmen, Systeme und Prozesse zu implementieren, um zu messen und zu beobachten und dann entschlossen zu handeln, und zwar so oft wie erforderlich. Sein Unternehmen testet alles auf der eigenen Website und den Social-Media-Plattformen, selbst vermeintlich Triviales wie Bilder und Farben (in Anzeigen und auf der Start-Homepage), das Design von Buttons, Schlagworte und die Zahl an Formularen, die User ausfüllen müssen.

Stellen Sie sich vor, Sie sind ein Schüler, der etwas lernen will. Erfolgreiche Menschen sind bereit, zu scheitern und daraus zu lernen. Das ist der Grundprozess des Lebens. Auch wenn es ein abstraktes Konzept ist, eine Million Follower zu gewinnen, ist Oh der Meinung, dass es Ähnlichkeiten damit aufweist, laufen zu lernen. Wenn wir laufen lernen, fallen wir hin. Wenn wir eine Million Follower, 100 Millionen Kunden oder 100 Millionen Dollar Umsatz erreichen wollen, werden wir ebenfalls hinfallen, so lange, bis wir lernen, wie wir das schaffen können. Sie müssen einen reglementierten Prozess schaffen, um das wieder und wieder zu tun. Genau das tun erfolgreiche Menschen in allen Lebensbereichen. Sie testen und sie lernen und dann nutzen sie, was sie gelernt haben, als Treibstoff.

David glaubt, dass dieser Prozess selbst wertvoll ist. Es ist wichtig, flexibel zu bleiben. Sie können aus einem Fehler, einem kleinen Fortschritt und einem Riesenerfolg lernen. Dann schaffen Sie verschiedene Versionen. Diesen Prozess wiederholen Sie wieder und wieder – diese Art von Ausdauer leuchtet jedem intuitiv ein.

Jonathan Skogmo, der Gründer und CEO von Jukin Media, einem Unternehmen, das gegenwärtig fast drei Milliarden Views pro

Monat erzielt und mehr als 80 Millionen Follower quer über alle Kanäle und Verticals hat, stimmt dem zu und sagt, dass sein Team ständig Content testet. Sie beobachten, was funktioniert und was nicht. Sie testen unterschiedlichen Content, verschiedene Thumbnails und um welche Uhrzeit man postet. Zu testen ist ein beträchtlicher Bestandteil der Unternehmenskultur bei Jukin Media.

Tim Greenbergs Team bei der World Surf League tut dasselbe. Sie veröffentlichen mehrere Video-Assets für alle Kampagnen. Ob sie Werbung für ein Billabong Pipe Masters machen oder das Pro Tahiti ins Bewusstsein der Öffentlichkeit bringen wollen, sie werden mehrere Assets mit verschiedenen Variationen des Werbeslogans oder des Formats auf den Markt bringen. Dann testen sie diese verschiedenen Versionen am gleichen Publikum. Und letztlich entscheiden sie sich für das, was am erfolgreichsten ist – was die Testphase überlebt.

Hören Sie nie auf zu testen

Prince Ea sagt, dass man auch nach zwei Milliarden Views weitertestet und dazulernt. Der Prozess hört niemals auf, denn man treibt sich stets dazu an, Neues auszuprobieren.

Am wichtigsten ist es, aus den Ergebnissen zu lernen. Ich stellte oft fest, dass die Leute faul werden. Sie testen fünf oder zehn Varianten und leider werden in 95 Prozent der Fälle diese Varianten nicht die optimalen Resultate bringen. Sie werden nicht beim größtmöglichen Publikum ankommen. Das frustriert viele, aber sie müssen weitertesten. Die meisten werden nicht sofort einen Home Run landen. Zuerst sind Ihre Kosten pro Follower vermutlich nicht besonders niedrig und Ihr Content wird nicht viral gehen – es könnte passieren, aber das wird vermutlich nur bei weniger als einem Prozent der Leute passieren, die dieses Buch lesen. Selbst bei mir passiert das nur selten. Ich teste beständig, lerne dazu und verschiebe die Grenzen der Plattform. Davon abgesehen: Je mehr

Informationen Sie aus diesen Tests ziehen, desto besser werden Sie darin, guten Content zu produzieren. Nehmen Sie sich die Zeit, um zu lernen, wie man die Kosten pro Share drastisch senkt, und legen Sie einen Schlüsselindikator für die Performance fest.

Chris Williams, Gründer und CEO von pocket.watch, einem Entertainmentunternehmen für Kinder, und ehemaliger Chief Audience Officer von Maker Studios, der auch Disney Online Originals gelauncht hat (eine Abteilung von The Walt Disney Company, die Disney-Content in Kurzfilmform herausbringt), rät, den Content auf eine Weise zu betrachten, wie Ingenieure sich Software ansehen. Hochladen, sehen, was passiert, verändern, sehen, was passiert, verändern und erneut sehen, was passiert. Das Schöne an einer digitalen Plattform ist, dass man Content schnell kreieren und verändern kann, anders als im Fernsehen oder bei Zeitschriftenartikeln, wo dieser Prozess viel länger dauert. Das Schöne an den sozialen Medien ist, dass man sofort erkennen kann, wer Erfolg hat, und sich von dem inspirieren lassen kann, was da draußen bereits funktioniert. Springen Sie ins kalte Wasser, testen Sie Content, bewerten Sie die Reaktionen und nehmen Sie schnell Veränderungen vor.

Wie viel Werbe-Content sollten Sie am Tag testen?

Sie sollten ständig testen und sich selbst und Ihre Marke weiter voranbringen, aber wie viel Werbe-Content Sie pro Tag testen sollten, hängt davon ab, wie viele Interessen mit Ihrer Marke zusammenhängen. Wie viele zielgerichtete Schlüsselworte/Interessen können Sie finden, um das Publikum zu repräsentieren, das Sie aufzubauen versuchen? Wenn Sie nur zehn Interessen haben, die für Ihre Marke relevant sind, brauchen Sie mehr Werbe-Content. Wenn Ihre Marke breiter aufgestellt ist, könnten Sie 200 Werbeanzeigen haben (um zu lernen, wie man das bewerkstelligt, besuchen Sie www.onemillionfollowers.com/fbtutorials).

Wenn Sie zum Beispiel Schauspieler sind, könnten Sie nicht nur diejenigen ansprechen, die Interesse an Regie und Produktion haben, sondern auch Menschen, die jeden einzelnen Film mögen, der Widerhall bei ihrer eigenen Marke findet – und es gibt Hunderte dieser potenziell relevanten Filme. Auf der anderen Seite: Wenn Ihre Marke mit Sport zu tun hat, gibt es vielleicht nur 20 verschiedene Ebenen an Interessen, die man mit Sets von Werbeanzeigen ansprechen könnte. Es hängt immer davon ab, um welches Thema es geht.

Zitate zu verwenden und diese mit Fotos zu kombinieren, ist ein einfaches Modell, und ich würde wärmstens empfehlen, damit anzufangen. Ich habe einmal eine Million Follower in zwei Wochen für ein Non-Profit-Unternehmen gewonnen, das sich dem Schutz der Ozeane verschrieben hat. Wir haben etwa 20 verschiedene Interessen mit Targeting angesprochen. Der Slogan war ein Zitat, unterlegt mit einem Foto vom Meer. Ich benutzte zehn verschiedene Bilder und zehn Zitate. Jedes Bild wurde mit einem der Zitate kombiniert und dann wurde jede dieser Variationen mit zehn bis 20 Interessengebieten getestet. Wir testeten etwa 1000 Variationen dieses Contents. Die drei erfolgreichsten Versionen waren:

1. Ein Zitat von Paul Watson, Aktivist zum Schutz der Meere und des Lebens darin, der sagte: »Die Ozeane sind der letzte freie Ort auf dem Planeten«, mit dem Foto einer Frau auf einem Paddleboard vor einer malerischen Welle.
2. Ein Zitat der Meeresforscherin Sylvia Earle, die sagte: »Kein Wasser, kein Leben. Kein Blau, kein Grün«, begleitet von einem Video eines meiner Freunde, der neben einem Grauwalmuttertier und seinen Jungen auf einem Board paddelt.
3. Eine Überschrift, die lautete: »Einer der vielen, wunderschönen Gründe, unsere Ozeane zu schützen«, mit dem Foto eines Wals, dessen Schwanz aus dem Wasser ragte, bevor er abtaucht.

1000 Variationen zu testen, gestattete es uns, zu lernen. Sie werden herausfinden, dass sogar ein kleiner Tweak eines Wortes oder einer Hintergrundfarbe einen gewaltigen Unterschied machen kann. Und auch wenn es sich mühselig anhört, indem man die Werbeanzeigen dupliziert, kann man 1000 Variationen in weniger als einer Stunde kreieren. Stellen Sie ein Set an Werbeanzeigen zusammen, duplizieren Sie diese dann und passen Sie sie an verschiedene Interessengebiete an. Sie müssen sich die Zitate nicht jedes Mal neu ausdenken – duplizieren Sie diese einfach, indem Sie sie geringfügig abwandeln.

Um zu entscheiden, welche Anzeigen Sie länger schalten wollen, denken Sie über Ihre Ziele nach. Wenn Ihr Ziel ein Cent pro Follower ist und alle Anzeigen dieses Ziel erreichen, lassen Sie diese laufen. Letztlich können Sie stets die Gleichung im Auge behalten: »Ich will eine Million Follower gewinnen und ich will es für 10 000 Dollar schaffen.« Wenn das Ihr Ziel ist, sollten Sie auf einen Cent pro Follower kommen. Wenn die Anzeige nicht auf einen Cent pro Follower kommt, schalten Sie diese ab und versuchen eine neue Variante, die das gewünschte Ergebnis bringt. Denken Sie daran, stets in großer Zahl zu testen und zu messen, und zwar so viele verschiedene Arten an Content wie möglich, um zu erfahren, was bei Ihrem Publikum am besten ankommt.

Als ich einen Monat aufwendete, um eine Million Follower zu gewinnen, analysierte ich – in Echtzeit –, welche Reaktionsrate der Content hatte, der Menschen dazu brachte, mein Follower zu werden. Ich testete Hunderte – in manchen Fällen Tausende – Varianten, um festzustellen, was die besten Resultate brachte. Jede Nacht um Mitternacht lancierte ich zwischen 100 und 300 Varianten an Content, und als ich am Morgen aufwachte, bewertete ich die Resultate und stellte einen neuen Test für die nächste Nacht zusammen. In 30 Tagen testete ich mehr als 5000 Content-Varianten.

Hören Sie auf Ihr Publikum

Jon Jashni, einer von Hollywoods erfolgreichsten Filmproduzenten, Media Executives und Investoren, meint, es ist wichtig, auf seine Kunden zu hören. Er betont, man sollte sie bei diesem Prozess *als Partner* sehen. Wenn man die eigenen künstlerischen Leistungen in kleinen Portionen konstant pusht, schafft man eine Verbindung. Das Publikum nimmt das an, was Sie ihm bieten, und gibt Ihnen sofortiges Feedback. Es kann Ihnen buchstäblich sagen, was es am Content mochte, den Sie gepostet haben.

Es ist wertvoll, dieses Feedback aus Ihrem Social-Media-Netzwerk zu erhalten, und das auf eine Weise, die verständlich ist und an der man seine Handlungen ausrichten kann. Sie sollten schnell auf Ihr Publikum reagieren, denn wenn Sie es einfach für selbstverständlich halten, wird es sich einer anderen Plattform zuwenden, die sich mehr kümmert.

Suchen Sie nach Tools, die Ihnen helfen, zuzuhören, zu testen und zu lernen

Latham Arneson, ehemaliger Vizepräsident des Digital Marketing bei Paramount Pictures, erklärt, dass man Google AdWords als Tool einsetzen kann, um deutlicher wahrzunehmen, wonach die Menschen bereits online suchen. Dadurch verstehen Sie besser, welche Schlüsselwörter Sie verwenden sollten. Das ist nicht dasselbe, wie den Menschen durch soziale Plattformen einen bestimmten Content zu präsentieren. Der große Unterschied zwischen Methoden, die entweder den Bereich »social« oder »search« betreffen, besteht darin, dass »social« ein Modell ist, bei dem etwas gepusht wird, während

»search« ein Modell ist, bei dem User etwas aus dem Netz ziehen, also ein »Pull-Modell«. Content im Facebook-Newsfeed zu sehen, ist eher mit Fernsehwerbung vergleichbar als damit, Google nach etwas Bestimmtem zu durchsuchen. Die Leute können immer noch den Content auf Facebook kommentieren, aber es ist nicht das Gleiche, wie auf Google zu gehen und nach Informationen zu suchen – das ist ein aktiverer Level an Interesse.

Tools, die auf Internetsuchen basieren, können Ihnen helfen, Ihr Messaging zu testen und zu beobachten, wie über bestimmte Themen geredet wird. Sie können herausfinden, ob es Suchaktivitäten in Bezug auf Schlüsselwörter gibt, die mit Ihrer Marke oder Ihrem Produkt zu tun haben – wenn Menschen aktiv versuchen, mehr zu erfahren. »Search« gibt Ihnen einen guten Indikator, welche Performance Ihre Message erzielen kann.

Als Arnesons Team zum Beispiel 2008 am Film *Cloverfield* arbeitete, stellte es fest, dass Menschen nach Begriffen suchten, die mit dem Film zu tun hatten, wie »J. J. Abrams«, dem Produzenten des Films, und dem Veröffentlichungsdatum des Films (das Datum wurde ursprünglich als ein Teil des Marketings genutzt, denn der Name des Films war noch nicht veröffentlicht worden). Als das Team sah, welche Schlüsselwörter am häufigsten gesucht wurden, schuf das eine Feedbackschleife und ließ sie wissen, welche Aspekte des Marketingmaterials am sinnvollsten in künftigen Kampagnen gepusht werden sollten.

AdWords kann Ihnen auch helfen, zu vergleichen, wie häufig Ihr Content gesucht wird, im Vergleich zu anderen, ähnlichen Marken und Produkten. Arneson fügt hinzu, dass es ein öffentlich einsehbares Tool namens Google Trends gibt, das einem zumindest einen relativen Eindruck der Suchaktivitäten gibt, sodass man sehen kann, ob häufiger nach einem selbst oder nach anderen Marken gesucht wird. Diese Tools sind extrem nützlich. Sie verschaffen Einsichten in Bezug auf die Situation Ihrer Konkurrenz, die Sie sonst nirgends erhalten würden. Wenn die Leute öfter nach Ihnen suchen als nach der Konkurrenz, dann ist das ein starker Indikator, dass Ihr Produkt oder Ihre Marke sich verkaufen werden.

Einige von Ihnen sind vielleicht nicht auf der Stufe angelangt, auf der Menschen nach Ihrem Namen oder Ihrem Produkt suchen, aber diese Tools können dennoch verwendet werden, um Informationen über Content zu erhalten. Arneson sagt, wenn man zum Beispiel eine Yogamarke lanciert, kann man nachsehen, wonach Menschen suchen, wenn es um Yoga geht, und diese Informationen verwenden, um Ihre Marketingentscheidungen in Bezug auf Ihren Content zu steuern. Sie können herausfinden, ob Menschen mehr an Yogamatten oder -handtüchern interessiert sind oder ob es irgendwelche Witze oder neue Themen gibt, die mit der Yogawelt zusammenhängen. Diese Informationen können Ihnen helfen zu bestimmen, worauf man die eigenen Anstrengungen richten soll. Es kann Ihnen sogar bei Ihren Geschäftsentscheidungen helfen. Sie werden lernen, was angesagt ist und welche Produkte man pushen sollte.

Darüber hinaus sind diese Tools Ihnen dabei nützlich, Ihre Marktgröße einzuschätzen. Sie entwickeln ein Gefühl dafür, wie groß das Interesse dafür ist, bevor Sie ein Produkt entwickeln oder einen Content kreieren. Facebook kann Ihnen auch einen Eindruck für das wirkliche Interesse vermitteln, indem Sie erfahren, dass zehn Millionen Yoga »liken«, aber ein Tool, das auf Suchen basiert, Ihnen verrät, wie viele Menschen tatsächlich nach einem bestimmten Produkt oder Begriff suchen. Die Tatsache, dass Menschen danach suchen, sorgt für mehr Aktivität und Pragmatismus.

Social Listening

Social Listening ist der Prozess, digitale Konversationen zu analysieren, um zu verstehen, was die Kunden online über eine bestimmte Marke, Person oder Industrie sagen. Man nutzt es, um Feedback zu erhalten, das Ihnen hilft, Ihre Marke, Ihr Produkt oder Ihre Dienstleistung zu differenzieren. Arnesons Team bei Paramount nutzte Social Listening, um zu verstehen, welche Aspekte der Filme die Menschen am meisten ansprachen. Sein Team beobachtete, welche Filme erfolgreich waren, und warf einen genauen Blick darauf, worüber die Leute redeten. War es die Story, die ihre Aufmerksamkeit fesselte, oder waren es die Charaktere? Das sind wertvolle Informationen, die ihnen ein besseres Verständnis darüber gaben, wie man einen aktuellen oder künftigen Film vermarkten sollte. Sie erfuhren, was die Menschen begeisterte.

Man sollte bedenken, dass dieser Prozess Zeit braucht und eine Menge Datenanalyse erforderlich ist. Arneson betont, dass man nicht nur auf die wichtigsten Themen blicken sollte, über die Menschen sich unterhalten. Man sollte tiefer schürfen und herausfinden, wieso sie über ein bestimmtes Thema reden. Man sollte Botschaften interpretieren und dann das eigene Urteilsvermögen bestmöglich einsetzen, um neuen Content zu kreieren oder den Content, über den man bereits verfügt, anzupassen und zu sehen, wie die Menschen darauf reagieren. Dann hört man genau hin und passt wieder alles entsprechend an. Das ist ein anhaltender Prozess aus Beobachten und Testen, denn es ist nie ganz eindeutig. Niemand meldet sich einfach zu Wort und sagt: »Ich liebe dieses Video, denn ich fühle mich dadurch wirklich wohl in meiner Haut.« So offensichtlich wird es niemals sein.

Arneson weist darauf hin, dass es wichtig ist, einen Blick darauf zu werfen, wie sich Trends mit der Zeit ändern. Beobachten Sie, wie die Menschen auf Ihren Content oder Ihr Produkt zu Beginn reagieren, und achten Sie dann darauf, wie sich deren Reaktionen im Laufe der Zeit ändern. Damit erhalten Sie eine Backstory und verstehen, welche Art von Content und Botschaften gepusht werden sollte. Mit der Zeit werden Sie die Fertigkeit entwickeln, die Aussagen der Leute zu nutzen, um Ihre anhaltenden Bemühungen auf informierte Weise zu steuern und die Konversation gemäß Ihren eigenen Bedürfnissen zu verändern.

Die Backstory zu kennen, wird Ihnen auch eine stabile Grundlage für Ihre Analyse geben, um festzustellen, ob Sie bestimmte Kommentare einfach ignorieren können. Vielleicht beschwert sich eine Person über einen bestimmten Content. Aber dann werfen Sie einen Blick in die Vergangenheit und stellen fest, dass andere ähnliche Posts unterhaltsam fanden. Wenn Sie diese Daten haben, gibt Ihnen das einen Vergleichspunkt, um die richtige Perspektive zu bewahren und festzustellen, auf welche Probleme man reagieren sollte, wenn es überhaupt welche gibt. Über einen längeren Zeitraum Aufzeichnungen anzulegen, wird Ihnen ein differenziertes Bild liefern und ein besseres Verständnis dafür, wie und warum jemand auf Ihren Content reagiert.

Wenn Sie eine große Marke haben und das Ausmaß an Informationen überwältigend wird, können Sie immer noch ein Unternehmen beauftragen, das Social Listening für Sie zu übernehmen. Aber die meisten von Ihnen sind vermutlich noch in einem Stadium, in dem Sie es selbst durchführen können. Lesen und speichern Sie die Kommentare zu Ihren Posts und nutzen Sie die Such-Tools, welche die sozialen Plattformen Ihnen bieten, um Schlüsselworte bezüglich Ihres Contents nachzuschlagen. Darüber hinaus können Sie auf die Websites Ihrer Konkurrenten gehen und die Kommentare und Informationen über erfolgreichen und weniger erfolgreichen Content aufzeichnen. Stellen Sie sicher, dass Sie aufzeichnen, was Sie lernen, damit Sie jede Woche oder jeden Monat wieder einen Blick darauf werfen und eine vergleichende Analyse durchführen können.

Stellen Sie Ihren Kunden Fragen und machen Sie sich ihren Standpunkt zu eigen

Arneson fügt hinzu, dass es wichtig ist, eine klare Unterscheidung zu schaffen zwischen verschiedenem Content, den Sie testen. Verändern Sie nicht einfach nur ein Wort – das unterscheidet sich nicht genug. Testen Sie grundlegend verschiedene Botschaften. Auf diese Weise erhalten Sie ein gutes Verständnis davon, was die Menschen bevorzugen. Stellen Sie Ihren Kunden Fragen, indem Sie ihnen verschiedene Botschaften geben, zwischen denen sie auswählen können. Wenn Sie vier deutlich unterscheidbare Botschaften veröffentlichen und Ihr Publikum überwiegend eine davon bevorzugt, werden Sie keinen Zweifel mehr haben, wofür es sich interessiert.

Das ist ein anderer Ansatz als der, den ich nutze, denn Arneson arbeitet in der Filmindustrie, in der es beim Testen verschiedener Botschaften entscheidend ist zu wissen, welches spezifische Publikum damit angesprochen wird. Ich stimme dem zu, was er sagt, aber ich verändere auch gerne einmal nur einzelne Worte, um zu sehen, ob eine leichte Veränderung die Performance in irgendeiner Weise drastisch ändern kann. Das funktioniert nicht immer, aber manchmal wird man überrascht.

Versuchen Sie, vom Standpunkt des Kunden aus zu denken. Was wird Ihr Publikum empfinden, wenn es Ihren Content sieht? Was weiß es über Ihre Marke oder weiß es überhaupt etwas darüber? Wenn es Erfahrungen mit Ihrer Marke gemacht hat, glauben Sie, dass es sich daran erinnert? Versuchen Sie zu verstehen, wer Ihre Kunden sind und wo sie stehen, was das Wissen über Ihren Content und Ihre Marke angeht.

Ein weiterer Grund, wieso es wichtig ist, zu testen und auf Ihre spezifische Kundschaft zu hören, besteht darin, die eigene originellste und faszinierendste Stimme zu finden. Oft denken wir, dass eine Content-Strategie, die unserer Beobachtung nach bei anderen Marken funktioniert hat, auch automatisch für unsere Marke funktionieren wird. Aber das ist nicht immer der Fall. Nur weil andere Marken und Menschen ein spezifisches Format verwenden, um ein Produkt oder einen Content zu vermarkten, bedeutet das nicht notwendigerweise, dass es die beste Methode ist, um *Ihre* Marke zu vermarkten oder *Ihre* Botschaft.

Der Dollar Shave Club ist ein perfektes Beispiel für eine Marke, die eine originelle Methode gefunden hat, um den eigenen Content zu vermarkten. Bevor diese Marke auf den Plan trat, wurden Rasierer größtenteils über Fernsehwerbespots verkauft und Gillette war der dominierende Player. Dann kam der Dollar Shave Club mit einem lustigen, ironischen Onlinevideo auf den Markt, das diese neue Marke repräsentierte,[2] und generierte damit mehr als vier Millionen Views. Damals war der Dollar Shave Club ein junges Start-up und Gillette ein mächtiger Konkurrent, aber aufgrund ihres Verständnisses sozialer Medien, weil sie auf ihr Publikum hörten und einen neuartigen Ansatz verfolgten und testeten, gelang ihnen der Durchbruch in einer wettbewerbsintensiven Branche.[3]

Mit dieser Kampagne startete Dollar Shave Club einen Trend, und dieser wurde seitdem wieder und wieder kopiert. Aber die Konkurrenz erzielt damit nicht immer die angestrebten Resultate. Jede Marke muss ihre eigene Identität finden und ergründen, wieso das spezifische Publikum an ihr Interesse zeigt. Und das müssen Sie ebenfalls tun.

---

2 »DollarShaveClub.com – Our Blades Are F***ing Great«, YouTube-Video, 1:33, geposted von Dollar Shave Club, 6. März 2012, https://www.youtube.com/watch?v=ZUG9qYTJMsI.

3 David Vinjamuri, »Big Brands Should Fear The ›Dollar Shave Club‹ Effect«, *Forbes,* 12. April 2012, https://www.forbes.com/sites/davidvinjamuri/2012/04/12/could-your-brand-be-dollar-shave-d/#7e3f32b94854.

Nutzen Sie Ihre Community, um Entscheidungen zu treffen

Ray Chan, CEO und Mitgründer von 9GAG, einer Onlineplattform für humorvollen Content, hat ein Unternehmen mit 30 Millionen Page-Likes auf Facebook, 44,5 Millionen Followern auf Instagram und 15 Millionen Followern auf Twitter aufgebaut. Weltweit gesehen ist es eine der größten Marken im Unterhaltungsbereich und unter den Top 30 der Instagram-Seiten mit den meisten Followern. Und wenn man die Seiten von Prominenten von dieser Liste streicht, steht sie auf dem sechsten Platz.

Ray nutzt das Feedback seiner Community, um herauszufinden, welcher Content das höchste Potenzial hat, viral zu werden, und qualitativ am hochwertigsten ist. Das Feedback, das seine Marke erhält, indem sie die Reaktionen des Publikums im Auge behält, hilft ihr bei Entscheidungen darüber, was auf den sozialen Kanälen gepostet wird. Wenn etwas eine gute Performance hat, zeigt sich das normalerweise ziemlich schnell. Das Team testet eine Menge Content innerhalb der Community, und was erfolgreich ist, entscheidet über künftige Posts.

Der Content auf 9GAG ist im Allgemeinen unterhaltsam und witzig und daher finden eine Menge Leute Zugang dazu. Sein Team arbeitet von Hongkong aus, aber die User-Basis von 9GAG ist international. Seine Follower stammen nicht nur aus Hongkong, sondern auch aus den Vereinigten Staaten, Deutschland, den Niederlanden, Indonesien, den Philippinen und anderen Teilen der Welt. Wenn er sich nur auf Menschen aus seinem eigenen Team verlassen würde, um erfolgreichen Content zu kreieren, wäre die Ausrichtung zu sehr auf eine Linie festgelegt. Statt also nur ein Redaktionsteam zu haben, das entscheidet, was funktioniert, lässt die Marke die Community – die aus Millionen von Menschen besteht – zu einem erweiterten Teil des Redaktionsteams werden.

Es ist enorm wichtig, weiter dazuzulernen und zu sehen, in welche Richtung das Marketing steuert. Hören Sie auf Ihre Community und lassen Sie sich von ihr in die Richtung führen, auf die sich Ihr Unternehmen und Ihre Marke konzentrieren sollte. Ray hat auch eine App und weist darauf hin, dass es einen großen Unterschied gibt zwischen dem, worüber die Mainstreammedien reden und was die User tatsächlich tun. Wenn Sie zum Beispiel einen Blick auf TechCrunch werfen, würden Sie glauben, dass Tonnen von Apps sehr beliebt sind, denn sie tauchen in den Artikeln auf. Aber die meisten User stammen aus einer jüngeren demografischen Schicht und lesen nicht einmal TechCrunch. Er schlägt vor, dass man sich auf Recherchen aus erster Hand verlassen sollte, indem man direkt mit den Usern über das redet, was sie mögen und tun. Er hört stets auf seine Community und sein Publikum, um anhaltend dazuzulernen und seine Content-Strategie insgesamt zu verbessern.

Lassen Sie sich Zeit

Jonathan Skogmo von Jukin Media setzt sein Vertrauen ebenfalls auf konstantes Testen. Er gesteht ein, dass der Content seines Unternehmens nicht auf magische Weise viral geht – sie testen stets und nutzen Daten und Analysen, um besser darin zu werden, den erfolgreichsten Content auszuwählen.

Jukin Media hat vier verschiedene Marken, die Facebook, YouTube und Instagram nutzen, und ihnen ist klar, dass jede Plattform ein anderes Publikum hat. Skogmos Team passt den Content an jede Plattform an. Dasselbe Video kann unterschiedlich lang sein, einen anderen Titel haben oder an einer anderen Stelle starten, wenn es auf Facebook gepostet wird, im Vergleich zu YouTube oder Instagram. Jede Plattform zeigt eine leicht unterschiedliche Version des Contents.

Skogmo legt nahe, sich Zeit zu lassen, wenn es darum geht, zuzuhören, zu testen und Neues zu entdecken. Der Prozess ist kein Sprint, sondern ein Marathon. »Nur weil man nicht in einer Rakete sitzt, heißt das nicht, dass es kein Wachstum gibt«, sagt er. Und wenn Sie sich im Moment in einer Rakete befinden, glauben Sie bloß nicht, dass dieser Zustand ewig anhält; irgendwann wird ihr der Treibstoff ausgehen.

Entlassen Sie Ihren Content in die Welt, testen Sie, lernen Sie daraus und wiederholen Sie den Prozess. Schließlich sind Sie an langfristigen Ergebnissen interessiert. Zielen Sie nicht auf kurzfristige Erfolge; arbeiten Sie langfristig. Beobachten Sie das Verhalten Ihres Publikums und hören Sie nicht auf, neuen Content zu präsentieren.

Tipps und Zusammenfassung

- Testen und lernen Sie. Nutzen Sie, was Sie gelernt haben, als Treibstoff.
- Testen wird für alle Aspekte des kreativen Prozesses genutzt – von Medizin über Wirtschaft bis zur Wissenschaft. Es ist die Grundlage des Lernens.
- Es ist das eine, Analyse und Daten aufzuzeichnen, und etwas ganz anderes, daraus zu *lernen*. Beobachten Sie, wie und warum Menschen mit Ihrem Content interagieren.
- Je mehr Daten Sie aus Ihren Tests erhalten, desto besser werden Sie darin, Content zu produzieren, der bei den Menschen Widerhall findet. Das wird Ihnen helfen, die Kosten für Ihre Schlüssel-Performance-Indikatoren drastisch zu senken.
- Stellen Sie Ihren Kunden Fragen, indem Sie ihnen klare, deutliche Botschaften liefern, unter denen sie auswählen können.
- Denken Sie vom Standpunkt Ihrer Kunden aus.

- Werden Sie nicht selbstzufrieden. Erweitern Sie die Reichweite Ihrer Plattformen.
- Hören Sie auf Ihre Community und lassen Sie diese bei der Entscheidung helfen, welcher Content am effektivsten ist.
- Google Trends und AdWords helfen Ihnen, Ihren Content auf das hin maßzuschneidern, was Ihr Publikum am meisten interessiert, und Trends über längere Zeitverläufe zu beobachten.
- Praktizieren Sie Social Listening, indem Sie sich die Kommentare Ihrer Community zu Ihren Posts und Ihrem Content durchlesen. Besuchen Sie auch die Websites Ihrer Konkurrenz, um zu beobachten, wie deren Content performt.
- Passen Sie den Content individuell für jede Plattform an und testen Sie ihn.
- Der Testprozess ist ein Marathon, kein Sprint.

KAPITEL 5

KREIEREN SIE CONTENT AUF FACEBOOK, DER GETEILT WIRD

Wie Sie vermutlich mittlerweile gelernt haben, ist Shareability der wichtigste Faktor, wenn man versucht, auf Facebook schnelles Wachstum zu erzielen. Sie stellt sicher, dass Ihr Content beim Publikum ankommt. Die Menschen dazu zu bringen, dass sie etwas teilen, ist die beste Methode, um Ihre Botschaft auf organische Weise zu verbreiten und sich vom Hintergrundrauschen abzuheben. Eine gewisse Bandbreite an qualitativ hochwertigem Content zu haben, der regelmäßig geteilt wird, sorgt dafür, dass Ihr Content erfolgreich ist, und steigert Ihre Chancen, viral zu gehen.

Um eine große Gefolgschaft aufzubauen und stets das Gefühl von Wachstum zu haben, konzentrieren Sie sich darauf, Content zu kreieren, der geteilt werden kann. Sie können nicht einfach wahllos Content unter die Leute bringen und hoffen, ihre Aufmerksamkeit lange Zeit zu fesseln. Am besten bringt man die Menschen dazu, für noch mehr Content zurückzukommen, wenn man eine Strategie hat, die dafür sorgt, dass Ihre Follower in Aktion treten und sich beteiligen. So können Sie schnell skalieren, besonders auf Facebook.

Teilen ist der Schlüssel zum Königreich

Jemanden dazu zu bringen, einen Content zu liken oder anzusehen, ist einfach, aber letztlich bedeutet es wenig. Das ist eine Maßzahl für Eitelkeit, aber sie hilft Ihnen nicht, Resultate zu erzielen. Jemand, der Ihren Content teilt, tritt in Aktion. Dieses Feedback zeigt Ihnen, dass Ihr Content ankommt. Wie es Latham Arneson formuliert hat: »In Aktion zu treten, ist essenziell. An irgendeinem Punkt ist es erforderlich, dass Ihr Publikum und Ihre Kunden handeln, ob es eine Reaktion auf Content ist oder ein Produkt zu kaufen.« Follower zu haben, die sich zurücklehnen und passiv nur Ihre Seite liken, wird Ihnen nicht weiterhelfen.

Die bedeutenden Influencer in den sozialen Medien verstehen, wie wichtig es ist, die Menschen dazu zu bringen, Content zu teilen, und sie fokussieren ihre Aufmerksamkeit darauf. Zauberkünstler und Social-Media-Entrepreneur Julius Dein, der mehr als 15 Millionen Follower in 15 Monaten gewonnen hat, erklärt, dass sein Hauptziel darin besteht, so viele Menschen wie möglich dazu zu bringen, seinen Content zu teilen. »Wenn ich mir die Videos ansehe, die ich teile«, sagt er, »achte ich nicht darauf, wie viele Views ich bekomme. Es ist mir egal, ob das Video zwei Millionen Views auf Facebook hat. Mir ist wichtig, wie viele es teilen, denn wenn es oft geteilt wird, ist der Effekt exponentiell.«

Wenn Leute Ihren Content teilen, helfen sie dabei, Ihre Marke wachsen zu lassen. Sie verbreiten aktiv Ihre Message, und Ihre Stimme wird dadurch kraftvoller. Tim Greenberg von der World Surf League weist darauf hin, dass ein Share auf Facebook der beste Indikator für einen erfolgreichen Post ist. Ein Share bedeutet, dass derjenige, der den Content teilt, ihn wie seinen eigenen behandelt und dahintersteht. Das ist Beleg dafür, dass jemand die Botschaft befürwortet und daran glaubt.

Greenberg betont des Weiteren: Indem Sie die Menschen dazu bringen, Ihre Posts zu teilen, wird Ihr Content weiteren Usern auf der Facebook-Plattform zugänglich gemacht. Die Facebook-Algorithmen sind derart gestaltet, dass sie häufig geteilten Content in den Feeds anderer Leute hervorheben. Die Gesamtperformance eines Posts korreliert stark damit, wie oft er geteilt wird. Facebook belohnt das Teilen und es liegt in Ihrem besten Interesse, sich das zunutze zu machen. Wie Jon Jashni erklärt:

> Wenn Ihr Publikum seine Erfahrung für außergewöhnlich, wertvoll und reproduzierbar hält, wird es seine Social-Media-Netzwerke nutzen und zu Ihrem Botschafter, Ihrem Fürsprecher werden. Und Ihr Publikum stammt aus einer Generation, in der einem nichts so einfach geschenkt wird. Man wird schnell angeprangert, abgelehnt und angegriffen.
>
> Wenn jeder dazu erzogen wurde, daran zu glauben, dass die eigene Marke genauso relevant ist wie die derjenigen, die sehr viel berühmter sind als man selbst, steckt darin bereits ein inhärenter Egoismus. Das bedeutet: »Wenn ich dir sage, du sollst in dieses Restaurant gehen oder diesen Film ansehen oder diese Serie oder dieses Gericht essen – und ich sage dir, dass es gut ist –, bin ich der Experte. Ich verwette meinen Ruf auf meine Empfehlungen.«

Wenn Ihr Publikum glaubt, dass Ihr Content es wert ist, wird es zu einer bedeutenden Kraft werden, wenn es darum geht, Ihre Botschaft zu verbreiten. Außerdem sind die Menschen eher bereit, eine Empfehlung von einem Freund anzunehmen – von jemandem, dem sie vertrauen – als von irgendwem sonst. Menschen nehmen Content eher an, wenn sie nicht das Gefühl haben, man wolle ihnen etwas verkaufen.

Sharing führt zu Verkäufen und direkten Reaktionen

Die Ironie ist: Je weniger Sie versuchen, etwas zu verkaufen, desto mehr werden Sie verkaufen. Wenn Ihr Fokus darauf liegt, für die Menschen *Wert* zu schaffen, statt Kunden zu gewinnen, wird das die Verkäufe und die Reaktionen ankurbeln. Erick Brownstein von Shareability stimmt zu, dass es essenziell ist, Content zu kreieren, der es auch wert ist, geteilt zu werden. Das Team von Shareability ist meisterhaft darin, Content zu schaffen, der geteilt werden kann. Ihre erfolgreichsten Videos von 2017 generierten 10,5 Millionen Shares. Vergleicht man das mit den erfolgreichsten 200 Kampagnen der Bestenliste von Ad Age, so generierten diese nur 6,4 Millionen Shares auf Facebook und YouTube zusammengenommen! Und auf der Bestenliste von Ad Age stehen auch die erfolgreichsten Videos von Apple, Google, Facebook, Samsung, Budweiser und mehr als hundert weiteren Marken. Insgesamt hat Shareability mehr als 3,5 Milliarden Views und 40 Millionen Shares für die größten Marken der Welt generiert.

Brownsteins Team nutzt den Earned Media Value Index von Ayzenberg[1], um Earned Media zu berechnen, was bedeutet, einen Dollarwert für Likes, Kommentare, Shares und organische Views zu ermitteln. Brownstein verriet, dass die Kampagne von Cricket Wireless, »John Cena liebt das Internet«, laut Ayzenbergs Earned Media Value Index aus dem dritten Quartal 2017 122 Millionen Dollar Earned Media Value erzielt hat. Und das Musikvideo, »New Rules«, das sie im Jahr 2017 für Hyatt zusammen mit der Künstlerin Dua Lipa kreiert haben und das bereits Preise gewonnen hat, erzielte zum

1 »Ayzenberg's Earned Media Value Index Aims To Make Measuring A Campaign's ROI Easier«, Ayzenberg, 7. September 2017, https://www.ayzenberg.com/insights/ayzenbergs-earned-media-value-index-aims-make-measuring-campaigns-roi-easier.

Zeitpunkt der Entstehung dieses Buches erstaunlicherweise über 200 Millionen Dollar Earned Video Value (und es generiert immer noch zig Millionen organische Views). Die Hyatt-Kampagne hat einen massiven ROI generiert, soweit es Earned Media betrifft, weit über 100 zu 1. Diese unglaublichen Ergebnisse wurden grundlegend davon angetrieben, dass man Content schuf und veröffentlichte, der hochgradig teilbar ist.

Der Schlüssel besteht darin, Ihrem Publikum einen Wert zu bieten, ohne um eine Gegenleistung zu bitten. Sobald das Video dann eine gute Performance erzielt hat, können Sie sich auf ein neues Ziel ausrichten und die Leute ansprechen, die auf Ihre Videos reagiert haben, und sie bitten, in Aktion zu treten. Aber zuerst sollten Sie immer, um den Weg zu bereiten, guten Content liefern, der einen Wert bietet, bevor Sie die traditionelle Werbung starten.

Brownsteins Team bei Shareability nutzt eine »Full Funnel Activation«-Strategie. Sie beginnen mit umfangreichem viralem Content, der teilbar ist; dann gehen sie über zu Content, der zusätzliche Reaktionen auslöst, aber immer noch keinen Handlungsaufruf (CTA) darstellt; und zu guter Letzt pushen sie Content bei den Leuten, die bei den ersten beiden Formen von Content reagiert haben, und bitten sie, in einer Form aktiv zu werden, die mit den Zielen ihres Klienten in Zusammenhang steht.

Bei der Cricket-Wireless-Kampagne begannen sie mit »Der unerwartete John-Cena-Prank«, einem Video, das 2015 veröffentlicht wurde und in dem John Cena Fans überraschte, die glauben, für einen Werbefilm für Cricket Wireless vorzusprechen. An der Stelle, an der sie John Cena vorstellen sollen, springt er aus einem Poster, das ihn darstellt. Die Reaktionen der Fans sind unbezahlbar – Sie können sie sich ansehen unter http://bit.ly/UnexpectedCena-Shareability. Shareability hat dieses Video zweimal auf Facebook gepostet und damit insgesamt mehr als 80 Millionen Views generiert. 2017 produzierten sie ein Folgevideo, »John Cena reagiert«, das Teil einer größeren Kampagne war, die Shareability unter dem Namen »John Cena liebt das Internet« lancierte. »John Cena reagiert« war das Gegenteil des originalen Videos, »Der unerwartete John-Cena-Prank«. Im zweiten Video überraschten die Fans John statt umgekehrt. John öffnete Fanpost, in der ihm dafür gedankt wurde, dass er sein »Nie aufgeben«-Motto verbreitete, das den Fans geholfen hatte, sich von Verletzungen und Herzschmerz zu erholen. Dann, während das Video weitergeht, ist John gerührt, als er den Clip eines Jungen ansieht, der ihm dafür dankt, seiner Mutter beim Kampf gegen den Krebs geholfen zu haben. Nachdem der Clip zu Ende ist, überrascht dieser Sohn Cena, indem er zusammen mit seiner Mutter durch das gleiche Poster wie im ersten Video kommt, um John persönlich zu danken. John ist sehr gerührt, und wir sehen einen wunderbaren Austausch zwischen allen Beteiligten, die sich gegenseitig Dank aussprechen.

Einer der Hauptgründe, dass diese Kampagnen sehr erfolgreich waren, bestand darin, dass sie um nichts baten – ihr einziger Zweck war es, dem Publikum einen Wert zu bieten, sie entweder im ersten Video zum Lachen zu bringen oder im zweiten John-Cena-Video ihre Gefühle anzusprechen. Das zweite Video wurde zur am meisten geteilten Anzeige im Jahr 2017 und war Nummer 3 bei YouTubes »Trending Videos«. Auf Facebook erhielt es mehr als 2,5 Millionen Shares und 110 Millionen Views beim ersten Upload und insgesamt mehr als 160 Millionen Views insgesamt, inklusive erneuter Uploads durch das Publikum. Die gesamte »John Cena liebt das Internet«-Kampagne erhielt weit über zwei Millionen Shares insgesamt über alle Plattformen hinweg.

Nach dem Erfolg der ersten beiden Videos erhöhte das Team von Shareability den Wert der Kampagne weiter, indem es Anzeigen kreierte, die die Menschen ansprachen, die mit dem Content interagiert hatten. Sie ließen darauf Messages folgen, wie »Hallo alle zusammen, hier ist John Cena. Wieso gehen Sie nicht mal in den Store und kaufen dieses Handy?«. Dieser Teil des Publikums hatte normalerweise bereits eine starke Verbindung zu John (und dadurch auch zu Cricket) aufgebaut, denn der ursprüngliche Content war emotional und hatte Reaktionen hervorgerufen. Fans lassen eher eine Handlung folgen, wenn sie eine authentische Verbindung spüren.

Seien Sie dienstleistungsorientiert

Aufgrund der Erfahrung, die ich dadurch habe, dass ich eine Million Follower gewann und bei der Stange hielt, und durch Gespräche mit den größten Denkern im Marketing und Influencern in den sozialen Medien, habe ich gelernt, der zweifellos beste Weg, Content viral gehen zu lassen, besteht darin, anderen einen Dienst zu erweisen und einen Wert zu liefern. Sie sollten nicht nur daran denken, was Sie von den Menschen wollen oder brauchen, Sie müssen darüber nachdenken, was Sie ihnen bieten können. Stellen Sie sich immer zuerst die Frage, wie Sie Ihr Publikum auf emotionaler Ebene ansprechen und inspirieren können. Das Publikum sollte eine Verbindung spüren oder in irgendeiner Weise bewegt sein.

Eines der größten Genies der heutigen Zeit, wenn es um Content auf Facebook geht, ist Prince Ea. Er stellt den Dienstleistungsgedanken als Teil seiner Strategie beim Kreieren von Content über alles. Er gibt zu, dass sein Ego manchmal (oder häufig) eine Rolle spielt, weil er sich wünscht, Millionen von Views zu bekommen, aber er versucht, sich immer wieder auf sein Hauptziel zu konzentrieren, das darin besteht, das Herz der Zuschauer anzusprechen. Sein Fokus liegt darauf, bei den Menschen, die seine Posts sehen, wirklich etwas auszulösen, und er glaubt, dass er Erfolg hat, wenn er den Content nicht mit dem Hintergedanken an persönlichen Gewinn kreiert. Die Zahlen explodieren, wenn er herausfindet, wie er anderen einen Dienst erweisen kann. Dann sieht er bei seinen Videos exponentielles Wachstum. Seinen Fokus zu verlagern, weg vom »Ich« hin zum »Ihr«, hat dafür gesorgt, dass die Views bei seinen Videos von etwa zehn Millionen in einer Zeit von acht Jahren auf fast zwei Milliarden in nur zwei Jahren anwuchsen. Sich auf einen Ansatz zu konzentrieren, der einen Wert bietet und dienstleistungsorientiert ist, hat ihn zu einem Magneten für Views gemacht.

Prince Ea glaubt, dass man nicht viel erreicht, wenn der Content nicht gut ist und man nicht anderen einen Dienst erweist oder sie emotional anspricht, auch wenn der Titel eines Videos, das Thumbnail, die Länge und die ersten paar Sekunden von entscheidender Bedeutung sind, wenn man einen logischen und praktischen Ansatz verfolgt. Beim Schaffen von Content beginnt Prince Ea mit diesen Fragen, um sich auf den Dienstleistungsaspekt zu konzentrieren:

- Wieso bin ich hier?
- Wie kann ich anderen einen Dienst erweisen und einen Wert bieten?
- Wenn das hier das letzte Video wäre, das ich je mache, was würde ich damit aussagen?
- Wenn das hier das beste Video zu diesem Thema sein soll, wie kann ich dafür sorgen, dass es das beste Video aller Zeiten wird? Wie kann ich diesen Content auf die bestmögliche Art präsentieren?
- Wieso teile ich den Content, den ich teile?
- Was mag ich an dem Content, den ich selbst sehe?
- Wie kann ich eine bedeutungsvolle Wirkung in der Welt erzielen?

Denken Sie für sich selbst und Ihre Marke über diese Fragen nach. Wenn Sie den Schaffensprozess für Ihren Content mit diesen Fragen beginnen, werden Sie in der Lage sein, Ihren Fokus weg von persönlichem Gewinn darauf zu lenken, anderen zu dienen, was wiederum Ihre Follower dazu inspiriert, diese Positivität weiterzugeben.

Katie Couric verfolgt einen ähnlichen Ansatz, wenn sie Content kreiert. Sie konzentriert sich darauf, ein Gemeinschaftsgefühl zu schaffen, indem sie Themen findet, die ihre Zuschauer auf einer tiefen Ebene ansprechen und ihr Leben verbessern können. Deswegen hat sie kühne und mutige Dinge getan, wie im nationalen Fernsehen eine Darmspiegelung vornehmen zu lassen. Nachdem diese Sendung ausgestrahlt worden war, stieg die Zahl der Menschen, die sich auf Darmkrebs untersuchen ließen, um 20 Prozent. Es brauchte Mut und Demut, sich selbst in eine so verletzliche Position zu bringen, die andere inspirierte, dasselbe zu tun und etwas für sich selbst zu tun. Diese Art Content hat einen Einfluss auf das Leben der Menschen und daher wollen sie diese Informationen mit anderen teilen.

Erick Brownstein verfolgt ebenfalls einen dienstleistungsorientierten Ansatz, wenn er Content gestaltet. Er erklärt, dass die Menschen es nicht mögen, mit der typischen Werbung genervt zu werden, und Marketingleute müssen darüber nachdenken und sich der Aufgabe verschreiben, für potenzielle Kunden einen Wert zu generieren. Shareability weiß, dass Werbung nur dann teilbar wird, wenn man emotionale Verbindungen herstellt, starke emotionale Bande zu den Menschen knüpft, die den Content sehen, und neue Beziehungen aufbaut. »Wenn die Menschen teilen, ist es ihnen wichtig«, sagte Brownstein, »und wenn es ihnen wichtig ist, kaufen sie etwas.«

Gehen Sie eine Verbindung mit dem Publikum ein

Als ich nach Content-Schöpfern suchte, die wissen, wie man ein Publikum emotional bewegt, musste ich unweigerlich an Pedro D. Flores denken, Filmemacher und CEO/Creative Director von CompA Productions, einem Produktionsstudio, das sich auf Social-Media-Marketing spezialisiert. Er kreierte ein Video mit dem Titel »Tacos«, das mehr als 100 Millionen Views generierte. Flores schreibt den Erfolg dieses Videos der Tatsache zu, dass man sich darin wiederfinden kann. Es ist ein witziges Video darüber, wie er diskriminiert wird, weil er weiß aussieht, aber eigentlich Mexikaner ist. Das Video behandelt ein ernsthaftes Thema, und der Zuschauer lernt etwas dazu, aber auf unterhaltsame Weise. Der Zuschauer empfindet etwas, denkt nach und lacht.

Flores schuf »Tacos« als Kommentar auf die tatsächlichen Erfahrungen in seinem Leben. Er hat einen mexikanisch klingenden Namen, aber die Menschen beschuldigen ihn immer, er würde lügen, wenn er behauptet, Mexikaner zu sein. Um diese Frustration zu bekämpfen, präsentierte er dieses Video auf direkt zugängliche Weise, ohne Gimmicks, damit die Menschen einen Eindruck erhielten, wie es wirklich ist, ein weiß aussehender Mexikaner zu sein.

Wenn man Content schafft, ist es immer clever, etwas zu finden, das im eigenen Leben passiert und bei dem man sich vorstellen kann, dass andere dasselbe erleben. Verletzlichkeit und Ehrlichkeit gestatten es den Zuschauern, sich dem Thema näher zu fühlen und eine Verbindung zu Ihnen und Ihren Emotionen herzustellen. Das macht das Material zugänglicher und daher relevanter für das Leben anderer.

Couric fügt hinzu, dass es heute wichtiger denn je ist, dass sich die Menschen mit Ihrem Material verbunden fühlen:

> Ich glaube, die ultimative Ironie in diesem Zeitalter der allgegenwärtigen Connections ist, dass wir uns auf vielerlei Weise weniger mit anderen verbunden fühlen. Einsamkeit ist die Epidemie Nummer eins im Land. Eine weitere akute Epidemie ist Angst, die meiner Meinung nach durch den Informationsüberfluss verschlimmert wird. Es ist wirklich wichtig, den Sweet Spot zu finden, an dem man eine authentische emotionale Verbindung mit dem Material bietet.

Wenn Sie über den Content nachdenken, den Sie teilen, haben Sie eine echte Gelegenheit, das Leben der Menschen zu verbessern und sie glücklicher zu machen, positiver und besser informiert. Das stellt eine Verbindung her zu dem, was Prince Ea darüber sagt, anderen einen Dienst zu erweisen. Denken Sie darüber nach, wie Ihr Content anderen Menschen helfen kann (und, ja, das wird auch Ihre Chancen verbessern, dass Ihr Content geteilt wird).

Brownstein schlägt vor, dass Sie sich fragen sollten: »Wieso sollte jemand an meiner Message überhaupt interessiert sein?« Wir müssen uns daran erinnern, dass es eine unglaubliche Menge Content da draußen gibt – er ist endlos. Wenn Sie also Content schaffen, müssen Sie herausfinden, was dafür sorgt, dass den Menschen etwas wichtig ist. Sie müssen dafür sorgen, dass andere mehr lernen wollen und es dann vielleicht mit ihren Freunden teilen.

Brownstein ergänzt, dass man sicherstellen muss, eine Message authentisch rüberzubringen, nachdem man herausgefunden hat, wieso den Leuten Ihre Botschaft wichtig sein könnte. In den sozialen Medien geht es vor allem darum, Beziehungen aufzubauen. Wenn Sie also Content schaffen, ist es wichtig, sich selbst die Frage zu stellen, wie es aussieht, wenn man mit jemandem eine gute Beziehung hat. Es geht nicht nur einfach darum, sie um etwas zu bitten. Sie müssen sich für sie interessieren. Brownstein schlägt vor, dass man sich Beziehungen unter dem Aspekt eines Wertaustausches ansehen sollte. Bieten Sie Ihren Fans einen Wert und damit auch eine Gelegenheit, dass diese ihren Freunden einen Wert bieten. Wenn Sie ihnen lustigen Content bieten, den sie teilen können, können sie sich wie Comedians fühlen; oder, wenn Sie ihnen emotionalen Content bieten, Sie haben die Chance, jemand anderen auf emotionaler Ebene anzurühren. Manche Menschen haben das Gefühl, jemandem einen Wert zu bieten, wenn sie dafür sorgen, dass andere mehr über wichtige Themen lernen, oder sie fühlen sich wie Teil einer Community, wenn sie eine dezidierte Meinung über ein Thema oder eine Person vertreten.

Er betont, dass es in Beziehungen darum geht, zu geben, nicht nur darum, etwas zu empfangen. Versuchen Sie unbedingt, Ihrem

Publikum etwas Wertvolles zu bieten. Sie sollten der 80/20-Regel folgen: Geben Sie 80 Prozent der Zeit und bitten Sie nur zu 20 Prozent Ihr Publikum darum, etwas zu tun.

Als ich zum Beispiel mit Cricket Wireless arbeitete, erhielt das Team von Brownstein die Anweisung, »Videos [zu] schaffen, die Menschen zum Lächeln bringen«. Cricket hat buchstäblich Hunderttausende Dollar für diese Kampagnen ausgegeben, nur um die Menschen zum Lächeln zu bringen. Erst nachdem sie mehrere Videos mit diesem Ziel herausgebracht hatten, bat Cricket die Menschen, aufgrund dieser Kampagnen etwas zu tun, das mit ihrem Geschäftsziel in Übereinstimmung stand. Das war ein großzügiger (und cleverer) Ansatz, der die 80/20-Regel demonstriert und sich darauf konzentriert, Content zu schaffen, der zuerst einmal anderen einen Dienst erweist. Tun Sie es ebenso.

Brownstein glaubt außerdem, dass fast jedes Thema, auch anscheinend Alltägliches oder Schwieriges, viral gehen kann. Shareability hat viralen Content geschaffen, der sich um Krebs bei Kindern und um Darmkrebs dreht. Er meint, dass es besonders bei schwierigen Themen wichtig ist, die Emotionen der Menschen anzusprechen. Erkennen Sie das Muster?

Tim Greenberg von der World Surf League stimmt dem zu und meint, sein Team konzentriere sich darauf, die Laune der Zuschauer zu verbessern: »Wenn ich einen Content in den sozialen Medien veröffentlichen kann, der jemanden auch nur drei oder vier Sekunden glücklicher macht, habe ich meine Aufgabe erledigt. Ich habe mithilfe von gutem Content den Tag dieses Menschen verschönert.«

Eine emotionale Verbindung mit dem Publikum zu schaffen, ist ein essenzielles Element, wenn man den eigenen Content für das Publikum relevant machen will. Denken Sie darüber nach, wie sich die Leute aufgrund Ihres Contents fühlen, und sie werden ihn mit größerer Wahrscheinlichkeit mit anderen teilen. Seien Sie sich immer Ihres Endziels bewusst und des Grunds, *wieso* Sie Ihren Content teilen.

Meister der Relevanz werden

Den für Ihr Publikum relevantesten Content finden Sie durch Tests und Versuch und Irrtum. Es gibt keine präzise Methode, um herauszufinden, was für den Alltag eines Menschen am relevantesten ist, aber Brownstein verrät, dass eine Methode, mit der sein Team eine Vorstellung erhält, was Anklang findet, darin besteht, sich die Themen anzusehen, die im Internet im Trend liegen, und indem sie beliebte Memes unter die Lupe nehmen. Dann bringt sein Team die Marken, für die es Content schafft, auf eine Linie mit den Botschaften, die im Trend liegen.

Ein Beispiel für erfolgreichen Content, der auf einem trendigen Thema basiert, ist die Videokampagne von Shareability für Pizza Hut und Pepsi mit dem Titel »Die Gefahren des Selfiesticks«. Das Video ist wie eine alberne, öffentliche Durchsage über die Gefahren des Selfiesticks gestaltet. Brownsteins Team kam auf die Idee, weil Selfiesticks gerade als Thema im Trend lagen. So wurden Selfiesticks zum Beispiel in Disneyland verboten. Pizza Hut war gerade dabei, eine Pizza auf den Markt zu bringen, die einen halben Meter lang war, also kamen sie auf das Konzept, dass man einen besonders langen Selfiestick bräuchte, um ein Foto von sich und dieser ungewöhnlich langen Pizza aufzunehmen. Indem es diese Verbindung herstellte und eine Parodie auf Selfies im Allgemeinen machte, war das Video sehr lustig und ging auf YouTube viral. Es wurde zur am häufigsten geteilten Anzeige in dem Monat, in dem es lanciert wurde, und das lag zum Teil an der Relevanz des Begriffs »Selfiestick« in den damaligen Video-Suchanfragen.

Um dieses Video in diesem Ausmaß teilbar zu machen, durchlief Brownsteins Team einen rigorosen Testprozess. Dabei wurden verschiedene Formate und Einleitungen getestet und Daten aus großen Fokusgruppen gesammelt, die meistens durchgeführt wurden, indem man den Content auf Facebook zeigte und beobachtete, welche Versionen die besten Reaktionen generierten (im Grunde mein eigenes System kurz zusammengefasst).

Sie analysieren jeden Aspekt des Contents, um sicherzustellen, dass er bei den Zuschauern ankommt. Wenn Sie Castings für Videos durchführen, achten Sie zum Beispiel sorgfältig darauf, jemanden auszuwählen, zu dem der Zuschauer einen Zugang findet. Als sie das Musikvideo mit Dua Lipa für Hyatt produzierten, stellten sie sicher, dass die jungen Frauen nicht alle wie Supermodels aussahen. »Wenn man das ›New Rules‹-Musikvideo ansieht, wird man junge Frauen sehen, die attraktiv sind, aber nicht übertrieben aufgedonnert«, erklärte Brownstein. »Sie sind eher wie Duas Freundinnen, die nicht zu abgehoben wirken.« Shareability bringt dieses Niveau an Sorgfalt und Überlegung bei jeder einzelnen Entscheidung über Content zur Anwendung. Selbst anscheinend unwichtige Details machen einen großen Unterschied.

Schießen Sie nicht ins Blaue, wenn Sie versuchen, Content zu kreieren, der teilbar ist. Achten Sie auf Ihre Due Diligence und führen Sie Recherchen über Trends durch. Achten Sie auf das, was funktioniert, nutzen Sie Reverse Engineering, um zu kopieren, was andere erfolgreiche Content-Schaffende tun, und stellen Sie dann ein paar kostengünstige Machbarkeitsnachweise zusammen, die Sie testen. Tests helfen Ihnen sicherzugehen, was funktioniert, bevor Sie umfassend in eine einzige Richtung für den Content investieren. Und wenn Sie die Zeit nicht haben, kann mein Team Ihnen definitiv bei diesem Prozess helfen.

Verlassen Sie sich im Zweifel auf Ihren Instinkt

Auch wenn ich ein großer Fan des Konzepts »Testen und lernen« bin (wie Sie sicher bereits gemerkt haben), gibt es Momente, in denen man auch mal damit aufhören muss, sich von der Erfahrung leiten zu lassen, und auf die innere Stimme zu hören. Trauen Sie sich selbst (was nicht dasselbe ist, wie einen Schuss ins Blaue zu wagen), denn die Intuition, die auf Lebenserfahrung basiert, kann Sie leiten und Ihnen helfen herauszufinden, welcher Content mehr und welcher weniger effektiv ist.

Mike Jurkovac, Emmy-Award-Gewinner, Director/Producer bei TheBridge.co, erzählte davon, welche wichtigen Informationen ihm dadurch zur Verfügung standen, dass er mit Mike Koelker zusammengearbeitet hat. Koelker ist Mitglied der Hall of Fame für Werbung für einen Großteil seiner Arbeit, besonders für Kampagnen wie »501 Blues« für Levi Strauss & Co. aus dem Jahr 1984 und »Colors« für Dockers im Jahr 1992.

Jurkovac wurde Zeuge, wie Koelker seine Intuition nutzte, um eine ganz besondere Kampagne zu schaffen. Jurkovac und Koelker trafen sich mit dem Raisin Advisory Board von Kalifornien, das herauszufinden versuchte, wie man Rosinen bewerben sollte (nicht die attraktivste Frucht). Sie sahen sich die Ergebnisse einiger Fokusgruppenumfragen an und zwei Werbeideen erzielten recht gute Resultate, während eine Kampagne, die in eine andere Richtung zielte, es nicht tat. Die Farmer wussten nicht, in welche Richtung sie steuern sollten. Da Koelker ein millionenschweres Unternehmen aufgebaut hatte, beschlossen sie, ihn nach seiner Meinung zu fragen.

Er sagte: »Ich weiß, die Tests untermauern es nicht, aber diese Knetmassenfiguren haben einfach etwas, das bei den Leuten, glaube ich, gut ankommen wird. Wenn ich meinem Bauchgefühl folgte, würde ich das wählen.« Die Richtung, die Koelker wählte, diejenige, die bei den Tests nicht gut angekommen war, wurde der »California Raisins«-Werbespot aus dem Jahr 1986, in dem die Rosinen zu »I Heard It Through the Grapevine« tanzen und singen – einer der ikonischsten und erfolgreichsten Werbespots der 1980er-Jahre.

Eine lustige Geschichte über Koelker, der diese Auswahl trifft, stammt von Jurkovac, als dieser eines Abends noch für den Levis-Kunden-Account tätig war. Ein Mann kam herein und sagte: »Ist hier jemand für die Sache mit den Rosinen zuständig?«

»Ja, das Team ist ein Stockwerk tiefer«, sagte Jurkovac. »Ein Mann namens Mike Koelker ist dafür verantwortlich.«

Die Person erwiderte: »Ich hatte gestern Nacht einen Traum, also bin ich nach San Francisco geflogen, denn ich habe mich selbst als eine der California Raisins gesehen. Es geht nicht um das Geld, ich will einfach eine der Rosinen sein. Das Geld kann an meine neue Wohlfahrtsstiftung gehen.« Der Mann, der diese Worte gesprochen hatte, war Michael Jackson. Michael hatte die Kampagne gesehen und war zu dem Schluss gekommen: »Ich will das auch machen.« Jurkovac sagte, das ist das Geheimnis des Contents: Gestalten Sie etwas so großartig, dass es die Menschen dazu *bewegt*, in Aktion zu treten.

Seien Sie authentisch

Wenn Sie Content gestalten, bleiben Sie Ihrer Marke und Ihrer Botschaft gegenüber authentisch. Schauspieler und Produzent Rob Moran – bekannt für seine Rollen in *Verrückt nach Mary*, *Dumm und Dümmer* und *Ich, beide & Sie* – erklärt, dass diese Filme gut ankommen, weil diejenigen, die sie geschaffen haben, nicht in Hollywood aufgewachsen sind, was oft eine Barriere sein kann, wenn man etwas entdecken will. Wenn man zu viel weiß, kann es manchmal sein, dass man abstumpft und beeinflusst wird, weil man gesehen hat, welche Dinge funktionieren und welche nicht. Die Farrelly-Brüder, die *Verrückt nach Mary* und *Dumm und Dümmer* gemacht haben, waren einfach sie selbst und schufen Content, den sie für lustig hielten. Sie machten sich keine Gedanken darüber, alle damit zu erreichen, denn sie wussten, nicht jeder würde über ihren Content lachen, aber das richtige Publikum würde darüber lachen. Nicht jeder musste ihre Witze verstehen, und das gab ihnen Freiheit.

Heute hat man mehr denn je die Möglichkeit, authentisch zu sein, denn digitale Plattformen (besonders Facebook) verbreiten Content auf eine demokratische Weise. Der Content, der geteilt wird, ist auch der Content, der gut ankommt. Sie schaffen entweder Dinge, die eine Saite in den Menschen zum Schwingen bringt oder eben nicht – so einfach ist das. Und diese Plattformen geben Ihnen die Freiheit, Dinge zu teilen, ohne der Gnade eines Studioteams ausgeliefert zu sein, das die Distribution übernimmt. Sie können es selbst tun, was Ihnen mehr Kontrolle verschafft.

Tun Sie das Unerwartete

Wir alle wollen Content kreieren, der lustig und interessant ist, und leider gibt es keine festgelegte Formel oder ein Geheimnis, um das zu tun. Ihr Content muss spezifische Momente haben, die wirklich die Aufmerksamkeit der Menschen fesseln, und Sie müssen verschiedene Dinge ausprobieren, bis Sie eine Kombination finden, die erfolgreich ist. Aber Filmproduzent Jon Jashni weist auf die Geheimnisse des Storytellings hin, die Ihnen helfen können, bessere Resultate zu erzielen. Er betont die Idee, etwas Unerwartetes zu tun. Die Erfahrung hat ihm gezeigt, dass großartige Filme, die oft Storytelling auf hohem Niveau sind, sich nicht nur um ein schockierendes Ende drehen, sondern über die Ergebnisse entlang der Reise, die nicht vorhergesagt werden können. Er erklärt, dass »unerwartete Ergebnisse, die auf unerwartete Weise getimt sind, einer Story Frische verleihen«.

Seine Beteiligung am Film *The Hangover* aus dem Jahr 2009 lehrte ihn, dass die Menschen überrascht waren, weil der Film eine finstere Detektivgeschichte ist, voller Emotion, die gleichzeitig mit haarsträubenden Gags garniert war. Es war eine Liebesgeschichte zwischen Männern, was originell und unerwartet war. Das Thema erhielt einen neuen Blickwinkel und es war etwas, das man lange nicht gesehen hatte.

Brownstein merkt auch an, dass der Überraschungsfaktor enorm wertvoll bei der Arbeit seines Teams war. Das am meisten angeklickte Prominentenvideo im Jahr 2015 mit mehr als 180 Millionen Views über alle Marken- und Fanseiten hinweg und weiteren 520 Millionen Views, getrackt durch Video-ID-Software, war »Cristiano Ronaldo in Verkleidung – ROC« von Shareability. Cristiano Ronaldo ist einer der größten Social-Media-Influencer der Welt und hat Hunderte Videos kreiert. Aber Brownstein erklärt, dass der vorherige Content Ronaldo stets in gleichem Licht dargestellt hat – als Superstar im Stil von *GQ*, der sehr gut aussieht, wenn man ihn zusammen mit Privatjets und Bentleys ablichtet. Also beschloss Shareability, Ronaldos Fans etwas anderes zu präsentieren, das sie vorher noch nicht gesehen hatten. Sie kleideten ihn wie einen heruntergekommenen Straßenkünstler und stellten ihn auf einen der belebtesten Plätze in Madrid. Er spielte mit dem Fußball, lag auf dem Boden und versuchte, den Ball zu Leuten zu passen, die vorbeigingen, und sie zum Mitmachen zu bewegen. Die meisten ignorierten ihn. Schließlich reagierte ein kleiner Junge auf das Angebot, etwas Fußball zu spielen, und Ronaldo signierte den Ball und nahm dann seine Verkleidung ab. Die überraschten Reaktionen der Leute sind unbezahlbar. Die Fans liebten dieses Video, denn es zeigte Ronaldo auf ganz neue, prägnante Weise und überraschte sie völlig.

Shareability erstellte dann weitere Videos von Ronaldo in anderen ungewohnten Umgebungen. Ein Video zeigt ihn, wie er zu Hause »Jingle Bells« mit normalen Haushaltsartikeln spielt (wie einer Zahnbürste), und ein weiteres zeigt ihn, wie er Tee in einem Einkaufszentrum trinkt, um zu sehen, wie viele Schlucke Tee er trinken kann, bis jemand stehen bleibt, um ihn um ein Foto mit sich zu bitten. All die Videos, die Shareability kreierte, zeigten etwas Authentisches von Ronaldo, das anders war; etwas, womit die Menschen nicht rechneten. Shareability kreierte tatsächlich die vier erfolgreichsten Videos von Ronaldo!

Es liegt in der menschlichen Natur, dass man neue Erfahrungen machen und Dinge in neuem Licht sehen will. Die Ronaldo-Videos waren deshalb erfolgreich, weil sie einen Superstar, der von vielen verehrt wird, auf zugängliche Weise darstellten. Überlegen Sie, wie Sie Ihr Publikum überraschen könnten, und geben Sie ihm etwas Unerwartetes. Schaffen Sie etwas, das Ihren Followern dabei hilft, sich Ihrer Marke nahe zu fühlen.

Julius Dein fügt hinzu, dass es eine gute Idee ist, einen Twist zu haben, vor allem am Ende eines Videos. Er erregt die Aufmerksamkeit seines Publikums und versucht dann, ein unerwartetes Ende zu kreieren, das dafür sorgt, dass das Video in großem Ausmaß viral geht. Wenn die Leute das Video ansehen und denken: »Wow, das ist cool. Das gefällt mir«, und dann – bum! – etwas am Ende passiert, das extrem teilbar ist, ist das ein Erfolgsrezept.

Erweitern Sie Ihren Content-Horizont

Tim Greenberg erläutert, was sein Team herausgefunden hat, indem es den Content analysierte, der im Jahr zuvor die beste Performance lieferte. Allein im Jahr 2016 hatte die World Surf League auf Facebook 1,4 Milliarden Interaktionen und Video-Views und bei einem einzigen Post 124 Millionen Gesamt-Views und damit das erfolgreichste Video im Feld der Sportunternehmen überhaupt. Greenbergs Team nimmt dabei in den Blick, wieso bestimmter Content anderen bei der Performance überflügelt. Auch wenn man nicht vorhersagen kann, was viral geht, meint er, dass man sehr nahe herankommen kann. Er weiß aus Erfahrung, dass ein Video einer Drohne, die einen Hund und seinen Besitzer filmt, die auf einem Longboard surfen, sehr erfolgreich sein wird. Viele Reaktionen sind dabei schon fast garantiert. Und der Content mit den höchsten View-Zahlen, den sein Team im Jahr zuvor kreiert hatte – es war tatsächlich insgesamt die Nummer eins bei Content mit Sportbezug –, war ein Video von Delfinen, die wellenreiten. Dieser Erfolg brachte eine Menge Fragen mit sich, darüber, was es für sein Unternehmen und die Industrie bedeutet. Sein Unternehmen veranstaltet einen der größten Surfwettkämpfe der Welt – und redet daher natürlich eine Menge über Surfwettkämpfe –, aber es versucht auch, Surfen als einen Lebensstil zu präsentieren, in dem man ehrgeizig ein Ziel verfolgt, und den Content auf Menschen auszudehnen, die Surfen lernen wollen. Also musste er sich fragen, ob ein Video mit Delfinen, die surfen, eigentlich relevant ist. Ist es relevant für das Business?

Mit der Zeit wurde die Antwort auf diese Frage zu einem Ja. Der Erfolg des Videos gestattete es seinem Team, eine breiter angelegte Unterhaltung mit den Fans zu führen. Beim Surfen geht es um mehr als nur um den schmalen Bereich des Wettkampfsports. Für die vielen unterschiedlichen Menschen hat es unterschiedliche Bedeutung. Und weil es im Ozean stattfindet, ist ein Content, der diese instinktive Erfahrungsebene anspricht, für diejenigen Leute wertvoll, die etwas übers Surfen wissen und es erlernen wollen. Letztlich stellte der Content einen Bezug zur Botschaft der Marke her.

Die zehn erfolgreichsten Videos, die im letzten Jahr mit Sport zu tun hatten, waren alle von gleicher Natur. Die anderen neun Videos stellten keine genaue Abbildung des Sports selbst dar, sondern standen dazu in Beziehung. Sie bestanden aus Halbzeit-Shows oder einem Moment »hinter den Kulissen«, bei dem ein Sportler einem Kind einen Eishockey-Puck überreicht; oder die Nationalhymne, die von einem Soldaten der Marines gesungen wird. »Es waren all die Momente, die um den Event herum stattfanden, es war nicht der Sport selbst, der die Aufmerksamkeit der Menschen fesselte«, sagt Greenberg.

Werfen Sie einen genaueren Blick auf die Themen und Momente, die mit der Atmosphäre der Welt in Beziehung stehen, in der Ihre Marke existiert. Welche Art von Content können Sie promoten, der eine emotional anrührende Verbindung herstellt oder bei den Zuschauern Begeisterung weckt für das, was Sie tun? Können Sie auf irgendeine Weise einen besonderen Lebensstil anpreisen, der den Ehrgeiz der Menschen entfacht? Vielleicht ist Ihnen nicht bewusst, wie interessant die kleinen Momente in Ihrer Welt für andere Leute sein könnten.

Greenbergs Team veranstaltete einen Live-Event auf Facebook, um das erste, aus Crowdsourcing entstandene Surfbrett der Welt herzustellen. Sie nutzten die Liveplattform, um die Fans nach den gewünschten Dimensionen des Bretts zu fragen, und Hayden Cox baute es in Echtzeit. Das ist eine der vielen unterhaltsamen Ideen, mit denen die World Surf League experimentiert hat. Ihr Team ist stets auf der Suche nach etwas Neuem, zeigt besondere Produkte oder überträgt Sonnenuntergänge und so weiter – im Grunde beschränken sic sich nicht darauf, nur über Wettkämpfe zu reden (ihr Produkt), und streben danach, eine ganze Lifestyle-Erfahrung anzubieten, die mit der World Surf League verbunden ist. Sie zielen darauf ab, den Fans Content zu liefern, der lustig und interessant ist.

Zwingen Sie die Leute nicht zu teilen

Sie haben vielleicht bemerkt, dass eine Menge Marken die Menschen dazu bringen, Posts zu teilen, indem sie Follower überreden, ihre Freunde zu taggen oder einen bestimmten Content zu kommentieren. Das ist eine effektive Strategie, aber man sollte einen triftigen Grund haben, es zu tun. Sie müssen eine Notwendigkeit für die Leute schaffen, diese Kommunikation auf ihr Netzwerk auszuweiten. Latham Arneson erklärt, es sei einer der schwerwiegendsten Fauxpas, jemanden direkt darum zu bitten, seine Freude zu taggen. Ihre Aufgabe beim Marketing ist es, den Menschen einen Grund zu geben, andere einzubeziehen und ihnen nicht einfach nur zu sagen, was sie machen sollen. Stellen Sie sich selbst die Frage, wieso Ihr Publikum den Wunsch verspüren sollte, andere zum Teil dieser Konversation zu machen.

Ihrem Publikum eine Frage zu stellen, ist immer eine gute Strategie. Paramount Pictures bittet Fans oft, Freunde zu taggen, die sie an bestimmte Figuren in einem Filmtrailer erinnern, den Paramount gerade bewirbt. Das ist ein breiterer Ansatz, zu dem man eher einen Bezug findet, und es gestattet dem Publikum, auf einfache Weise die eigenen Freunde einzubeziehen. Seien Sie spezifisch, wenn es um den Kontext Ihrer Handlungsaufrufe geht. Stellen Sie sicher, dass diese mit dem tatsächlichen Content korrelieren und auf kreative Weise damit verknüpft sind.

Bei gruseligen Filmen entwirft Arnesons Team zum Beispiel eine Art Spiel und bittet die Fans, die Freunde zu taggen, die sich beim Ansehen des Filmtrailers am meisten fürchten würden. Für viele ist es ein großer Spaß, wenn sie sehen, dass ihre Freunde Angst bekommen – das bringt sie zum Lachen. Oder bei romantischen Filmtrailern stellen sie die Frage: »Mit wem würdest du diese Geschichte am liebsten erleben?«, was den Leuten einen emotionalen und rührenden Grund gibt, ihre Partner mit ins Boot zu holen.

Immer wenn Arnesons Team eine Werbeanzeige pushte, bei der die Menschen direkt gebeten wurden, aktiv zu werden, wie ein Ticket zu kaufen, wurden diese Anzeigen am wenigsten geteilt. Und nicht, dass ich Ihnen beibringen wollte, wie man manipulativ ist oder etwas in der Art, aber wenn Sie wollen, dass jemand etwas für Sie tut, lassen Sie es so wirken, als würden Sie anderen dabei helfen, das zu tun, was *sie* schon lange tun wollten. Bitten Sie nicht direkt darum, das zu tun, was Sie von anderen wollen. Lassen Sie sie die Dinge auf ihre Weise tun. Bitten Sie nicht darum, dass etwas geteilt wird. Bringen Sie andere dazu, dass sie etwas teilen wollen.

Lassen Sie niemanden zappeln

Anders als bei Verabredungen sollten Sie in den sozialen Medien niemanden zappeln lassen. Zeigen Sie Ihrem Publikum die Ware! Brownstein erläutert, dass sein Team Videos kreiert, die bereits zu Beginn eine Menge enthüllen. Er will, dass die Menschen sich interessiert vorlehnen und denken: »Oh, was wird das wohl werden?«, damit sie interessiert bleiben und bis zum Ende zusehen wollen, um zu erfahren, wie es weitergeht. Die Zuschauer an einem Scherz teilhaben zu lassen, lässt sie zum Beispiel mit dem Gefühl zurück, dass sie mit Ihnen gemeinsam anderen einen Streich spielen.

Julius Dein erklärt darüber hinaus, dass er versucht, sein Publikum in den ersten drei bis fünf Sekunden zu fesseln, und stellt sicher, dass sofort etwas Aufregendes und Interessantes passiert. Er schlägt vor, die Einleitung kurz zu halten und ein Video auf Tempo zu schneiden und den Zuschauer in den Bann zu ziehen. Sie kreieren fünf Sekunden lange Filmtrailer, die vor dem kompletten Filmtrailer abgespielt werden, um die Aufmerksamkeit des Publikums noch schneller zu fesseln.

Content mit hohem Produktionswert ist nicht notwendigerweise in höherem Maß teilbar

Man macht oft den Fehler, eine Menge Geld für Videos auszugeben, die einen hohen Produktionswert haben, und glaubt, weil es gut gemacht ist, wird es auch ankommen und geteilt werden. Brownstein hat beobachtet, dass einige Menschen großartigen Content auch mit Content gleichsetzen, der häufig geteilt werden wird, aber in Wahrheit besteht da nicht notwendigerweise eine Korrelation. Der Content muss einen Schritt weitergehen, als nur gut oder großartig zu sein, und muss eine emotionale Verbindung zum Publikum herstellen, damit es den großen nächsten Schritt macht und ihn teilt.

Er illustriert dieses Konzept mit dem Beispiel der preisgekrönten Kampagne, die Shareability für Hyatt produziert hat. Das »Behind the Scenes«-Material von Dua Lipas Musikvideo zu »New Rules«

ist das zweiterfolgreichste Video auf Hyatts YouTube-Seite und die Reaktionen gingen durch die Decke, aber wenn man sich die anderen Videos von Hyatt ansieht, bemerkt man, dass die Reaktionen minimal sind. Die Videos sind gut gemacht und interessant, aber sie wurden nicht gestaltet, um Reaktionen hervorzurufen. Sie wurden produziert, um eine gute Story zu erzählen, aber das bedeutet nicht, dass sie dadurch in höherem Maß teilbar werden.

Der Produzent Jon Jashni unterstreicht diesen Gedanken, indem er erklärt, dass man schon im Stadium von Konzeption und Design daran denken muss, für wen man etwas kreiert.

> Sie können sich nicht nur einzig auf einen Werbeslogan konzentrieren, wenn Sie nicht etwas schaffen wollen, das sich vielleicht für Sie großartig anhört, aber nicht für genügend Menschen attraktiv ist, um die Kosten zu rechtfertigen. Aber Sie können andererseits auch nicht etwas hervorbringen, das nur laut und energiegeladen ist und nichts weiter bedeutet, nur grell und stylish ohne Substanz – es schmeckt vielleicht, hat jedoch keinen Nährwert. Sie müssen beiden Herren gleichzeitig dienen. Es muss etwas sein, das die Leute anspricht.

Sie müssen von Beginn an Ihr Ziel im Auge haben. Fragen Sie sich zu Beginn, was Sie erreichen wollen, damit es auch in der Art, wie Sie Ihren Content gestalten, reflektiert wird. Wenn Sie wollen, dass Ihre Posts geteilt werden, denken Sie von Anfang an darüber nach, wie hoch der »Shareability«-Faktor ist.

Sie sollten eine klare Message haben

Content, der teilbar ist, muss eine klare Message und ein deutliches Narrativ haben. Arneson erklärt, dass Ihr Publikum verstehen muss, was Sie ihm zu bieten haben, oder es wird unaufmerksam. Er drängt

Content-Schaffende dazu, klar auszusagen, was sie präsentieren. Er weist darauf hin, dass Sie jemanden, der Ihren Content sieht, verwirren können, falls derjenige sagt: »Ich weiß nicht, was das ist, aber ich bin fasziniert«, solange Sie es absichtlich tun. Sie müssen verstehen, was Sie dem Publikum zu geben versuchen, damit die Botschaft auch Widerhall findet. Das wird Ihren Content zugänglicher machen und er wird häufiger geteilt. Wecken Sie das Interesse des Publikums.

Um sich darüber klar zu werden, was Ihre Botschaft insgesamt sein soll, halten Sie sich noch einmal den Rat von Prince Ea vor Augen und stellen Sie sich die Frage: »Wenn das das letzte Video sein wird, das ich je produziere, was will ich damit sagen?« Auf diese Weise können Sie den Content auf eine tiefgehende und realitätsbezogene Weise darstellen. Wie es Prince Ea ausdrückt: »Was aus dem Herzen stammt, erreicht auch das Herz.«

Tipps und Zusammenfassung

- Content, der teilbar ist, stellt die wichtigste Methode dar, um schnell zu wachsen und die Fans bei der Stange zu halten.
- Erweisen Sie anderen einen Dienst. Dienstleistungsorientiert zu sein, wird Sie weiterbringen, als nur an sich selbst zu denken. Versuchen Sie immer, anderen etwas zu geben, und denken Sie zuerst an sie.
- Eine gute Überschrift wird Ihren Shareability-Faktor steigern, denn es macht Ihre Botschaft deutlicher und Ihr Publikum wird sich mit größerer Wahrscheinlichkeit den Content ansehen.
- Schaffen Sie eine Verbindung zu Ihrem Publikum durch Emotionen. Stellen Sie sicher, dass Ihr Content bei Ihren Zuschauern Gefühle hervorruft. Ob sie lachen, weinen oder etwas anderes fühlen – versuchen Sie, das Herz Ihres Publikums zu erreichen.

- Gehen Sie nicht davon aus, dass die Leute Ihre Videos mit Ton ansehen. Es ist immer gut, Untertitel für Ihren Content zu haben und sicherzugehen, dass Ihre Botschaft überdeutlich wird, wenn Sie sie auf Facebook und Instagram verbreiten.
- Halten Sie die Einleitungen zu Videos so kurz wie möglich. Bieten Sie sofort etwas, das ein hohes Tempo hat und aufregend ist. Denken Sie daran, dass Sie nur eine Sekunde (oder maximal drei) haben, um jemanden zu fesseln und sein Interesse zu wecken.
- Liefern Sie etwas Unerwartetes. Bieten Sie einen Twist, besonders am Ende eines Videos.
- Erzwingen Sie nicht einen offensichtlichen Call to Action. Bringen Sie Ihr Publikum dazu, dass es etwas teilt, indem Sie ihm einen Grund geben, Freunde zu involvieren. Tun Sie das nicht, indem Sie etwas Offensichtliches sagen wie »Werde Follower!« oder »Sieh dir das mal an!«. Denken Sie sich etwas Kreatives und Lustiges aus, um die Menschen zu einer Reaktion und bestimmten Handlung zu bringen.
- Jeder Content sollte eigenständig sein. Verlassen Sie sich nicht darauf, dass jeder schon Ihren gesamten Content gesehen hat. Selbst wenn es so ist, können Sie nicht damit rechnen, dass man sich an alles erinnert, was man schon einmal gesehen hat.
- Scheuen Sie sich nicht, Content zu kreieren oder zu nutzen, der nur in *Beziehung* zu Ihrem Thema steht und es nicht notwendigerweise *direkt* behandelt. Content, der Momente präsentiert, die mit dem Lifestyle Ihrer Marke zu tun haben, kann genauso wirkungsvoll sein. (Wenn Sie Zweifel haben, funktioniert es auch mit Sonnenuntergängen und surfenden Delfinen wie geschmiert.)
- Hören Sie auf Ihr Bauchgefühl und seien Sie authentisch. Die sozialen Medien sind eine Konversation in beide Richtungen. Wenn Sie aufrichtig sind und eine Verbindung zu Ihrem eigenen Inneren haben, werden andere auch leichter eine Verbindung zu Ihnen finden.

KAPITEL 6

STRATEGISCHE ALLIANZEN

Strategische Partnerschaften zu schaffen, kann Ihnen helfen, rasant zu skalieren. Sie sind besonders hilfreich, wenn Sie wenig Geld haben, um Ihre Plattform zu vergrößern, oder wenn Sie nur mit organischen Strategien wachsen wollen. Strategische Partnerschaften gestatten es Ihnen, dahin zu gehen, wo Ihr Publikum bereits ist, also müssen Sie nicht bei null anfangen. Sie müssen einfach nur herausfinden, was Sie benötigen, um die richtigen Partnerschaften zu identifizieren und aufzubauen, die zu einem schnellen Wachstum Ihrer Marke führen. Viele Follower mit den Tools zu gewinnen, die ich Ihnen bisher an die Hand gegeben haben, kann Ihnen definitiv dabei helfen, hervorzustechen und für potenzielle Partner interessant zu sein, aber es gibt noch viele andere Methoden. Dieses Kapitel wird Ihnen helfen, die ausgetretenen Pfade hinter sich zu lassen.

Allianzen waren der Schlüssel zum Erfolg für einige der größten Online-Influencer, die es je gab. Julius Dein, Zauberkünstler und Social-Media-Entrepreneur, schreibt seinen Erfolg solchen Partnerschaften zu. Er begann mit einer »Share for Share«-Strategie, bei der er den Content anderer auf Facebook teilte, wenn diese umgekehrt seinen Content teilten. Er wandte sich an so viele große Websites, wie er konnte, und tat ihnen einen Gefallen. Als er noch am Anfang seiner Karriere stand, bezahlte er sogar einige dafür, seine Posts auf ihrer Seite zu zeigen. Diese Strategie half ihm, das Wachstum seiner Facebook-Seite anzukurbeln, die heute 13,8 Millionen Follower hat, genauso wie sein Instagram-Profil, das heute über 3,2 Millionen Follower hat.

Wie man Partner findet und eine Verbindung herstellt

Die eigenen Targeting-Ziele zu verstehen, hilft einem dabei, die richtigen Partner auszuwählen. Wenn Sie wissen, welches Publikum Sie erreichen wollen, besteht der nächste Schritt darin, die Accounts, Marken und Menschen zu finden, die die gleichen Kunden oder das gleiche Publikum haben. Wenn Sie beispielsweise eine Marke für Frauenbekleidung besitzen, die sich an Frauen zwischen 18 und 35 Jahren wendet, finden Sie heraus, wer das gleiche Publikum hat – finden Sie etablierte Influencer und Plattformen, die sich an die gleiche demografische Gruppe wenden.

Sobald Sie die Menschen ausgewählt haben, mit denen Sie eine Allianz eingehen wollen, müssen Sie am Ball bleiben. Selbst wenn Sie das erste Mal abgewiesen werden, wenn Sie die Fühler ausstrecken, geben Sie nicht auf. Versetzen Sie sich in die Lage des Gegenübers und denken Sie darüber nach, was Sie gerne erhalten würden. Selbst wenn jemand weit über Ihrer Einflussebene steht, könnten Sie demjenigen immer noch etwas Nützliches anbieten. *Denken Sie darüber nach, was Sie einzigartig macht.*

Eine weitere wichtige Taktik besteht darin, sich darauf zu konzentrieren, Beziehungen mit Superkonnektoren herzustellen – Menschen, die erreichbar sind und die Verbindungen zu vielen anderen haben. Sie wenden sich an sie, weil Sie wissen, zu welchen Personen Sie selbst eine Connection herstellen wollen. Finden Sie heraus, wer in Ihrer Branche die Verbindung zu den Partnern herstellen kann, die Sie treffen wollen. Wenn Sie zum Beispiel mit

Taylor Swift zusammenarbeiten wollen, werden Sie vermutlich nicht direkt an sie herankommen. Sie müssen Leute finden, die sie schon kennen. Ich hätte nicht mit Taylor Swift zusammengearbeitet, wenn ich nicht eine vorher bestehende Beziehung zu MTV gehabt hätte.

Finden Sie die Berater, denen die Menschen Vertrauen schenken, mit denen Sie zusammenarbeiten wollen. MTV ist nicht der einzige Weg, um an Taylor Swift heranzukommen. Sie hat auch Eltern, Freunde, Manager, Regisseure und Tänzer, mit denen Sie zusammengearbeitet hat. Es gibt viele verschiedene Arten, einen Kontakt mit jemandem herzustellen. Große Stars direkt zu kontaktieren, führt vielleicht nicht zum Erfolg. Sie brauchen einen Plan.

Es ist außerdem clever, sich erst an diejenigen zu wenden, die zu Ihrem engeren Umfeld gehören. Wenn Sie ein Geschäft für Designermode eröffnen, ist es wahrscheinlich, dass es in Ihrer Stadt Influencer gibt. Sie müssen nicht Kim Kardashian dazu bringen, für Sie zu arbeiten, um Erfolg zu haben. Es gibt vermutlich eine Stilikone oder einen Fashion-Blogger in Ihrer Community, mit der/dem Sie eine Partnerschaft eingehen können. (Wenn Ihnen ein lokales Unternehmen oder eine Marke gehört, biete Ich Ihnen im Kapitel über Instagram zusätzliche Strategien, wie Sie lokale Influencer finden und kontaktieren können.)

Nutzen Sie, was Sie haben

Manchmal ist der Pfad zu unserem Ziel verschlungen. Es gibt eine Schauspielerin namens Zoë Bell, die als Stuntfrau angefangen hat. Sie arbeitete bei einer Reihe von Tarantino-Filmen mit und war die Stuntfrau für Uma Thurman in *Kill Bill*. Sie arbeitete so oft mit Tarantino, dass er sie schließlich für eine Hauptrolle in seinem Film *Death Proof* aus dem Jahr 2007 castete. Auch wenn Bell mit Stuntarbeit anfing, brachte sie etwas von Wert aufs Tableau, hatte eine gute Beziehung zu einem der Topregisseure in Hollywood und kam auf ungewöhnlichem Weg ins Schauspielgeschäft.

Etwas Ähnliches ist David Leitch passiert. Er war ursprünglich Stuntman in Filmen wie *V wie Vendetta*, *Fight Club*, *300* und *The Bourne Supremacy*. Er pflegte seine Beziehungen und wurde zum Second Unit Director. Schließlich führte er Regie bei *John Wick*, *Atomic Blonde* und *Deadpool 2*.

Was ist die Moral der Geschichte? Sich für einen Stuntman-Kurs anmelden? Nein. Stellen Sie sich die Frage, welchen Wert Sie einflussreichen Menschen in Ihrer Branche bieten können. Stechen Sie hervor, machen Sie sich bemerkbar und seien Sie anders. Und was Sie zu bieten haben, muss nicht notwendigerweise genau das sein, was Sie auch tun möchten. Etwas so Simples wie ein Laufbursche oder Komparse im Content eines anderen Influencers zu sein, kann in einer künftigen Zusammenarbeit resultieren. Das Fazit ist: Einflussreichen Personen in Ihrer Branche einen Wert zu bieten, ermöglicht es Ihnen, eine authentische Beziehung aufzubauen. Sie tauchen auf dem Radar dieser Menschen auf, und während die Beziehung sich vertieft, steigt die Wahrscheinlichkeit drastisch, dass sie Ihnen helfen oder Ihre Talente nutzen wollen.

Ein oder zwei genügen

Als Joivan Wade, Schöpfer der Facebook-Seite »Wall of Comedy« mit 4,2 Millionen Followern, seine erste Web-Serie lancierte, schrieb er jedem, mit dem er auf Facebook verbunden war, eine Nachricht und fragte: »Hey, ich weiß, du bist vermutlich beschäftigt, aber würdest du dir meine Onlineserie ansehen?« Einige davon meldeten sich jüngst bei ihm: »Oh, Joivan, ich habe gesehen, dass du deinen ersten Hollywoodfilm gedreht hast. Ich bin so stolz auf dich, weil du so erfolgreich bist.« In der Reihenfolge der Nachrichten auf Facebook steht immer noch die Message, die er davor geschickt hatte. Diese Personen hatten erst sieben Jahre später reagiert, um ihm zu sagen, wie stolz sie auf ihn waren. Nur etwa fünf der Tausenden von Menschen, die er damals anschrieb, hatten ihm sofort geantwortet.

Nicht jeder hat die Zeit oder sieht die Notwendigkeit, Ihnen zu helfen oder mit Ihnen zusammenzuarbeiten. Aber Sie müssen sich weiter bemühen, bis Sie die Resultate erzielen, die Sie erreichen wollen. Mit anderen Worten: Lassen Sie sich nicht entmutigen, wenn Sie an fünf Leute eine Nachricht geschrieben haben und niemand reagiert. Schreiben Sie noch an 100 weitere, bis Sie jemanden finden, der sich für Sie einsetzt oder der Richtige ist, um mit Ihnen zusammenzuarbeiten. Selbst wenn nur zwei oder drei Personen mit Ihnen arbeiten wollen, ist das schon ein Anfang. Qualität und nicht Quantität hilft Ihnen, zu wachsen. Konzentrieren Sie sich auf ein oder zwei wertvolle Connections oder Partnerschaften.

Einzigartige Angebote

Shazam (kürzlich von Apple aufgekauft) ist das perfekte Beispiel für ein Unternehmen, das mit einem einzigartigen Angebot klein angefangen hat, einer App, die ein Lied anhand eines kurzen Ausschnitts daraus identifizieren kann, der über das Mikrofon eines Geräts eingespielt wird. Chris Barton, Gründer von Shazam, sowie Board Director und ehemaliger Leiter der Abteilung Business Development für Android bei Google, hat sich stets darauf konzentriert, Business Development über Partnerschaften zu betreiben, um Wachstum zu beschleunigen. Barton schildert, dass Shazam zu Beginn sechs Jahre lang zu kämpfen hatte, bis es erfolgreich war. Es war ein kleines Start-up, das seine Plattform aufgebaut hatte, bevor es überhaupt Smartphones mit Apps gab. Dann schloss Shazam schließlich eine Partnerschaft mit AT&T, um eine Musikerkennungssoftware zu vermarkten, die bedeutenden Umsatz in diesen jungen Jahren als Start-up für Shazam generierte. Auch wenn es weit kleiner war, bot Shazams Technologie einen Wert für AT&T. Sie konnten damit ihre eigenen Telefone von denen anderer Anbieter abheben. Und das Geld, das Shazam durch diese Partnerschaft erhielt, half dem Start-up, seine Technologie weiterzuentwickeln.

Der Deal mit AT&T trug allerdings nicht den Markennamen Shazam, wodurch Shazam auf der AT&T-Plattform seine Marke nicht bewerben konnte. Also suchten Barton und sein Team immer noch nach einer Möglichkeit, ihre Markenwahrnehmung zu steigern und das Unternehmen zu vergrößern. Als 2007 das iPhone herauskam, gab es noch keinen App Store. Bartons Team dachte: »Wäre es nicht großartig, wenn wir Shazam auf das iPhone bekommen würden?« 2008 begann Apple damit, den App Store für den Launch zusammenzustellen. Sie wandten sich an eine Handvoll Unternehmen und Shazam gehörte dazu. Dieses »Glück«, so sagte Barton, hatte mit der Tatsache zu tun, dass ihr Produkt etwas Einzigartiges anbot. Das war der Startschuss. Shazam skalierte und erreichte ein massives Publikum. Damals gab es erst ein oder zwei Millionen iPhones – nicht die irrsinnigen Zahlen, die wir heute sehen –, aber für Shazam war es ein Gamechanger. Ihre Apps wurden heruntergeladen, und als die Zahl der iPhones stieg, gab es auch mehr Shazam-Downloads.

Barton sagt, was wirklich dazu geführt hat, dass Shazam ein massiver Erfolg wurde, war die Kombination aus dem Zugang über die iPhone-App-Plattform, gepaart mit einer einfachen, aber beeindruckenden User-Experience. Für die Leute grenzte es an Magie, dass sie einfach nur einen Knopf drücken mussten und sofort die Titel von Liedern herausfinden konnten. Es erfreute die User so sehr, dass sie die App ihren Freunden zeigten, was wiederum ein massives Wachstum durch Mundpropaganda hervorrief. Wenn Sie also ein einzigartiges Angebot haben und die richtigen Partner finden, haben Sie die Möglichkeit, sich für massives Wachstum richtig zu positionieren.

YouTube ist ein weiteres Unternehmen, das aufgrund seines Angebots und einer strategischen Partnerschaft wuchs. Es wurde in 22 Monaten aufgebaut und für 1,6 Milliarden Dollar aufgekauft, denn es setzte die Myspace-Plattform auf strategische Weise ein, um Traffic auf seine eigene Plattform zu lenken. YouTube kreierte ein Code-Snippet (heute nennt man es Embed Code), damit man Videos in sein Myspace-Profil einbetten konnte. Das war damals eine Neuheit und fungierte als erster Videoplayer von Myspace. Als die User sahen, dass ihre Freunde Videos in ihre Myspace-Profile einbetteten, wollten sie das auch. YouTube wuchs, weil man es auf Myspace-Profilen sah, und die User verbreiteten diese Mundpropaganda für das Unternehmen, ohne es überhaupt zu realisieren.

YouTube unternahm auch einige intelligente Schritte, wie etwa ein Logo in den Player einzufügen und es so zu gestalten, dass man auf die YouTube-Website gelangte, wenn man es anklickte. Man sollte betonen, dass das eine andere Art strategischer »Allianz« ist, denn Myspace wusste zuerst nicht einmal, was geschah. Als YouTube eine kritische Masse erreicht hatte und Myspace es zu stoppen versuchte, war es zu spät. Myspace reagierte auf YouTubes enormes Wachstum, als man es schließlich bemerkte, indem der Embed Code von YouTube deaktiviert wurde, wodurch die Myspace-User revoltierten und Myspace es reaktivieren musste. Dann versuchte Myspace, YouTube aufzukaufen, aber sie verloren es an Google. Manchmal kann man also den Wert von Traffic-Quellen durch soziale und digitale Plattformen maximieren, ohne »formelle« Partnerschaften zu bilden. In diesem Fall nutzte YouTube zum Beispiel die Tatsache, dass Myspace bereits Embed Codes in den Profilen der Nutzer erlaubte, damit diese ihr Publikum vergrößern konnten. Instagram wuchs ebenfalls schnell, indem es Leute dazu animierte, die schönen Bilder ihrer Facebook-Profile zu teilen, was mehr Nutzer auf die Instagram-Plattform lockte. Auch wenn Facebook sich dessen bewusst war, hatten die beiden Plattformen keine formelle Partnerschaft, bis Facebook 2012 Instagram kaufte.

Zynga verfolgte einen ähnlichen Ansatz, indem es die Facebook-Plattform nutzte, als sie 2001 anfingen. Damals gestattete Facebook Gamern, ihren Freunden Einladungen zu schicken, wie »Diese Person möchte dich einladen, … zu spielen«. Facebook änderte irgendwann die Methode, wie man Einladungen verschicken konnte, aber bis es so weit war, hatte Zynga bereits dieses Tool genutzt, um zu einem milliardenschweren Unternehmen heranzuwachsen.

Barton weist außerdem darauf hin, dass Dropbox, wo er als Head of Mobile Business Development arbeitete, ein weiteres Beispiel eines Unternehmens ist, das aufgrund von Partnerschaften wuchs. Dropbox probierte jede vorstellbare Praxis, um das Wachstum voranzutreiben. Schließlich funktionierte es am besten, die User dazu zu bringen, ihre Freunde einzuladen, indem sie freien Speicherplatz verschenkten. Im Grunde kreierte Dropbox eine Partnerschaft mit den eigenen Usern.

Strategische Allianzen funktionieren. Sie haben dazu geführt, dass ich Taylor Swift und Rihanna als Klienten gewinnen konnte. Ich ging eine Partnerschaft mit MTV auf einer Plattform ein, die ich aufgebaut hatte, und dann stellte mir MTV Taylor Swift und andere große Stars vor. Solange Sie nutzen, was nur Sie anzubieten haben, werden Sie erstaunt sein, wie viel Zugang Sie zu den richtigen Leuten erhalten, die Ihrem Wachstum auf die Sprünge helfen.

Gifting

Gifting ist eine weitere Strategie, die viele Marken einsetzen, um Partnerschaften aufzubauen (besonders hier in Hollywood). Marken bezahlen dafür, in Gifting Suites zu gelangen, eine Veranstaltung, bei der sie ihr Produkt in den Händen von Berühmtheiten präsentieren können. Sie müssen Ihr Produkt den Stars schenken, aber Sie können Bilder davon machen, wie diese es in Händen halten, was Ihr Produkt einem größeren Publikum vorstellt und ihm in den Augen der Fans mehr Glaubwürdigkeit verleiht.

Leitartikel schreiben

Sie müssen kein App-Erfinder oder Technologie-Freak sein oder überhaupt ein Produkt verkaufen, um strategische Partnerschaften für sich zu nutzen. Sie müssen einfach nur herausfinden, wer Ihre Fertigkeiten brauchen könnte.

Vielleicht sind Sie Fashion-Blogger oder Modedesigner. In diesem Fall könnten Sie einen Leitartikel für einen anderen, etwas größeren (oder auch riesigen) Fashion-Blog schreiben. Stellen Sie einfach sicher, dass Sie jemanden finden, der ein Publikum hat, das Ihrem Zielpublikum entspricht. Sie können anbieten, jede Woche einen kostenlosen Artikel zu schreiben, solange Ihr Name verwendet und ein Link zu Ihrer Website gesetzt wird. Das wird Ihre Marke oder Ihr Produkt bei anderen Menschen bekannt machen.

Finden Sie heraus, welchen Wert Sie jemandem bieten können, der eine Menge Traffic hat

Als ich bei Lakeshore Entertainment arbeitete, einem Unternehmen für Filmproduktion und -finanzierung, wollte ich eine Partnerschaft mit Filmbloggern eingehen. Damals nahm man die meisten, die über Filme bloggten, nicht ernst, abgesehen von Harry Knowles, der Ain't It Cool News gründete und betrieb. Er war die einzige Person, mit der man in der Filmindustrie zusammenarbeiten wollte, aber sie behandelten ihn noch nicht wirklich mit Respekt. Sie erwarteten einfach, dass er ihren Content auf seinem Blog präsentierte.

Um diese Dynamik zu ändern und bessere Allianzen mit Filmbloggern zu schmieden, veranstaltete unser Team Privatpartys, bei denen Filmtalente wie Schauspieler und Regisseure eingeladen wurden, um Zeit mit den Bloggern zu verbringen. Wir behandelten die Blogger wie Rockstars und Freunde. Wir sorgten dafür, dass sie sich am Prozess beteiligt fühlten. Überdies gaben wir ihnen exklusiven Content. Als ich zum Beispiel mit Jason Statham 2006 am Film *Crank* arbeitete, filmten wir spezielle Filmeinleitungen für die wichtigsten Filmblogger, bevor der Film veröffentlicht wurde.

Wir nutzten diese Taktik, weil wir wussten, dass die Filmblogger ein großes Publikum hatten, und das Studio, für das ich arbeitete, musste mit kleineren Marketingbudgets von etwa 15 bis 30 Millionen Dollar pro Film auskommen. Das hört sich vielleicht nach viel an, aber es ist nichts, verglichen mit den 50 bis 100 Millionen Dollar, die große Studios für Marketing ausgeben. Unser Team musste clevere Methoden finden, um herauszustechen und unsere Filme zu vermarkten. Indem wir Partnerschaften mit den Filmbloggern schufen, kreierten wir Beziehungen, die dafür sorgten, dass mehr Menschen unseren Content bemerkten.

Ich will damit nicht sagen, dass Sie losziehen und rauschende Partys veranstalten sollen. Sie müssen nur herausfinden, wer Einfluss hat und wer ein großes Publikum in Ihrer Branche hat, und den Betreffenden dann so viel aufrichtige Aufmerksamkeit schenken wie möglich.

Kollaboration

Mit den richtigen Leuten zusammenzuarbeiten, hilft Ihnen, ein Publikum aufzubauen und bei der Stange zu halten. Wenn Sie Musiker sind, können Sie Influencern Ihre Musik kostenlos für deren Videos anbieten. Wenn Sie Model sind, können Sie jeden großen Instagram-Fotografen in Ihre Nische einladen und ihm sagen, dass Sie bei der nächsten Markenkampagne kostenlos für ihn arbeiten. Wenn Sie Athlet sind, können Sie mit anderen Sportlern zusammenarbeiten. So haben zum Beispiel die Profisurferin Coco Ho und ihr Freund, der Profisnowboarder Mark McMorris, oft über den anderen auf Instagram und Facebook gepostet, was ihr jeweiliges Publikum vergrößerte und auf die sozialen Kanäle des Partners aufmerksam machte. Erfolg auf YouTube wird immer gesteigert, indem man zusammenarbeitet und dem anderen die Fans zuschanzt (darauf werden wir noch tiefer in Kapitel 9 eingehen).

Diese Beziehungen zu fördern, funktioniert am besten über soziale Dynamik. Schaffen Sie Partnerschaften, die für beide Seiten nützlich sind. Nutzen Sie strategische Kollaborationen und Partnerschaffen, um Ihre Marke voranzutreiben und wachsen zu lassen.

Zusammenarbeit von Dua Lipa und Hyatt

Erick Brownstein, President und Chief Strategy Officer bei Shareability, arbeitete an einer preisgekrönten Kollaboration zwischen der Sänger-Songwriterin Dua Lipa und Hyatt Hotels Corporation. Hyatt wandte sich an Shareability und erklärte, dass sie schon lange etwas mit Musik hatten machen wollen, aber nicht den richtigen Künstler gefunden hatten. Shareability schlug vor, das Risiko für ein Musikvideo eines coolen und aufstrebenden Künstlers zu übernehmen. Im Gegenzug würden sie das Musikvideo in einem der Hyatt-Hotels drehen, das sie bewerben wollten. Und sie konnten eine Menge »Behind the Scenes«-Content im Hotel drehen, der auf Hyatts YouTube-Kanal gepostet werden konnte.

Hyatt gefiel die Idee und sie wählten das Confidante Hotel in Miami Beach. Als Teil der Unbound Collection von Hyatt, wobei sich Boutiquen, die im Trend lagen, und unabhängige Hotels mit dem Hyatt-Management zusammentaten, ist das Confidante kein Hotel, das den Namen Hyatt trägt, aber das Unternehmen wollte sich an ein jüngeres Publikum wenden, also war das eine gute Wahl. Shareability suchte Dua Lipa aus, die auf dem aufsteigenden Ast war. Sie war international bekannt und bei einem jungen Publikum beliebt. Sie wandten sich an sie, schilderten ihren Plan und sie stimmte zu.

Die ersten drei Sekunden des Musikvideos zu »New Rules« sind der einzige Teil des Videos, der das gesamte Hotel und den Namen zeigt. Jede weitere Szene des Musikvideos spielt im Hotel – in den Zimmern, den Gängen, am Pool, im Restaurant und der Cabana. Shareability stellte sicher, dass der Zuschauer einen Eindruck vom gesamten Hotel erhält.

»New Rules« hat im Moment 1,2 Milliarden Views (aktuell 2,7 Milliarden, Anm. d. Übers.). Lipas Beliebtheit stieg von 13 Millionen Streams pro Monat auf vier Millionen am Tag. Das Video sorgte dafür, dass ihre Karriere förmlich explodierte. Und das »Behind the Scenes«-Material hat im Moment mehr als 20 Millionen Views auf dem Kanal von Hyatt.

Diese Zusammenarbeit war für beide Seiten hochprofitabel. Hyatt wird heute von den Musiklabels als der perfekte Partner für neue Künstler angesehen. Hyatt und das Confidante erhielten seitdem Artikel in großen Magazinen wie dem *Rolling Stone* und *Billboard*. Und jeder Artikel über das erfolgreiche Musikvideo erwähnt »Dua Lipa im Confidante Hotel in Miami Beach«. Das Hotel hat als Co-Star im Video eine enorme Bekanntheit erlangt.

Denken Sie an die Schlagzeilen, die durch Ihre Partnerschaft entstehen

Latham Arneson, ehemaliger Vizepräsident für Digital Marketing bei Paramount Pictures, erklärt, dass Filmstudios regelmäßig strategische Partnerschaften nutzen, um Messages und Markenwahrnehmung in großem Maßstab zu verbreiten. Manchmal denkt sein Team über die Art von Schlagzeilen nach, die ein strategischer Partner kreieren kann – eine, die Aufmerksamkeit erregt und zum Narrativ des Films passt. Studioleiter wollen oft etwas schaffen, das die Menschen mehr für ihre Marke interessiert und dafür sorgt, dass sie den Film sehen oder auf den Content reagieren.

Zu einer Gelegenheit hat Arneson eine Partnerschaft zwischen Uber und dem Film *Transformers: Age of Extinction* aus dem Jahr 2014 arrangiert. Die Leute konnten in drei oder vier großen Städten in den Vereinigten Staaten durch Uber eine Fahrt in Optimus Prime bestellen, einer fiktionalen Autobot-Figur aus der *Transformer*-Filmreihe. Das spielte auf das Thema des Films an, aufgrund der Beziehung zwischen den Menschen und den außerirdischen Robotern, die sich als Autos tarnen können. Es war eine einzigartige und kreative Partnerschaft, die eine Menge Interesse hervorrief und beiden Unternehmen nützte.

Bevor man eine Partnerschaft eingeht, so legt Arneson nahe, sollte man sich selbst zwei Fragen stellen: (1) Wird jemand sich für die Aktivitäten oder die Partnerschaft interessieren? Und (2) Hebt die Partnerschaft *Ihre Marke hervor* – werden mehr Menschen darauf reagieren oder irgendeine Handlung durchführen? Das sind die kritischen Komponenten. Sie können sich eingängige Ideen einfallen lassen, aber wenn Sie Ihrer Marke nicht tatsächlich weiterhelfen, sind sie unnütz. Virale Aktivität, nur, um viral zu sein, bedeutet gar nichts. Es muss Ihre Botschaft verfeinern oder Sie dem Ziel näherbringen, das Sie erreichen wollen.

Influencer-Plattformen

Eine Methode, um relevante Influencer für Ihre Marke zu finden, besteht darin, Influencer-Plattformen wie CreatorIQ, Speakr oder Traackr zu nutzen. Influencer-Plattformen verfügen über Suchfunktionen mit verschiedenen Variablen. Sie können Ihnen helfen, Gruppen von Menschen aufzubauen, die mit Ihrem Content interagieren, oder Sie können Top-Influencer bezahlen, um Ihre Fotos zu liken und zu kommentieren, damit sie viral gehen. Sie können diese Plattformen auch nutzen, wenn Sie sich selbst als Influencer weiterbringen und potenzielle Marken finden wollen, mit denen Sie zusammenarbeiten können.

Um die richtigen Influencer auszuwählen, müssen Sie über die Ziele Ihres Unternehmens nachdenken und darüber, wer Ihre Kunden sind. Dann können Sie eine Liste mit Menschen zusammenstellen, die Ihnen am besten helfen werden, dieses Publikum zu erreichen. Auf den Influencer-Plattformen können Sie anhand von Influencer-Kategorien suchen, wie Business, Finanzen, Reisen, Hautpflege, Essen und Trinken und so weiter. Es gibt Kategorien für jedes Geschäftsfeld. Sie können sie auch nach Ort, Plattform, Marke, Celebrity, Post-Häufigkeit, Profiltyp, kürzliche Posts, wie viele Follower jemand hat und so weiter einteilen.

Behalten Sie im Hinterkopf, dass Sie kontinuierlich testen und verschiedene Influencer testen müssen. David Oh erklärt, dass er über die Jahre mit seinem Team mehr als 5000 verschiedene Influencer ausprobiert hat, um diejenigen zu finden, die die größten Erträge bringen. Nicht jeder Influencer wird für Ihre Marke liefern und Performance bringen. Nur, weil sie ein Publikum von Millionen haben, bedeutet das nicht, dass sie automatisch Millionen mit dieser Zusammenarbeit verdienen. Es geht darum, zu testen und herauszufinden, was am besten passt.

Share- und Reaktionsgruppen

Share- und Reaktionsgruppen sind eine großartige Form der Partnerschaft, um schnelles organisches Wachstum zu erzielen. Joivan Wade, Gründer der Facebook-Seite »Wall of Comedy«, hat die Reaktionsgruppenstrategie als wichtigen Teil genutzt, um das Wachstum seiner Seite voranzutreiben und einen größeren Teil seines Contents viral gehen zu lassen. Sein Unternehmen hat ein Share-Netzwerk mit verschiedenen Websites und Plattformen geschaffen. Wenn ein Mitglied des Netzwerks einen bestimmten Content geschaffen hat, schicken sie ihn an alle Leute im Netzwerk, die ihn dann auf ihren Seiten teilen, liken und auf der Website des ursprünglichen Kreativen kommentieren können oder beides. Auf Instagram kann jemand zum Beispiel ein Video oder Bild hochladen und fünf Personen, die eine große Zahl Follower haben und Teil des Share-Netzwerks sind, liken oder kommentieren es. Das gibt dem Content eine bessere Chance, auf Instagrams »Explore«-Seite zu landen, was der Sichtbarkeit hilft und dem ursprünglichen Poster die Möglichkeit gibt, einen bedeutenden Betrag an Eindrücken zu generieren, die dann zu mehr Followern führen.

Content wird einem größeren Publikum präsentiert, indem man eine Community von Menschen aufbaut, die untereinander die Posts des jeweils anderen teilen. Wade nennt das Beispiel, wie der von Michael Dapaah geschaffene Charakter Big Shaq viral ging. Er sagt, dieser wurde eine virale Sensation, hauptsächlich, weil eine gewaltige Menge großer Accounts auf den sozialen Medien diesen gleichzeitig teilten – die Durchschlagskraft dieser Shares ließ ihn viral gehen.

Man kann nicht einfach annehmen, dass Content mit dem eigenen Publikum zu teilen schon genug wäre. Seien Sie strategisch und finden Sie Partner. Auf diese Weise können Sie kollektiv zusammenkommen, in einer Gruppe, die sich gegenseitig unterstützt und den Content des jeweils anderen teilt. Finden Sie Accounts, Websites und Menschen, die in einem ähnlichen Bereich unterwegs sind wie Sie selbst. Wenn Sie Comedian sind, finden Sie andere Comedians. Wenn Sie Künstler sind, finden Sie andere Künstler. Wenn Sie Fotograf sind, finden Sie andere Fotografen. Strecken Sie die Fühler aus nach Ihren Peers und fragen Sie, ob Sie gerne mit Ihnen eine Partnerschaft eingehen und eine Reaktionsgruppe gründen wollen. Oder vielleicht sind diese bereits Teil einer Reaktionsgruppe, der Sie sich anschließen können. Wenn Sie zusammenarbeiten, werden Sie mehr Erfolg haben.

Den Content anderer nutzen, um schneller zu wachsen

Wade sorgte dafür, dass seine Facebook-Seite »Wall of Comedy« in weniger als zwei Jahren 4,3 Millionen Follower gewann, und im Moment generiert sie 350 Millionen Views pro Monat. All dieses Wachstum war organisch; sein Team hat keinen einzigen Cent für Werbung ausgegeben. Aus Wades Perspektive sind Werbe-Dollar nicht nötig, wenn man kreativen Tatendrang besitzt und die richtigen Ideen hat.

Eine der brillanten Tatsachen über seine Facebook-Seite: 70 Prozent des Contents sind lizenziert und nur 30 Prozent sind original. Er hat den Content anderer Menschen genutzt, um ein Publikum aufzubauen, damit sein Team sich später daranmachen konnte, seinen eigenen originellen Content demselben Publikum zu präsentieren. Man sollte auch anmerken, dass Wade nicht für den lizenzierten Content bezahlt – er bietet einfach den Videoschaffenden die Möglichkeit, das riesige Publikum zu erreichen, das er aufgebaut hat, was für diese als Kreativschaffende Aufmerksamkeit erzeugt. Das ist eine clevere Methode, mein System mit einer organischen Strategie zu verbinden. Bauen Sie eine massive Menge an Followern auf und wenden Sie sich dann an Content-Partner, um ihren Content kostenlos zu lizenzieren und ihre Marke Ihrem neu geschaffenen Publikum zu präsentieren.

Netflix ist ein perfektes Beispiel für ein Unternehmen, das eine ähnliche Strategie angewendet hat. Das Unternehmen begann ursprünglich mit einer gewissen Menge an bereits beliebtem Content, den es lizenziert hatte, wie *Der Prinz von Bel-Air* und Disneyfilmen. Netflix brachte den Zuschauern eine Schnittstelle, an der sie alle ihre Lieblingssendungen und -filme sehen konnten, und das machte es einfach, ein Publikum aufzubauen. Und sobald dieses Publikum groß genug war, produzierte Netflix eigenen Content und veröffentlichte ihn.

Als dieser originelle Content herauskam, gab es – schwups! – bereits ein Publikum dafür. Das verschaffte ihnen die Ausgangsbasis, um Serien herauszubringen, wie *House of Cards* und *Orange is the New Black*. Wären sie genauso erfolgreich gewesen, ohne Netflix' vorhandenes Publikum? Das lässt sich schwer sagen, aber wir wissen, dass Netflix mehr als 15 Jahre seine Kundenbasis durch lizenzierten Content aufgebaut hatte, bevor man diese Originalproduktionen herausbrachte.

Jukin Media, bekannt als eine Art »Getty Images für virale Videos«, hat ein sehr lukratives Business aufgebaut, weil sie Content nutzbringend eingesetzt haben. Jukin lizenziert virale, von Usern geschaffene Videos aus aller Welt. Es bietet diesen Content aus seinen Kanälen und seiner massiven Bibliothek anderen Leuten an, damit diese ihn für ihre eigenen Marken nutzbringend verwenden können. Jukins Bibliothek an Content enthält lustige »Fail«-Clips (in denen Menschen irgendwo herunterfallen oder anderen Streiche spielen), Haustiervideos und Videos von Leuten, die erstaunliche Dinge tun (zum Beispiel Rückwärtssaltos, erstaunliche Stunts). Sie arbeiten mit einigen der größten Fernsehshows und Medienunternehmen der Welt zusammen und einigen der größten digitalen Publisher und Websites, inklusive AOL, *Huffington Post* und Yahoo!. Die Idee hinter dem Unternehmen ist, dass man die gleichen Videos viele Male ansehen kann. Content kann neu verpackt und neuen Zwecken zugeführt werden. Jukin hat eine Methode entdeckt, den Wert von Content über eine längere Zeit auszudehnen. Das hilft anderen Marken, denn es ist schwer, Content aus dem Nichts zu erschaffen, aufgrund der hohen Kosten, die beim Filmemachen anfallen. Auf YouTube und Facebook haben sie insgesamt etwa 80 Millionen Follower, was alles erreicht wurde, indem man die Wirkung von »Found Footage« gewinnbringend nutzte und durch authentischen Content, der von anderen Kreativschaffenden gestaltet wurde. Jukins Teammitglieder wurden zu Experten und haben Daten darüber gesammelt, welche Arten von Content organisch viral gehen.

Egal, ob man ein Unternehmen leitet, das kämpft, um bedeutende Reaktionen auf sozialen Plattformen hervorzurufen, oder eine persönliche Marke aus dem Nichts aufbauen will, man kann sich mit anderen Menschen oder Marken zusammentun, den Content anderer lizenzieren und sich zunutze machen, oder sich Share- und Reaktionsgruppen anschließen, um einen ausgefeilten Ansatz für Content-Strategie zu entwickeln. Sie können Ihren originalen Content priorisieren und pushen, aber auch die Macht strategischer Allianzen nutzen, um Ihr Publikum und die Reaktionen auf Ihren Content signifikant anwachsen zu lassen.

Tipps und Zusammenfassung

- Strategische Allianzen können Sie zu einem bereits existierenden Publikum führen, sodass Sie nicht bei null anfangen müssen.
- Partnerschaften helfen Ihnen, Botschaften und Markenwahrnehmung bei einer breiteren Basis zu erzielen.
- Finden Sie strategische Partnerschaften, die Wachstum antreiben. Sie wollen Qualität, nicht Quantität.
- Versetzen Sie sich in die Lage Ihres Partners, um darüber nachzudenken, was für ihn wertvoll sein könnte.
- Seien Sie kreativ, wenn es darum geht, Partner zu kontaktieren. Denken Sie an das Einzigartige, das Sie zu bieten haben, und passen Sie es an die Bedürfnisse der Person an, mit der Sie eine Partnerschaft eingehen wollen.
- Arbeiten Sie auf einer »Share for Share«-Basis.
- Suchen Sie zuerst nach Partnern, die zugänglich sind – sie müssen nicht sehr viel mehr Follower haben als Sie selbst, um Ihnen helfen zu können.
- Bilden Sie Reaktionsgruppen oder schließen Sie sich einer an, in der Sie Content teilen und mit anderen gemeinsam

kreieren. Content geht viral, weil eine große Anzahl von Menschen etwas zur gleichen Zeit teilt.

- Suchen Sie nach Partnerschaften, die Schlagzeilen machen.
- Anderer Leute Content zu lizenzieren, ist eine gute, kosteneffektive Strategie, Ihnen beim Wachstum zu helfen.
- Gewinnen Sie eine gewaltige Anzahl Follower und wenden Sie sich dann an Content-Partner, um deren Content kostenlos zu lizenzieren und im Austausch dafür ihre Marken Ihrem eigenen, neu geschaffenen Publikum zu präsentieren.

KAPITEL 7

DIE GANZE WELT ERREICHEN (EINE CHANCE)

Sich global aufzustellen, kann sich sehr bezahlt machen. Heute haben die Vereinigten Staaten 323 Millionen Einwohner, aber auf der ganzen Welt gibt es 7,6 Milliarden Menschen. Die größten Berühmtheiten und Influencer haben immer einen globalen Plan gehabt, um ein Publikum in anderen Ländern aufzubauen – das ist eine großartige Methode, um selbst zu einem wahren Megastar heranzuwachsen.

Mike Jurkovac, Emmy-Gewinner und Produzent, sieht das genauso. Er ist der Meinung, dass die Black Eyed Peas deswegen eine der bekanntesten Bands weltweit wurden, weil sie wussten, wie man eine Verbindung zu einem internationalen Publikum herstellt. Als sie nach Brasilien reisten, trug will.i.am das Fußballtrikot des Landes. In Mexiko hatte Taboo eine mexikanische Fahne. Sie waren die einzige Band der Welt, die vor ausverkauften Rängen im Stade de France spielten. Alle 80 000 Plätze waren ausverkauft, und das dreimal nacheinander. Selbst Jay-Z neidete ihnen diesen Erfolg und sagte: »Wenn ich außerhalb der Vereinigten Staaten so bekannt wäre, wäre ich wirklich zufrieden.« Wenn man versteht, wie man ein weltweites Publikum mit voller Hebelwirkung einsetzt, kann das Ihre Chancen bedeutend steigern, sowohl auf weltweiter Basis als auch zu Hause.

Ich würde aber gerne darauf hinweisen, dass es zwar eine enorme Chance ist, global zu gehen, aber nicht unbedingt für jeden das Richtige. Durch die ausgedehnten Tests, die ich bei der Recherche für dieses Buch durchführte, stellte ich fest, dass Wachstumsmärkte das nächste große Ding sind, wenn es darum geht, in den sozialen Medien und im digitalen Bereich zu skalieren. Aber wenn Sie ein E-Commerce-Unternehmen haben, das nur auf US-Märkten verkauft, ist es keine Toppriorität, global zu gehen, und Sie brauchen sich kein Publikum und Follower in Wachstumsmärkten zuzulegen.

Aber auch, wenn Sie keine Produkte im Ausland verkaufen, kann es immer noch hilfreich sein, ein weltweites Publikum aufzubauen, um Ihre Werte im Bereich Bestätigung und Glaubwürdigkeit zu steigern. Viele Follower zu haben, egal, woher sie kommen, führt dazu, dass man Sie eher ernst nimmt. Global zu gehen, ist oft eine großartige Chance, in kurzer Zeit rasch zu skalieren, was Ihnen außerdem erlaubt, einzigartig zu sein und herauszustechen.

Landesgrenzen sind insbesondere dann nicht so wichtig, wenn Sie Schauspieler, Regisseur, Musiker oder Künstler sind. Ein Musiker kann überall Musik verkaufen. Jasmine Trias, Finalistin bei *American Idol*, hat in den Vereinigten Staaten nur 14 000 Exemplare ihres Albums verkauft, aber erreichte Platinstatus auf den Philippinen. Wenn sie nicht global gedacht hätte, hätte sie eine gewaltige Chance verpasst, den Traum einer professionellen Gesangskarriere zu verfolgen. Und wenn Sie Schauspieler sind, behalten Sie im Hinterkopf, dass 60 bis 70 Prozent des Boxoffice-Umsatzes im Ausland erzielt werden, was bedeutet, dass internationale Verkaufszahlen bedeutender sind als die im Inland. Wenn Sie in ein Studio gehen können oder in das Büro eines Casting-Agenten und sagen: »Wissen Sie, Indien ist der drittgrößte Boxoffice-Markt der Welt, mit 1,9 Milliarden Dollar an Verkäufen.[1] Und ich habe dort soundso viele Follower«, dann sollte das dafür sorgen, dass Sie herausstechen, und Ihnen einiges Verhandlungsgewicht verleihen. Wenn Sie ein Publikum in einem wertvollen internationalen Markt haben, wie Mexiko, Brasilien, Indien, Indonesien, Polen oder der Türkei, kann das auf jeden Fall helfen, Sie von der Menge abzuheben, und zumindest dafür sorgen, dass Sie smart und ehrgeizig wirken. Die Filmindustrie macht eine Menge Geld in diesen Ländern und einige Filme überleben nur, weil sie im internationalen Boxoffice gute Zahlen erzielen.

Sehen Sie die Chancen in anderen Teilen der Welt

Wie bereits erwähnt, leben 7,6 Milliarden Menschen auf der Welt. Zu viele Unternehmen haben einen zu engen Fokus und ignorieren Leute aus anderen Ländern. Ich habe immer dafür plädiert, herauszustechen und anders als alle anderen zu sein, was in den Vereinigten Staaten und Großbritannien schwerer ist, weil so viele Menschen auf diesen Märkten um ein Publikum kämpfen. Selbst wenn Sie ein kreatives Genie sind und etwas wahrlich Bemerkenswertes zu bieten haben, ist es schwer, Aufmerksamkeit zu erlangen, ohne Ihre Reichweite zu vergrößern.

Viele denken, Marktanteile in den Vereinigten Staaten, dem Vereinigten Königreich und Kanada zu haben, ist wertvoller als in anderen Teilen der Welt. Es stimmt, dass Ihre Bewertung drastisch in den Himmel schießt, wenn Sie ein Publikum in diesen Regionen haben, aber Sie sollten sich nicht die Chancen an anderen Orten

---

[1] »Theatrical Market Statistics 2016«, Motion Picture Association of America, https://www.mpaa.org/wp-content/uploads/2017/03/MPAA-Theatrical-Market-Statistics-2016_Final.pdf.

entgehen lassen. Ich würde dazu raten, Ihren Content oder Ihre Marke auf verschiedenen Märkten zu testen, die nicht übersättigt sind und auf denen es weniger Konkurrenz gibt.

WhatsApp ist ein perfektes Beispiel für ein erfolgreiches Unternehmen, das genau das getan hat. Sie hatten enormen Erfolg, große Marktanteile in Malaysia, der Türkei, Saudi-Arabien, Indien und Brasilien zu erzielen. Die meisten Menschen würden diese Länder automatisch hintanstellen oder als irrelevant betrachten. WhatsApp wuchs hingegen und skalierte aufgrund dieses Publikums. Das Team hinter WhatsApp baute das Unternehmen auf, bis es schließlich für 17 Milliarden Dollar verkauft wurde, was einer der größten Käufe eines Tech-Unternehmens in unserer Zeit war.

Einer der Hauptgründe, wieso Facebook WhatsApp gekauft hat, war sein internationales Publikum. Facebook hatte bereits ausreichend Kunden in den »höherwertigen« Märkten der Vereinigten Staaten, im Vereinigten Königreich und in Kanada. Es benötigte eine Gelegenheit, die eigene Reichweite auszudehnen und in anderen Teilen der Welt zu skalieren.

Kosteneffizienz

Auf den Werbeplattformen von Facebook und Instagram ist es im Moment viel kosteneffektiver, die Leute in den Wachstumsmärkten zu erreichen. Einen Follower oder ein Like in Indien, Indonesien, Brasilien oder Mexiko zu bekommen, ist viel günstiger, als das Targeting auf Menschen in den Vereinigten Staaten auszurichten. Das liegt daran, dass sich nicht viele um diese Länder reißen, was zu einem Überangebot an Bestand einer Auktion führt. Weniger Menschen bieten auf diese Bereiche und daher sind die Kosten, um User zu bekommen oder Reaktionen auf Content, besonders niedrig. Das stellt eine gewaltige Gelegenheit dar, ein massives globales Publikum zu skalieren.

Einen Follower in Indien zu gewinnen oder in einem anderen Wachstumsmarkt, kann weniger als ein Cent kosten, wohingegen es in den Vereinigten Staaten um die sieben bis zehn Cent kosten kann. Das fluktuiert natürlich basierend auf der Qualität Ihres Contents, aber es stellt eine enorme Chance dar.

Wachstumsmärkte zuerst

Eine hocheffiziente Strategie, Follower zu gewinnen oder Reaktionen auf einen Post zu erhalten, besteht darin, sich zuerst die Wachstumsmärkte vorzunehmen. Wachstumsmärkte sind günstig und haben die Neigung, mit höherer Geschwindigkeit zu liken und zu teilen. Dann, sobald der Post in diesen Regionen etwas Schwung aufgenommen hat, leiten Sie den Post an Ihr Zielpublikum im Inland weiter.

Das funktioniert aufgrund von wahrgenommenem Wert und Glaubwürdigkeit. Stellen Sie sich vor, Sie haben zwei verschiedene Content-Teile in Ihrem Feed. Der eine Content hat 10 000 Likes und der andere fünf. Welchen werden Sie ernster nehmen? Sie werden vermutlich den attraktiver finden, der mehr Reaktionen hervorgerufen hat, selbst wenn es der gleiche Post gewesen wäre. Im Allgemeinen ist es leichter, die Menschen zu einer Reaktion auf einen Content zu bewegen, den 10 000 Menschen gelikt haben, denn der Content wirkt auf den Betrachter wertvoller.

Ich neige dazu, erst auf den weniger teuren Märkten Reaktionen hervorzurufen. Ich konnte 100 000 Menschen in den Wachstumsmärkten dazu bringen, ein Foto zu liken, weil es günstiger ist und die Menschen reaktionsfreudiger sind. Danach beschäftige ich mich erneut mit dem Content und richte mein Augenmerk auf die Leute in den Ländern, in denen die Kosten höher sind. Das gestattet mir auch, mehr Reaktionen zu niedrigeren Kosten auf kompetitiveren Märkten hervorzurufen, denn ich stellte fest, dass die Kosten in den Auktionen sinken. Wenn ein Content eine bedeutende Zahl an Reaktionen hervorgerufen hat, sieht der Facebook-Algorithmus, dass der Content gut ist, und man kann in den Vereinigten Staaten, Großbritannien und Kanada günstigere Gebotspreise erzielen, egal, woher der ursprüngliche Content stammt. (Das kann sich in der Zukunft ändern, wenn Mitarbeiter von Facebook dieses Buch lesen, also ergreifen Sie die Chance, solange Sie können.)

Kostengünstige, aber wertvolle Länder

Auf der Facebook-Werbeplattform sind Indien und Indonesien die günstigsten Länder, auf die man sich konzentrieren kann, um bedeutende Reaktionen hervorzurufen. Viele Länder in Afrika sind ebenfalls sehr preiswert; aber normalerweise lege ich wenig Fokus darauf, denn es war in der Regel nicht so ertragreich für meine Klienten. Allerdings gibt es große Marken, die viel in Afrika investieren, aufgrund der gewaltigen Größe. Brasilien und Mexiko sind ebenfalls kosteneffektiv und weisen eine hohe Reaktionsfreudigkeit auf.

Ich denke, dass Indien ein Land mit enormen Möglichkeiten ist. Auch wenn es ein niedriges BIP hat. Mit 1,3 Milliarden Menschen hat es eine sehr große Bevölkerung. Es ist das Land mit der zweitgrößten Bevölkerung weltweit. IKEA sieht ebenfalls diese Wachstumschancen und investiert in den nächsten 15 bis 20 Jahren zwei Milliarden Dollar, um 25 neue Geschäfte in ganz Indien zu eröffnen. Und Rupert Murdochs Unternehmen hat gerade 2,6 Milliarden Dollar gezahlt, um gegen Facebook zu gewinnen, die 600 Millionen Dollar für die exklusiven Übertragungsrechte für Indiens Kricketspiele geboten hatten. Facebook hat außerdem angekündigt, dass im Jahr 2017 in Indien ihr größtes Publikum in einem einzigen

Land bestand, mit 251 Millionen Usern.[2] Wenn Facebook in den nächsten fünf bis zehn Jahren eine weitere Milliarde Menschen im Land hinzugewinnen kann, würde das 50 Prozent ihrer gesamten heutigen User-Zahl ausmachen. Wie Sie sehen können, haben einige sehr smarte Menschen ihren Fokus auf Indien gerichtet, da es ein großes Wachstumspotenzial bietet, das kosteneffizient ist.

Wenn Sie wollen, dass Menschen Ihren Content teilen, empfehle ich jedoch, in Brasilien Ihre Tests durchzuführen. Bei meiner Zusammenarbeit mit Profisurfern habe ich erfahren, dass in Brasilien das Teilen großgeschrieben wird. Tim Greenberg, der Chief Community Officer der World Surf League, sieht das ebenso. Als der brasilianische Profisurfer Gabriel Medina den Weltmeisterschaftstitel gewann, erhielt die World Surf League eine Menge Follower und wuchs schnell aufgrund von Medinas Fans in der Heimat.

Wie wichtig die globale Strategie für Shazam war

Chris Barton, Gründer und Vorstandsdirektor von Shazam, erklärt, dass beim Launch der Software die Vereinigten Staaten noch nicht für die »Shazam-Experience« bereit waren. Europa erwies sich zur damaligen Zeit als fortgeschrittener bei der mobilen Technologie und das Unternehmen ist weiterhin bedeutend beliebter in Europa, gerechnet auf die Einwohnerzahl, als in den Vereinigten Staaten. Heute stammen Shazams User aus der ganzen Welt. Das Unternehmen ist beliebt in Lateinamerika, Kanada, Australien, Brasilien, Mexiko, Indien, Russland und in einigen Teilen Asiens. Barton hat den Eindruck, dass man auf jeden Fall die Wachstumsmärkte berücksichtigen muss, wenn man die User-Zahl maximal steigern will.

---

2 Simon Kemp, »India Overtakes the USA to Become Facebook's #1 Country«, The Next Web, 13. Juli 2017, https://thenextweb.com/contributors/2017/07/13/india-overtakes-usa-become-facebooks-top-country.

Er warnt jedoch, dass die Wachstumsmärkte nicht immer leicht zugänglich sind. Schon oft hat er beobachtet, dass lokale Konkurrenz den ausländischen Unternehmen überlegen ist, denn sie ist besser darin, das Geschäftsmodell lokal aufzustellen. Wenn Sie also die Wachstumsmärkte in Ihr Business inkludieren wollen, recherchieren Sie und gehen Sie nicht blauäugig an die Sache heran.

Der Einfluss der internationalen Märkte auf das Wachstum

Wenn Sie ein Produkt haben, das auch auf anderen Märkten einsetzbar ist, sehen Sie sich die Wachstumschancen auf globaler Ebene an – achten Sie darauf, denken Sie darüber nach und machen Sie diese zum Teil Ihrer Roadmap. Eamonn Carey, ein Angel-Investor der Anschubinvestitionen tätigt, hat in mehr als 31 Unternehmen auf der ganzen Welt investiert. Er hat mit großen Unternehmen wie AB InBev und Nike gearbeitet, hat Unternehmen in Großbritannien, in Nahost und Asien skaliert, hat eine Parodie-Version von *FarmVille* mit dem Namen *FarmVillain* in Europa und Nahost mitgegründet und später verkauft und er ist aktuell der Managing Director des Londoner Zweigs von Techstars, einem weltweiten Netzwerk, das Entrepreneuren auf dem Weg zum Erfolg weiterhilft. Er liebt es, mit Unternehmen zu arbeiten, die noch am Anfang stehen, große Pläne und viel Ehrgeiz haben, und hofft, dass er sie zu interessanten, neuen Ufern führen kann. Vor dem Hintergrund seiner umfangreichen Erfahrung plädiert er energisch dafür, in Wachstumsmärkte zu investieren und Unternehmen dorthin zu bringen.

Er erklärt, dass es als Investor häufig viel einfacher und immer sehr viel günstiger ist, in Unternehmen in Wachstumsmärkten zu investieren. Die Unternehmen, in die er von New York aus investiert hat, brauchen mindestens eine Million, normalerweise eher drei Millionen Dollar, um weitere eineinhalb Jahre zu finanzieren. Kürzlich war er in Bangalore in Indien und traf sich mit einem hoch qualifizierten Team aus sechs Personen, die an künstlicher Intelligenz arbeiteten und nur 150 000 Dollar benötigten, um ebendiese Zeitspanne zu überbrücken. Wenn man den Wert des Investments betrachtet, kann man oft sehr viel billiger in diesen Märkten investieren.

Er wies auch darauf hin, dass die Zeiten sich geändert haben. Vor zehn Jahren war das noch nicht der Fall, aber die Unternehmen, in die er heute investiert, ob sie in den Vereinigten Staaten oder Indien sitzen, stehen qualitativ auf dem gleichen Level. Er sieht das in einem besseren Bildungszugang begründet. Fast jeder auf der Welt kann Harvard CS 101 nutzen, sich auf der iTunes-Universität, Corsair oder U-2-Me umsehen. Ein breiterer Zugang zu Bildung hat die Qualität von Unternehmen auf der ganzen Welt verbessert.

Eine zweite bedeutende Tatsache, auf die Carey hinweist, ist die Größe der Wachstumsmärkte. Ein Medienunternehmen, das er weiterentwickeln half, stellte arabische Reiseführer für Städte in Nahost zusammen. Arabisch ist die fünfthäufigste Sprache der Welt,[3] aber weniger als 0,5 Prozent des Internet-Contents ist auf Arabisch. Diese Diskrepanz weist auf eine riesige Gelegenheit hin. Hunderte Millionen Arabisch sprechender Menschen im Nahen Osten und Nordafrika sehen nicht genug Content in ihrer eigenen Sprache.

Und dieses Ausmaß an Gelegenheiten ist nicht einzigartig für diese Regionen. Indonesien hat 250 Millionen Einwohner, Indien 1,3 Milliarden und Japan 127 Millionen. Thailand und Malaysia haben jeweils zig Millionen. Vietnam hat nahezu 100 Millionen Einwohner. Ein Großteil der Wachstumsmärkte ist riesig. Wenn ein Unternehmen die Best Practices der Wirtschaft in den Vereinigten

3 Vivek Kumar Singh, »Most Spoken Languages in the World«, ListsWorld, 10. November 2012, http://www.listsworld.com/top-10-languages-most-spoken-worldwide.

Staaten und Europa übernehmen und mit lokalem Wissen kombinieren kann, ist das eine bedeutende Erfolgschance.

Wie bereits erwähnt, können die Kosten für einen Neukunden (Cost per Acquisition) in den Vereinigten Staaten und Großbritannien sehr hoch sein, während sie in Saudi-Arabien, Indien, der Ukraine, Russland oder Lateinamerika häufig unter einem Cent liegen. Das Gleiche gilt für die Kosten anderer Schlüssel-Performance-Indikatoren (zum Beispiel, Cost per Lead, Cost per Share, Kosten pro Link-Klick und Cost per Conversion, also die Kosten dafür, jemanden zu einem Kauf zu bewegen). Eine Menge Menschen werden darauf hinweisen, dass Sie nicht so viel Umsatz mit Usern in anderen Teilen der Welt machen werden wie mit Menschen in den reicheren Ländern. Carey stimmt zu, dass dem so sein mag, aber man bedenken sollte, wie der ROI aussieht. Wenn Sie User zu einem Bruchteil der Kosten akquirieren können, mag es nicht bedeutend sein, dass Ihr Gewinn dabei kleiner ist – stellen Sie einfach sicher, dass das Verhältnis zu Ihren Gunsten steht.

Carey nennt das Beispiel eines Unternehmens namens Wala, mit dem er gearbeitet hat. Das war ein neues Bankenunternehmen, das in Ghana Filialen eröffnen wollte. Das Unternehmen baute effizient eine massive Facebook-Community auf und bezahlte dafür kaum etwas. Sie gaben nur ein paar Tausend Dollar für Anzeigen aus und weil die Cost per Acquisition so niedrig war, erreichten sie schnell eine halbe Million Menschen. Als die Mitglieder des Wala-Teams mit Investoren und Partnern sprachen, konnten sie ihnen ihre riesige Facebook-Community zeigen. Sie hatten relevanten Content über Finanzen und finanzielle Inklusion gepostet, das waren Interessensbereiche dieser Community. Wala musste nur noch einen kleinen Prozentsatz seiner Follower dazu bringen, ein Bankkonto zu eröffnen, und sie würden über Nacht zu den Top Ten der Banken im Land gehören.

Geschichten wie diese machen einem klar, dass man Dinge in den Wachstumsmärkten tun kann, die in den Vereinigten Staaten

Millionen Dollar für ihre Realisierung benötigen würden. Wenn man es auf diese Weise betrachtet, werden die Wachstumsmärkte plötzlich deutlich rentabler.

Im Ausland zu investieren, lenkt Aufmerksamkeit auf Sie

Carey weist darauf hin, dass, wenn Sie eine US-amerikanische, englische, kanadische oder deutsche Firma in Indonesien, Thailand oder Vietnam bewerben, Sie dadurch so außergewöhnlich wirken, dass Sie Meetings mit Leuten bekommen, die höher in der Hierarchie stehen, und Sie werden bessere Chancen auf Deals haben. Bei einer Gelegenheit investierte Carey in ein Unternehmen mit dem Namen Paranoid Fan, einer Firma, die Karten für Sport und Unterhaltung erstellt, die Ihnen zum Beispiel zeigen, wo es die kürzeste Wartezeit an den Toiletten gibt, wo die nächste Tailgate-Party stattfindet und andere interessante Dinge, die mit Sport- und Unterhaltungs-Events zu tun haben. Das Unternehmen arbeitet mit der NFL, NBA und Fußballmannschaften in der Major League in den Vereinigten Staaten zusammen. Das weckte Interesse in Mexiko und Brasilien, sodass das Unternehmen jemanden dorthin schickte und eine kleine Roadshow in Mexiko, Brasilien, Uruguay, Argentinien und Chile veranstaltete, und bei verschiedenen Sportklubs Werbung für ihr B2B und ihre Map-Lösungen machte. Sie kehrten von dieser Reise zurück und hatten Deals mit allen bedeutenden mexikanischen, brasilianischen, uruguayischen, argentinischen und chilenischen Fußballteams im Gepäck und außerdem eine Reihe von Partnerschaften mit örtlichen Regierungen. Sie gewannen etwa 30 Millionen Nutzer dazu, ohne je einen einzigen Cent für Marketing ausgegeben zu haben. Als Paranoid Fan sich bei diesen Reisen mit Vorständen traf, wurden sie gelobt, weil sie persönlich erschienen waren. Leute in anderen Ländern erklärten, dass US-amerikanische

Firmen auch schon vorher etwas hatten verkaufen wollen, aber nur E-Mails geschickt und um ein Gespräch über Skype gebeten hatten. Dorthin zu gehen und die Menschen persönlich zu treffen, verschaffte Paranoid Fan die Gelegenheit, rasch einige Deals abzuschließen.

Später ging Paranoid Fan auch zum World Football Summit nach Madrid in Spanien und sie schlossen Deals mit den meisten der bedeutenden europäischen Fußballklubs ab. Wären sie dort mit nur zwei Millionen Usern aufgetaucht, wäre ihr Angebot nicht so verlockend gewesen. Aber die Tatsache, dass sie 30 Millionen Nutzer hatten, verlieh ihnen Glaubwürdigkeit, und es war egal, wo diese Nutzer wohnten.

Aufmerksamkeit erregen und sichern

Wenn Sie Menschen in Indonesien, Indien oder Brasilien für Ihr Targeting auswählen, sind die Reaktionen oft zehnmal höher als in den Vereinigten Staaten oder Großbritannien. Sie treten gegen weniger konkurrierende Quellen von Content an und weniger Werbetreibende aus einheimischen Unternehmen. Carey fügt hinzu, dass die Leute in Brasilien, Saudi-Arabien und den Märkten in Nahost typischerweise viermal so viel Zeit pro Tag mit ihren Telefonen verbringen als in westlichen Märkten. In den Vereinigten Staaten oder Großbritannien verbringt man vielleicht 40 Minuten am Tag auf Facebook, während der durchschnittliche User in Brasilien oder Saudi-Arabien mehrere Stunden dort verbringt. Der Hunger nach neuem und interessantem Content und die Neigung, etwas zu liken und zu teilen, ist größer als auf westlichen Märkten. Diese niedrigere Schwelle, um in einen Markt einzudringen, macht es leichter, dafür zu sorgen, dass ein Content in Wachstumsmärkten viral geht.

Popularität hilft, größere Märkte zu erreichen

Als er mit den Gründern von Skype sprach, fand Carey heraus, dass einer der ersten internationalen Märkte, auf dem sie ihr Produkt lancierten, Taiwan war. Auch wenn Taiwan eine kleine Insel ist, hat es einen Markt mit 20 Millionen Menschen, die starke Verbindungen zum Markt in China haben, auf dem Milliarden Menschen aktiv sind. Die Leute dort konnten mit dieser neuen Art von Voice- und Video-Calls kostenlos Nachrichten von ihren Familien erhalten. Dadurch ging Skype sofort viral.

Wenn Sie in einem Wachstumsmarkt ein Publikum gewinnen können, können Sie sehr leicht auch in anderen Märkten eines aufbauen. Das ist ähnlich wie das Beispiel von WhatsApp, das User auf günstigeren Märkten gewann und einen erstaunlichen Ruf unter ihnen aufbaute, und dann diese Popularität nutzte, um größere Märkte zu erreichen.

Stellen Sie sich zum Beispiel vor, dass Sie Coca-Cola als Sponsor oder Klienten in den Vereinigten Staaten oder Großbritannien gewinnen wollen. Den direkten Weg zu gehen, ist oft unmöglich. Aber wenn Sie ein riesiges Publikum in Indonesien, Indien oder Brasilien aufbauen, ist es einfacher, in diesen Ländern mit Coca-Cola einen Deal einzugehen, der dann dazu führen kann, dass Sie den Vorständen in den Vereinigten Staaten oder Großbritannien vorgestellt werden. Und wenn Sie sich auf einem ausländischen Markt gut schlagen, haben Sie den Beleg, dass Ihre Marke oder Ihr Unternehmen erfolgreich sein kann. Wenn Sie strategisch vorgehen und erkennen, wie Sie das Potenzial, ein Publikum in einem bestimmten Teil der Welt aufzubauen, maximieren und gewinnbringend einsetzen können, kann das Ihr Unternehmen bedeutend voranbringen.

Viele Start-ups glauben, dass Erfolg dadurch definiert wird, dass Sie 50 Millionen Dollar von einem Venture-Kapital-Fonds im Silicon Valley bekommen, ein paar Softwareingenieure in einem Büro in San Francisco sitzen haben und den US-Markt Stück für Stück erobern. Tatsächlich können Sie für weit weniger Geld genauso erfolgreich in den Wachstumsmärkten sein und die Ergebnisse werden sich im Laufe der Zeit angleichen.

Carey ist der Meinung, dass Sie, wenn Sie ein Problem lösen wollen, an das bestmögliche Ergebnis denken und von dort aus rückwärts arbeiten sollten. Fragen Sie sich selbst, welche Schritte Sie unternehmen müssen, um dorthin zu kommen, wo Sie hinwollen. Welche potenziellen Handlungen führen insgesamt an den Punkt, den Sie erreichen wollen? Entwerfen Sie einen Plan, wie Sie jeden dieser Punkte erreichen. Schließlich wird sich ein einfacher und direkter Pfad abzeichnen. Und der Ansatz, User, Klienten und Kunden in Wachstumsmärkten zu akquirieren, kann ein sehr wirkungsvolles Tool sein, an Ihr Ziel zu kommen.

Persönliche Marken

Carey ist der Meinung, dass die Chancen für persönliche Marken sogar noch größer sind. Es gibt zum Beispiel wenig Livemusik-Events und wenig Künstler, die in den Wachstumsmärkten auftreten. Wenn Sie Musiker sind, haben Sie gute Chancen, vor einer Menge von 500 oder 1000 Menschen zu stehen, allein aufgrund der Tatsache, dass Sie bereit sind, dort zu erscheinen. Wieder wird dabei die Eigenschaft der ausländischen Märkte, viel zu teilen und zu kommentieren, sehr nützlich sein. Wenn man sich außerdem über Spotify in Thailand, Vietnam, Malaysia oder Singapur Ihre Musik anhört, werden die Chancen vermutlich steigen, auf der ganzen Welt unter »wöchentliche Neuentdeckungen« aufgelistet zu werden. Sie bauen einen Ruf auf und verbessern Ihre internen Kennzahlen auf diesen Kanälen. (Das lässt sich auch noch auf viele andere Bereiche anwenden. Nutzen Sie Ihren Verstand und ziehen Sie es durch.)

Carey erzählt, dass er einmal ein Selfie mit einem iranischen Unternehmen bei einer Konferenz in Istanbul gepostet hat. Innerhalb von 24 Stunden wurde es Hunderte Male retweetet und Tausende Male gelikt. Er hatte einen ganzen Haufen Freundschaftsanfragen auf Facebook, LinkedIn-Nachrichten und Einladungen, auf Konferenzen im Iran als Redner aufzutreten. Das Triumvirat aus mehr Zeit, höherer Aufmerksamkeit und häufigerem Teilen führt dazu, dass Sie schneller den Durchbruch schaffen können. Es ist jungfräuliches Territorium, auf dem Sie Feedback erhalten und eine Community aufbauen können, und dann mit einer enorm reaktionsfreudigen Fangemeinde nach Hause zurückkehren. Das wird es viel leichter für Sie machen, einen Buchvertrag, Plattenvertrag oder eine Filmrolle zu bekommen. Und Sie werden sich wie ein Rockstar fühlen, egal, was Sie tun.

Heute werden viele Schauspieler für Rollen abgelehnt, weil sie nicht genug Follower in den sozialen Medien haben. Carey empfiehlt, nach Indonesien oder in einen anderen Wachstumsmarkt zu gehen, dort zwei oder drei Filme zu machen und überaus aktiv in den sozialen Medien zu sein, indem man sich mit Fans in diesen Gegenden austauscht und sie zu Reaktionen animiert. Bauen Sie im Ausland ein Publikum auf und kehren Sie dann zurück und reden Sie mit den Casting-Agenten in Hollywood oder London, zeigen Sie ihnen, dass Sie eine Million Follower haben. In den meisten Fällen wird niemand wirklich wissen oder danach fragen, woher die Follower kommen. Allein die Tatsache, dass Sie Fans haben, lässt Sie automatisch aus der Menge herausragen. Und Ihr Wert steigt ebenfalls, wenn Sie zu einem Publikum Zugang haben, über den nur wenige andere verfügen.

Hollywood-Filmproduzent, Medienvorstand und Investor Jon Jashni fügt hinzu, dass Produzenten, wenn sie in großem Maßstab investieren, auch die weltweite Anziehungskraft berücksichtigen. Je kleiner der Zielmarkt, desto kleiner der Ertrag. Eine Menge Filmemacher haben Angst, dass andere Stimmen unterdrückt werden, wenn man nur eine gemeinsame Sprache spricht. Oder sie fürchten, dass es ihre kulturelle Identität verwässert, wenn sie etwas für die Massen produzieren, aber das stimmt nicht. »Das Ziel ist, die Facetten eines Juwels auf eine solche Art zu beleuchten, dass der Markt oder das entsprechende Land versteht, dass diese Geschichte auch für die Menschen dort ist.«, sagt Jashni. Wenn Sie Ihren Job als Kreativschaffender gut gemacht haben, wird die Universalität der Themen, Charaktere, Zugänglichkeit und Emotionen alle Grenzen überschreiten.

Guter Content reist weit

Phil Ranta – ehemaliger COO von Studio71, einem der größten digitalen Unterhaltungsunternehmen, das von Influencern profitiert – enthüllt, dass YouTube in Ländern erschlossen wird, wo es vorher nicht beliebt war. Digitale Plattformen sind tatsächlich global. Man entdeckt zunehmend mehr und mehr Content aus verschiedenen Kulturen. Weil Content überall auf der Welt zugänglich ist, führt es zum Erfolg, wenn man beim Schaffensprozess ein globales Publikum vor Augen hat.

Er schlägt vor, man sollte versuchen, Content zu produzieren, der nicht sprachenspezifisch ist. Versuchen Sie, die Pointe oder die Prämisse verständlich zu machen, ohne notwendigerweise die Sprache zu verstehen. Eine weitere Option besteht darin, Übersetzungen einzufügen. YouTube hat eingebaute Tools, die helfen, Untertitel zu erstellen, und wenn Sie diese in Englisch einfügen, kann YouTube sie relativ gut in andere Sprachen übersetzen.

Ranta ist der Meinung, dass diejenigen, die nicht global denken, in fünf oder zehn Jahren zu kämpfen haben werden. Es gibt viele Orte, wo die Internetinfrastruktur gerade erst entsteht. An diesen

Orten haben die Leute erst seit Kurzem Handys, die Content streamen können, zu dem sie vorher keinen Zugang hatten. All diese Märkte werden wachsen und es werden neue Fangemeinden entstehen.

Jonathan Skogmo, CEO von Jukin Media, sieht das ebenso. Sein Unternehmen hat ein gewaltiges, alle Schichten umfassendes und globales Publikum, wobei 75 Prozent der drei Milliarden monatlichen Views von außerhalb der Vereinigten Staaten stammen. Er sagt: »Guter Content reist weit. ›Autsch‹ bedeutet in jeder Sprache ›Autsch‹«. Jukin Media lizenziert und verbreitet eine Menge viraler, lustiger Fail-Videos, denn wenn jemand stolpert, wird das überall verstanden. Sein Team berücksichtigt die globale Perspektive des Contents, denn sie erkennen die Möglichkeit, zu skalieren und echten Wert zu schaffen, indem man sich auf die verschiedenen Teile der Welt konzentriert, denen die anderen einfach keine Aufmerksamkeit schenken.

Tipps und Zusammenfassung

- Einen Follower oder ein Like in Indien, Indonesien, Brasilien oder Mexiko zu erhalten, ist weit günstiger als in den Vereinigten Staaten, denn es gibt nicht viele, die um diese Länder konkurrieren, was einen Überschuss an Bestand in den Auktionen schafft.
- Follower in den Wachstumsmärkten kosten manchmal weniger als ein Cent, verglichen mit acht oder neun Cent in den Vereinigten Staaten.
- In Wachstumsmärkten gibt es oft weniger Konkurrenz und die User verbringen mehr Zeit mit ihren mobilen Geräten.
- Indien ist von Bedeutung, denn dort investieren einige der cleversten Leute, also sollten Sie es auf dem Radar haben.

- Brasilien teilt mehr als die meisten anderen Länder. Testen Sie Ihren Content an diesem Publikum, um ihn viral gehen zu lassen.
- Eine smarte Strategie besteht darin, Reaktionen aufgrund der niedrigeren Kosten auf einen Content zuerst in Wachstumsmärkten hervorzurufen. Dann, sobald es signifikante Reaktionen gibt, teilen Sie den Post mit Ihrer demografischen Zielgruppe im Heimatmarkt. Sie werden mehr Reaktionen zu geringeren Kosten erhalten.
- Wenn Sie ein Start-up haben, bauen Sie ein großes Publikum in Wachstumsmärkten auf und werden Sie dadurch zu einem attraktiven Ziel für eine Übernahme durch ein Unternehmen aus den Vereinigten Staaten oder Großbritannien, das danach strebt, sein Publikum auszudehnen. Das gilt, wenn Sie eine Einzelperson sind oder ein Start-up besitzen und versuchen, mit globalen Marken eine Partnerschaft einzugehen.
- Leute aus anderen Märkten wissen es zu schätzen, wenn Sie dorthin fahren und sie besuchen. Das kann Ihrem Wachstum behilflich sein.
- Guter Content reist weit. Schaffen Sie Content, der nicht sprachenspezifisch ist. Kreieren Sie ihn mit einem globalen Publikum im Hinterkopf.

KAPITEL 8

EINFLUSS AUF INSTAGRAM GEWINNEN

Mit mehr als einer Milliarde aktiver User jeden Monat ist Instagram eine Plattform, die man nicht ignorieren kann.[1] Es ist ein essenzielles Marketing- und Storytelling-Tool, das den Nutzern eine schnelle, zugängliche, emotionale und hochgradig visuelle Erfahrung Ihrer Marke und Ihrer Botschaft geben kann. Das ist der Grund, wieso Instagram von allen wichtigen sozialen Medienkanälen die höchste Reaktionsfreudigkeit aufweist.[2]

Allerdings ist es nicht die Plattform, auf der man am leichtesten schnelles Wachstum erreicht. Einer der größten Unterschiede zwischen Instagram und Facebook ist, dass es nicht grundlegend als eine Sharingplattform aufgebaut wurde und man andere Wege finden muss, um den eigenen Content viral gehen zu lassen. Während Facebook entworfen wurde, um etwas zu teilen, ist Instagram haupt-

---

1 »Number of Daily Active Instagram Users from October 2016 to September 2017 (in Millions)«, Statista, https://www.statista.com/statistics/657823/number-of-daily-active-instagram-users.

2 Khalid Saleh, »Social Media Engagement – Statistics and Trends«, Invesp (Blog), https://www.invespcro.com/blog/social-media-engagement.

sächlich für Likes, Kommentare und Tags gestaltet worden. Der Erfolg auf der Plattform hängt wesentlich von Ihrer Fähigkeit ab, strategische Partnerschaften für Wachstum zu nutzen. Eine Menge der Informationen, die Sie in Kapitel 6, »Strategische Allianzen«, gewonnen haben, werden Ihnen von großem Nutzen sein, wenn Sie Erfolg auf dieser Plattform haben wollen.

Von der Tatsache abgesehen, Ihren Content auf großen Accounts verbreiten zu können, können Sie Wachstum und Viralität erreichen, indem Sie jemanden mit Status dazu bringen, Ihren Content zu liken und zu kommentieren. Auf Instagram ist Status definiert durch zwei Kennzahlen: (1) Die Anzahl an Followern und (2) wie lange es einen Account bereits gibt. Diejenigen, die länger auf der Plattform sind, haben mehr Gewicht. Der Algorithmus ist so angelegt, um zu verhindern, dass man das System austrickst. Es gab eine Zeit, in der einige User in rascher Folge neue Schwester-Accounts aufbauten, um ihren anderen Instagram-Accounts mehr Gewicht zu verleihen (das funktioniert heute nicht mehr, also kommen Sie nicht auf falsche Ideen).

Schnelles Wachstum auf Instagram

Auf der Explore-Seite angezeigt zu werden, Instagrams Hauptsuchseite, ist der beste Weg, um Ihren Content viral gehen zu lassen und entdeckt zu werden. Auf dieser Seite bei vielen Accounts angezeigt zu werden, erfordert eine Menge »Power-Likes« – Likes und Kommentare von High-Profile-Accounts mit Hunderten, Tausenden oder sogar Millionen von Followern. Jede Explore-Seite ist auf die besonderen Interessen des Users zugeschnitten, aber wenn ein Super-Influencer Ihren Content mag, wird er für eine große Zahl an Menschen sichtbarer werden.

Adley Stump, eine Strategin für digitales Marketing, erklärt, dass es daran liegt, dass Likes exponentiell wachsen. Wenn ein verifizierter Account mit 100 000 Followern in Ihrem Spezialbereich Ihren Content likt, wird Instagrams Algorithmus Ihren Post bei der Mehrheit dieser hunderttausend Follower in den Explore-Feed pushen. Und das erfordert nur einen Power-Like – stellen Sie sich vor, was passiert, wenn Sie 100 oder 1000 Power-Likes erhalten. Auch wenn es nicht notwendig ist, dass die Power-Likes spezifisch für eine bestimmte Nische sind (die sich ändern kann), erhöht es zudem die Konversionsrate für Ihr Wachstum, denn Sie werden in den Feeds anderer Leute auftauchen, die bereits Interesse an dieser Art Content gezeigt haben. Es ist weniger wertvoll, Power-Likes von jemandem zu bekommen, der in der Autonische tätig ist, wenn Sie in der Nische für Haustiere unterwegs sind.

Eine Methode, Power-Likes zu erhalten und eine Menge von Explore-Seiten zu erreichen, besteht darin, Reaktionsgruppen zu nutzen (siehe Kapitel 6). Sie als Teil Ihrer Instagram-Strategie zu verwenden, wird Ihnen sehr dabei helfen, Ihren Content viral gehen zu lassen. Joivan Wade empfiehlt, mindestens fünf Leute zu haben, idealerweise mit mehr Followern als Sie selbst oder mit einem ähnlich großen Publikum, mit denen Sie regelmäßig Likes und Kommentare austauschen.

Lassen Sie uns eine Minute zum nutzbringenden Einsatz strategischer Allianzen zurückkehren. Ich habe enormen Erfolg damit gehabt, große Websites zu finden oder Netzwerke solcher Seiten, die Ihnen gestatten, Ihren Content auf deren Accounts zu veröffentlichen. Sie sind aus zwei Gründen dazu bereit: (1) Ihr Content ist umwerfend und bietet ihrem Publikum einen Wert oder (2) Sie können sie bezahlen, um Ihren Content auf deren Accounts zu bewerben. Wenn Ihr Content nicht hochviral ist, kann es ein schnellerer, wenn auch teurerer Weg zu Wachstum sein, wenn man sich Werbeflächen sichert. Die beste Art, sich diese Werbeflächen zu sichern, besteht darin, Websites innerhalb Ihrer Nische zu identifizieren und ihnen auf Instagram Nachrichten zu schicken, um zu fragen, wie viel man bei ihnen für Werbung bezahlen muss. Die meisten werden Ihnen den Preis dafür nennen, auf ihren Seiten oder innerhalb ihres Netzwerks einen »Shout-out« zu posten oder Ihre Seite zu unterstützen. Wenn Sie noch nicht viel über Werbung durch Shout-outs wissen, empfehle ich, nach einem garantierten Follower-Package zu fragen (zum Beispiel »Ich gebe x Dollar für Werbung aus und Sie garantieren mir y Follower dafür«). Die meisten Accounts werden antworten, dass Sie diese Art von Package nicht anbieten, also müssen Sie diejenigen finden, die selbstbewusst genug sind, um diese Form der Unterstützung anzubieten. Der Grund, wieso Sie diesen Ansatz wählen sollten, besteht darin, dass Sie dadurch die Erfahrung der Besitzer großer Accounts nutzen können und sehen, welchen Content sie empfehlen und auf Ihrem Account posten, um Follower zu Ihrem Account zu bringen. Das gestattet Ihnen, die (für Sie) beste Methode zu testen, um jemanden dazu zu bringen, Follower Ihres Accounts zu werden. Sobald Sie die Posts identifiziert haben, die funktionieren, können Sie Shout-outs von anderen Accounts kaufen, und Sie haben ein solides Verständnis davon, wie man auf kreative Weise am besten eine Wirkung erzielt. Mein Team testet ständig und findet neue Methoden, um auf Instagram Wachstum zu erzielen. Um unsere neuesten Tipps und Strategien zu entdecken, besuchen Sie www.onemillionfollowers.com/beyond.

Zudem müssen Sie viele dieser Netzwerke testen, um diejenigen herauszufiltern, die Follower verkaufen, die gefakt oder Bots sind. Die einzige Methode, wie man diese Netzwerke testen kann, besteht darin, die Tests auf verschiedene Tage aufzuteilen (zum Beispiel an einem Tag ein bestimmtes Netzwerk zu testen und ein anderes an einem anderen Tag). Ich empfehle, fürs Erste nur ein paar Hundert Dollar bei jedem Netzwerk auszugeben und zu sehen, wer qualitativ hochwertige (echte) Follower liefert, die auf Posts reagieren, bevor man das Ganze skaliert. Sobald Sie ein Netzwerk gefunden haben, das Ergebnisse bringt, können Sie skalieren.

Das Wichtigste ist Ihr Netzwerk

Julius Dein nutzte die Taktik des Repostings, um seine Website wachsen zu lassen. Er hatte Seiten, die sich vor allem mit Memes beschäftigen, und ließ sie seinen Content auf ihren Accounts posten und ihn als Quelle nennen. Jedes Mal, wenn diese Accounts eines seiner Videos posteten, erhielt er 20 000, 30 000 oder 40 000 neue Follower. Indem er diese Strategie einsetzte, gewann er bis zu 100 000 Follower pro Woche hinzu. Er sagt, dass der Schlüssel zum Erfolg auf der Plattform guter Content ist und eine wirkungsvolle Methode, ihn zu verbreiten. Das Wichtigste ist Ihr Netzwerk.

Bedenken Sie jedoch, dass schnelles Wachstum nicht der Normalfall ist. Massives Wachstum auf Instagram erfolgt normalerweise nicht so schnell wie auf Facebook. Üblicherweise gewinnt man vielleicht höchstens 25 000 bis 50 000 Follower im Monat hinzu. Während ich dieses Buch verfasste, war die höchste Zahl an Followern, die ich in einem einzigen Monat hinzugewann, 60 000, auch wenn wir kurz davorstehen, ein System zu entwickeln, mit dem man bis zu 100 000 Follower pro Monat hinzugewinnt. Das ist noch weit entfernt von einer Million Followern in 30 Tagen auf Facebook, aber ein schnelles Wachstum ist dennoch möglich. Damit es zu diesem Wachstum kommt, müssen Sie geduldig und ausdauernd sein. Wenn natürlich Kim Kardashian Ihren Content likt oder kommentiert, kann es schneller zu einem massiven Wachstum kommen, aber Ihr Content muss wirklich gut sein und Sie stehen vor der sehr realen Herausforderung, dafür zu sorgen, dass sie ihn auch sieht.

Sie sollten im Hinterkopf behalten, dass Ausdauer der Schlüssel ist, um Ihre eigene Fähigkeit zu steigern, selbst einflussreich auf dieser Plattform zu werden. Joivan Wade erklärt, dass Instagram-Algorithmen Sie in eine von drei Kategorien einteilen: (A) Sie posten mindestens zweimal am Tag, reagieren auf Kommentare und Likes Ihres Publikums und reagieren auf die Posts anderer Leute und kommentieren diese (dieses Verhalten macht einen Account zum Prime-Account – der mit größerer Wahrscheinlichkeit auf der Explore-Seite landet und Einfluss darauf hat, ob andere Seiten auf der Explore-Seite landen; (B) Sie posten etwa jeden zweiten Tag, ein paarmal in der Woche, und reagieren nur manchmal auf die Kommentare und Likes von Usern; oder (C) Sie posten selten, kommentieren nie wirklich die Kommentare anderer User und treten nicht in Interaktion mit Kreativschaffenden. In welche Kategorie gehören Sie aktuell? Sie sollten in Kategorie A fallen, um ein Superstar auf Instagram zu werden.

Influencer auswählen

Da Influencer und große Accounts ein wichtiger Wachstumstreiber auf Instagram sein können, müssen Sie strategisch vorgehen, wenn Sie entscheiden, mit wem Sie zusammenarbeiten. Nicht alle Influencer werden Ihrer Marke oder Ihrer Botschaft nützlich sein. Nur weil diese beliebt sind und eine große Zahl Follower haben, bedeutet das nicht, dass es Ihrer eigenen Sichtbarkeit weiterhilft.

Stellen Sie Influencer auf die Probe, genauso, wie Sie es mit Content tun würden. David Oh von FabFitFun sagt, dass sein Team mehr als 5000 Influencer getestet hat, bevor es diejenigen fand, die die besten Ergebnisse für FabFitFun erzielten. Er drängt darauf, gewissenhaft zu prüfen – man kann nicht einfach nur einen Influencer ausprobieren und Ergebnisse erwarten. Oft waren die Influencer, von denen Davids Team ursprünglich annahm, sie seien die besten, nicht immer diejenigen, die die größten Erfolge vorweisen konnten.

Nach einer Menge Versuch und Irrtum fand Oh heraus, dass eine der besten Influencerinnen für FabFitFun Tori Spelling ist. Sie ist großartig, wenn es darum geht, faszinierenden Content zu kreieren. Nachdem sie gesehen hatten, wie gut ihre Videos performten, warf FabFitFun einen genaueren Blick darauf – sie analysierten, was funktionierte, und erstellten eine Anleitung, wie man ähnliche Videos produziert. Sie gaben die Anleitung an andere Influencer weiter, und nun kreieren alle von ihnen Content in einem ähnlichen Stil. Oh hat festgestellt, dass es der Reichweite seines Unternehmens half, seine Influencer bei ihren eigenen Marken zu unterstützen.

Er erinnert sich, dass es am Anfang ein unterhaltsamer Prozess war, Beziehungen zu Influencern aufzubauen – sein Team probierte alle möglichen verrückten Ideen aus. Einmal richtete es eine Bitte an den Zahnarzt des Bruders des Influencers, den sie zu erreichen versuchten. Ob man es glaubt oder nicht, sie waren erfolgreich und FabFitFun arbeitet bis heute mit diesem Influencer zusammen. Tun Sie, was nötig ist, um diese Menschen zu erreichen (aber versuchen Sie, dabei nicht zu seltsam zu wirken).

Ohs Team hatte nicht viel Geld, als sie am Anfang standen, also wandten sie sich an weniger bekannte Influencer und tauschten zu Beginn Produkte von FabFitFun gegen Posts ein. Sobald sie mit Leuten arbeiteten, die im gesamten Influencer-Netzwerk bekannt waren, fanden sie sich selbst in einer Influencer-Blase wieder – andere wichtige Influencer wurden aufmerksam und kannten sie. Wenn Sie für Ihr Produkt oder Ihre Marke genug Hype kreieren können, werden Influencer oft *Sie* ansprechen. Wenn zum Beispiel ein paar Leute bei *Dancing with the Stars*, *The Bachelorette* oder *The Real Housewives of Beverly Hills* an Ihrer Marke, Ihrem Produkt oder Ihren Ideen interessiert sind, werden andere Reality-TV-Stars ebenfalls auf Sie aufmerksam werden. Und wenn Sie etwas Wertvolles zu bieten haben, werden Prominente es ebenfalls haben wollen.

Wenn Sie kein Produkt haben, denken Sie darüber nach, was Sie einem Influencer bieten können. Manchmal wird ein Influencer mit Ihnen arbeiten, weil Sie faszinierenden Content liefern. Zu anderen Gelegenheiten besteht der Grund darin, dass Sie ihnen etwas anbieten können, wie Fotos von ihnen zu machen oder sie zum Star von interessantem Content zu machen, den Sie gemeinsam erstellen. Denken Sie darüber nach, was der Influencer benötigen könnte und wie Ihr Skill-Set einen positiven Einfluss auf das Skill-Set des Influencers haben kann.

Den Influencer beeinflussen

Ken Cheng, Gründer und Director von Jengo, einem Unternehmen für digitales Marketing und Strategien, hat einen Rat, wie man Prominente dazu bringt, auf Ihre Marke aufmerksam zu werden. Er konzentriert sich nicht darauf, eine große Gefolgschaft auf Instagram aufzubauen. Stattdessen legt sein Team den Fokus darauf, die Menschen zu erreichen, die bereits diese Follower besitzen, und von diesen die Botschaft seiner Klienten verbreiten zu lassen. Er erklärt, dass es nicht darum geht, den größten Influencer oder Prominenten direkt zu kontaktieren. Sie haben eine weit bessere Chance auf Erfolg, wenn Sie sich darauf konzentrieren, die Influencer zu beeinflussen, die wiederum Einfluss auf den Influencer haben, den Sie eigentlich ansprechen. (Das hört sich verwirrend an, aber ich erkläre es gleich …) Es gibt einen Netzwerkeffekt, durch den weniger bekannte Influencer die bekannteren beeinflussen – ihr Content wird hochgestuft und dadurch von mehr einflussreichen Menschen gesehen. Damit das geschieht, müssen Sie zuerst Follower der Accounts der Super-Influencer werden, die Sie zu erreichen versuchen. Sehen Sie sich dann an, welchen Mikro-Influencern oder Influencern, an die man leichter herankommt, diese wiederum folgen. Beobachten Sie die Arten von Posts, die von bekannten Influencern auf den Accounts der unbekannteren gelikt werden. Sobald Sie wissen, ob die Posts der Mikro-Influencer mit den Themen Ihrer Marke zu tun haben, und sicher sind, dass der bekanntere Influencer diesen Posts seine Aufmerksamkeit widmet, können Sie den unbekannteren Influencer kontaktieren, um zu fragen, ob er etwas über Ihre Marke oder Botschaft posten könnte.

Adley Stump sagt, Sie können die Posts der Influencer durchgehen und sehen, wer Kommentare abgibt, um herauszufinden, wer zu bestimmten Reaktionsgruppen gehört, um starke Influencer für Ihre spezifische Nische zu finden. Die unbekannteren Influencer zuerst anzusprechen, ist eine sehr viel effektivere Strategie, als direkt zu den bekannten Influencern zu gehen. Schließlich werden Sie diese erreichen, aber es ist cleverer, sich die Leiter nach oben zu arbeiten, von den unbekannteren Influencern zu den bekannteren.

Sich auf kleinere Accounts zu konzentrieren, auf die weniger (aber durchaus gewichtige Personen) ihre Aufmerksamkeit lenken, hat für Cheng schon bei vielen Gelegenheiten funktioniert. Er hat mit einem vietnamesischen Restaurant in New York zusammengearbeitet, das die Aufmerksamkeit von Prominenten gewinnen wollte. Zuerst versuchte das Restaurant, Agenten und Publizisten zu kontaktieren, aber das brachte keine Resultate. Sie haben letztlich nur ein paar Monate Geld verschwendet. Nach dieser Erfahrung legten sie das Augenmerk erfolgreich auf Influencer, die um die 10 000 Follower hatten, dann auf die mit 20 000 Followern und so weiter, bis sie an die Influencer im Bereich von 100 000 Followern und mehr herankamen. Ab diesem Zeitpunkt tauchten Berühmtheiten von selbst im Restaurant auf. Sogar Sarah Jessica Parker kam zum Essen und twitterte über das Restaurant ohne jeden weiteren Anreiz oder gegen Bezahlung.

Dieser Prozess lief organisch ab, indem die Menschen beeinflusst wurden, die zum Umkreis der wichtigen Prominenten gehörten, und es dauerte seine Zeit. Sarah Jessica Parker besuchte das Restaurant, weil sie gesehen hatte, dass andere Influencer und Freunde, denen sie auf Instagram folgte, über dieses tolle neue Restaurant in New York posteten, weshalb sie motiviert war, selbst hinzugehen und das Essen auszuprobieren.

Tagging und Privacy-Settings nutzen, um Follower zu gewinnen

Anthony Arron, Comedian und Gründer des Instagram-Accounts imjustbait, der um die 100 Millionen Impressions (wie häufig Posts anderen Accounts angezeigt werden, Anm. d. Übers.) pro Woche und 50 Millionen Views im Monat erhält, ist ebenfalls der Meinung, dass man einen Kreis von Influencern braucht, um Content viral gehen zu lassen. Wenn Sie in einem Netzwerk sind, in dem Seiten mit viel Traffic Ihren Content posten, werden Sie mehr Aufmerksamkeit erhalten. Die meisten Menschen mit großen Accounts, die er kennt, tun genau das, um Views zu generieren und viral zu gehen.

Darüber hinaus hat Arron festgestellt, dass die beste Methode, mehr Follower zu gewinnen, darin besteht, die Privacy-Einstellungen seines Accounts zu verändern. Er postet zwischen 10 und 15 Videos am Tag auf seiner Seite, und das über den Tag verteilt, um Menschen in verschiedenen Zeitzonen zu erreichen. Wenn er ein Video postet, setzt er seinen Account auf »öffentlich«, damit eine Menge neuer User ihn sehen können. Aber er hat festgestellt, dass jemand, der seine Videos gesehen und gelikt hat, nicht automatisch zum Follower wird. Um dieses Problem in den Griff zu bekommen, stellt er seinen Account gelegentlich auf »privat« um, nachdem er die Videos gepostet hat, um die Leute zu ermutigen, ihm zu folgen, damit sie den Content abrufen konnten, an den sie sonst nicht mehr herankamen.

Manchmal sehen bis zu 80 000 Nutzer ein Video und taggen ihre Freunde, damit diese es ebenfalls ansehen. Wenn die Freunde der Nutzer das Video betrachten wollen und den Account besuchen und dann sehen, dass er auf »privat« gestellt ist, werden sie normalerweise zu Followern, denn sie wollen das Video sehen, für das ihre Freunde sie getaggt haben. Der Schlüssel ist dabei: Wenn der Content gut genug ist, werden User ihm folgen, um ihn zu sehen. Das zwingt ihn dazu, weiter guten Content zu kreieren, damit diese Menschen ihm weiter folgen. Diese Strategie hat Arron zwischen 2000 und 5000 Follower pro Tag beschert.

Er fügt auch ein Wasserzeichen in all seine Videos ein, in dem es heißt »Follow @imjustbait«. Auf diese Weise erfahren Nutzer schneller von seinem Account und folgen ihm.

Erick Brownstein von Shareability ist ebenfalls der Meinung, es sei eine gute Strategie, wenn man die User dazu bringt, ihre Freunde in Posts zu taggen. Da Instagram keine Sharingplattform ist wie Facebook, sieht sein Team Tagging als die beste Methode, jemandem beim Verbreiten seines Contents auf die Sprünge zu helfen. Tagging ist wie eine persönliche Einladung, andere dazu zu bringen, sich etwas anzusehen. Auf diese Weise zeigt man seinen Freunden den Content, den man für den Geschmack der anderen für relevant hält.

Guter Content für anhaltendes Wachstum

Ray Chan, CEO und Mitgründer von 9GAG, einer Onlineplattform für Humor mit über 41 Millionen Followern auf Instagram, hat eine Menge Wissen darüber gesammelt, wie man auf dieser Plattform massives Wachstum erzielt. Er schlägt vor, andere Plattformen zu nutzen, wenn sie einem zur Verfügung stehen, um Leute auf Instagram zu leiten. Dann schlägt er vor, den eigenen Account mit den besten Accounts in Ihrem Nischenbereich zu vergleichen und sich Ideen zu holen. Chan erklärt des Weiteren, dass sein Team stets verschiedene Hashtags und Formate testet.

So ist es zum Beispiel ein aktueller Trend bei Videoformaten, eine fette Überschrift in einem Video zu haben, um die kurze Aufmerksamkeitsspanne des Publikums zu überwinden und herauszustechen. Das hatte seinen Ursprung in motivierenden Posts mit schwarzen Balken oben und einem Bild darunter. Aber diese Trends ändern sich und man sollte sich nicht zu sehr darauf versteifen. Sie müssen immer auf Ihre User hören, indem Sie Ihre Analysedaten im Auge behalten.

Chan empfiehlt, sich darauf zu konzentrieren, tollen Content zu kreieren und eine großartige Community aufzubauen, statt nach Hacks für Wachstum zu suchen. Er nutzt den Aktienmarkt als Metapher. Viele Menschen versuchen, schnell reich zu werden oder, in diesem Fall, zu schnell eine Menge Follower zu gewinnen, was keine gute langfristige Strategie ist. Im Laufe der Zeit eine stabile Plattform aufzubauen ist vergleichbar damit, eine gute Aktie auszusuchen und sie eine Weile zu halten.

Oft passiert es, dass man nach schnellen Tipps sucht, wie man seine Accounts vergrößert, und das ist so ähnlich, wie eine Aktie auszuwählen, die schnell im Wert steigt. Aber gute Investoren stellen nicht auf kurzfristige Ergebnisse ab; sie versuchen, Aktien zu finden, die anhaltend über lange Zeit an Wert zulegen. Und das versucht auch Chans Team zu tun. Sein Team und er müssen immer noch die verschiedenen Kniffe lernen und die neuesten Trends und Formate verstehen, aber man kann nie wissen, ob ein Trend einen langfristigen Nutzen mit sich bringt, wenn man ihn nicht auf lange Zeit testet.

Um Wachstum auf Instagram zu erzielen, müssen Sie stets up to date sein. Das Kernprinzip besteht darin, darüber nachzudenken, was die Nutzer sehen wollen. Guten Content zu kreieren, der Ihren Usern gefällt, ist die Geheimzutat, die nicht so besonders geheim ist.

Chans Team verfügt über zwei Eigenschaften, wenn es Content kreiert. Auf der einen Seite nutzen sie Empathie, um herauszufinden, wieso bestimmter Content in den Augen der Nutzer funktioniert. Und auf der anderen Seite betrachten sie ihren Content sehr neutral, um Distanz und Abstand zu gewinnen, was es ihnen einfacher macht, den Content zu verändern, der nicht so gut funktioniert. Chan stellt fest, dass viele Leute ihrem eigenen Content zu verhaftet sind, was sie davon abhält, zu testen, zu lernen und zu sehen, was ihr Publikum will und wie die Leute reagieren. Das ist der Unterschied dazwischen, ein Künstler oder ein kommerziell erfolgreicher Künstler zu sein. Seiner Meinung nach war Andy Warhol ein Beispiel jemand, der beides war. Wenn Sie kommerziell erfolgreich sein wollen, müssen Sie vermutlich bereit sein, das, was Sie erschaffen haben, ein wenig abzuändern und dabei Ihre User im Auge zu behalten.

Joivan Wade fügt hinzu, dass Sie nicht raten müssen, was Ihre User mögen. Wenn Sie ein Unternehmensprofil haben, können Sie die Insights-Page nutzen, um zu sehen, welches die meistgesehenen Posts im letzten Jahr waren. Dadurch werden Sie besser verstehen, auf welchen Content Ihre User aktiv reagieren, und es gestattet Ihnen, mehr Content dieser Natur zu kreieren.

Sie sollten keine geheime Agenda haben

Chan hat den Eindruck, der Grund, wieso der Umgang mit Instagram und sozialen Medien im Allgemeinen für einige Menschen schwer zu meistern ist, liegt darin, dass sie eine versteckte Agenda haben. Der rote Faden all der Top-Accounts auf Instagram besteht darin, dass ihr Content Reaktionen hervorruft. Sie bitten niemanden, etwas zu tun, was nichts mit den normalen Gewohnheiten eines Users zu tun hat, der auf Instagram surft.

Einer der Top-Accounts ist zum Beispiel National Geographic. Er ist erfolgreich, weil er offensichtlich sehr visuell aufgebaut ist und auch, weil der Content das einzige Ziel ist. Niemand wird gebeten, irgendeine andere Seite zu besuchen und etwas zu kaufen oder etwas anderes anzusehen. Die Leute gehen auf die Seite, weil sie schöne Fotos und tolle Videos sehen wollen. Leute, die auf die Seite gehen, wollen vielleicht im Endeffekt das Magazin kaufen und die Shows sehen, aber das wird auf der Plattform nie gepusht.

Guter Content ist der Grund, wieso man einer Seite folgen will, nicht der Wunsch nach Followern desjenigen, der sie erstellt hat. Sie müssen das tun, was am besten für die Follower ist, nicht das, was am besten für Ihre Agenda ist. Kreieren Sie den besten Content und die beste Experience für die Leute, die Sie zu erreichen versuchen. Dadurch werden Sie stärkere Verbindungen aufbauen und eine solidere Community.

Im Kern glaubt Chan, dass die Leute überrascht werden wollen und sich ein wenig glücklicher fühlen, nachdem sie einen bestimmten Content gesehen haben. Sie müssen die Grundlagen des Storytellings beherrschen. Werden Sie ein großartiger Storyteller und finden Sie heraus, welche psychologischen Prinzipien tatsächlich hinter gutem Storytelling stehen. Nutzen Sie dann unbedingt diese Strategien für den Content, den Sie erschaffen. Stellen Sie sicher, dass die Leute verstehen, was Sie Ihnen erzählen wollen, und testen Sie die Formate, die am effektivsten für Ihren Content sind.

Sofortiger Konsum

Auch wenn die Regeln für Content, die Sie in Kapitel 5 gelernt haben, auf alle Plattformen zutreffen, gibt es Unterschiede in Bezug auf das Format, das Sie nutzen sollten, um Content auf Instagram zu präsentieren. Zuerst müssen Sie sich, laut Brownstein, Instagram als die 59-Sekunden-Version des Contents vorstellen, den Sie erstellen wollen. Wade ist der gleichen Meinung und rät dazu, Instagram zu nutzen, um die Menschen auf andere Plattformen zu bringen, wo sie den Content in seiner längeren Form ansehen können.

Chan meint dazu, dass die Zeit, die man auf Instagram für verschiedenen Content verbringt, sehr kurz ist. Die meisten, die Instagram durchstöbern, suchen nach sofortigem Konsum. Sie wollen nicht so viel Zeit mit dem Content verbringen wie auf anderen Plattformen. Sie sehen ihn sich nur an, stellen fest, dass er hübsch anzusehen oder lustig ist, und gehen zum nächsten Bild oder Video. Das erfordert, dass Ihr Content auf Instagram bunter sein muss. Er muss anders sein und die Aufmerksamkeit der Menschen fesseln.

Beobachten Sie andere Accounts

Chan erklärt außerdem, dass eine großartige Methode, wenn Sie beginnen, Content auf Instagram zu erstellen, darin besteht, Accounts oder Marken zu finden, die ähnliche Ziele wie Sie haben und sehr erfolgreich sind. Finden Sie dann ähnliche Formate und Strukturen, aber kopieren Sie diese nicht einfach notwendigerweise. Versuchen Sie, innovativ zu sein, selbst wenn Sie nur kleine Veränderungen vornehmen, denn – so betont Chan –, »den Content anderer Leute zu kopieren, ist, wie einen Körper ohne Seele zu erschaffen«. Er empfiehlt, den Titel des Bildes an verschiedene Stellen zu setzen; Titel mit Schreibfehlern darin zu verfassen, damit die Leute versuchen, Sie zu korrigieren und einen Kommentar schreiben; neue Zusammenstellungen von alten Formaten anzufertigen, die Sie auf der Plattform sehen. Finden Sie heraus, ob Sie einen neuen solchen Remix erstellen oder einen älteren adaptieren können.

Nutzen Sie »Behind the Scenes«-Momente

Tim Greenberg von der World Surf League sagt, dass Instagram ihrem Unternehmen gute Dienste geleistet hat. Die World Surf League neigt dazu, Aufnahmen von jüngeren Surfern zu zeigen, denn auf dieser Plattform ist das Publikum jünger. Und sie zeigen mehr lustige Momente in Echtzeit durch Instagram-Storys als auf Facebook. Manchmal wird der Content auf beiden Plattformen dupliziert, aber normalerweise enthält er auf Instagram mehr

Aufnahmen »hinter den Kulissen«, wo die Athleten einfach sie selbst und zugänglicher sind.

So wurde zum Beispiel auf der Seite ein Video des brasilianischen Profisurfers Gabriel Medina hochgeladen, der mit einem Fußball spielt, und es hat sehr viele Reaktionen hervorgerufen und wurde mehr als 300 000-mal angeklickt. Die World Surf League hat bewusst dieses Video nicht auf Facebook oder andere Plattformen gestellt, denn sie hatten den Eindruck, es passe besser für Instagram – es fange mehr *den Moment ein* und sei lebensechter.

Medina ist einer der Surfer mit den meisten Followern auf Instagram und er ist sehr gut im Storytelling. Greenberg nennt auch die hawaiianische Profisurferin Coco Ho, die eine Menge Geld mit Sponsorship verdient hat. Sie stechen beide hervor, weil sie anhaltend auf Instagram großartigen Content produzieren.

Greenberg sagt all seinen Athleten, dass ein Video, in dem sie ihre Surfbretter wachsen, in ihren Augen vielleicht monoton aussieht, es aber einen Lebensstil und einen Traum porträtiert, den andere nie erleben werden. Oder wenn ein Surfer auf Tavarua, einer der Fidschi-Inseln, mit seinen Freunden Tischtennis spielt – das ist für die Surfer vielleicht normal, aber für ihre Follower wahrscheinlich interessant. Es dauerte eine ganze Weile, bis diese Athleten das verstanden hatten, aber sie haben wirklich dazugelernt, wenn es darum geht, welchen Content sie teilen sollen.

Ein großer Teil des Contents, den die World Surf League produziert, wird von den Usern erstellt. Auch wenn sie Content selbst erstellt und Wettbewerbe veranstaltet, verlässt sie sich auf ein Netzwerk von Filmern und Fotografen auf der ganzen Welt, die Material liefern. Die League erhält so viele Reaktionen auf ihren Content, weil sie ein so großes Netzwerk von Leuten hat, die etwas dazu beitragen. Man sollte immer daran denken, dass man nichts selbst schaffen muss. Man kann sich auf die Menschen in der Community verlassen, die einem helfen.

Wie man Instagram nutzt, um einen lokalen Markt zu erreichen

Ken Cheng von Jengo erklärt, dass Instagram ein großartiges Werkzeug für lokale Unternehmen ist. Ein Grund dafür ist: Im Gegensatz zu anderen Plattformen, die sich auf einen weiten Bereich von Content verlassen (der nichts mit dem Leben einer Person außerhalb der digitalen Sphäre zu tun hat), nutzen die User Instagram, um über Erfahrungen zu posten, die sie offline gemacht haben. Instagram-Nutzer wollen bestimmte Lokalitäten besuchen, um dort Fotos zu machen, die sie dann auf der Plattform teilen. Daher kann der Launch eines neuen Produkts ein Erlebnis sein, das man dokumentiert – es kann die Leute dazu bringen, ein Restaurant oder ein Bekleidungsgeschäft zu besuchen, damit sie die Gelegenheit haben, diese Story ihrer Interaktion mit einem lokalen Geschäft zu teilen.

Als Chengs Team feststellte, wie die Plattform funktionierte, bestand die Herausforderung darin, Traffic auf die Accounts ihrer Klienten zu leiten. Als sie am Anfang standen, hatten sie ein begrenztes Budget, was es schwer machte, schnell für eine Menge Traffic zu sorgen. Daher beschlossen sie, den Traffic anderer Influencer zu nutzen. Die nächste Herausforderung bestand darin herauszufinden, welche Influencer man ansprechen sollte. Sie machten Werbung für Restaurants, und auch wenn man die typische Hashtag-Suche nutzen kann, um Leute zu finden, die im Bereich Restaurants und Lebensmittel tätig sind, ist es schwierig, nach Influencern in einer bestimmten Kategorie zu suchen. Aber heute gibt es Websites wie FameBit, Social Native und Grapevine, die Sie als Unterstützung nutzen können.

Sie wollten zum Beispiel Influencer finden, die in New York über asiatische Nudelgerichte posteten. Aber es ist schwierig herauszufinden, ob ein Influencer aus einer bestimmten Gegend stammt. Sie können ihre Fotos durchgehen und ihre Geo-Tags finden, aber wenn

Sie keine Listen von Influencern haben, mit denen Sie anfangen können, ist Instagram keine große Unterstützung, um Ihr Ziel zu erreichen.

Um herauszufinden, ob Ihre Influencer aus der Gegend stammen, können Sie entweder deren Follower einzeln betrachten oder nach einem Programm suchen, das Ihnen dabei hilft. Wenn Sie einen guten Influencer für Ihre lokale Marke auswählen, stellen Sie sicher, dass derjenige in Ihrer Gegend wohnt und über Ihr spezifisches Thema postet. 40 bis 60 Prozent der regelmäßigen Posts eines Influencers und 15 bis 35 Prozent der viralen Posts sollten auf Ihr spezifisches Publikum, auf das Sie mit Ihrem Geo-Targeting abzielen, zugeschnitten sein und von diesem gesehen werden. Wenn der Influencer in Ihrer Gegend wohnt, aber die meisten seiner Follower nicht, wird Sie das Ihrem Ziel nicht näherbringen.

Der nächste Schritt hängt davon ab, wie viel Geld Sie ausgeben können, aber Cheng verrät, dass er Influencer normalerweise nicht bezahlt. Um die Influencer auf die kosteneffizienteste Weise für sich zu gewinnen, bietet sein Unternehmen kostenlose Mahlzeiten im Austausch für einen Besuch des Influencers. Außerdem bitten sie Influencer nie direkt, Fotos über sie zu posten. Sie sagen stets nur: »Wir haben Ihre Fotos gesehen und sie sind toll!« Reden Sie über ihre Fotos und laden Sie sie zum Essen in Ihr Restaurant ein oder zu einem Event in Ihrem lokalen Unternehmen. Bieten Sie ihnen einen Wert, statt nur zu versuchen, Ihnen etwas zu verkaufen.

Sein Team stellte auch fest, dass Leute mit mehr als 100 000 Followern sie normalerweise ignorierten, wenn es keine finanzielle Entschädigung gab. Bei jemandem im Bereich zwischen 10 000 bis 20 000 Followern konnte man ohne Bezahlung meist leichter Interesse wecken. Abgesehen davon – je größer der Einfluss, desto mehr globaler Traffic. Ein Mikro-Influencer mit 10 000 Followern könnte tatsächlich besser zu Ihrem lokalen Unternehmen passen. Zudem brauchen Personen mit weniger Followern den Content und wissen ihn mehr zu schätzen. Nachdem sie Beziehungen zu unbekannteren

Influencern aufgebaut hatten, streckten sie die Fühler zu denjenigen mit 40 000 bis 50 000 Followern aus, dann zu denen mit 60 000 bis 70 000 Followern und so weiter.

Vergessen Sie nicht, die Perspektive der Influencer zu berücksichtigen, und bieten Sie ihnen einen Wert. Geben Sie ihnen etwas, das sie bereits benötigen, wollen oder nutzen. Um in dieser Hinsicht effektiv zu sein, orientieren Sie sich an den Strategien zum Aufbau von Partnerschaften, die wir in Kapitel 6 erläutert haben.

Tipps und Zusammenfassung

- Wachstum ist auf Instagram langsamer als auf Facebook. Seien Sie geduldig und ausdauernd. Im Monat 25 000 bis 30 000 Follower zu gewinnen, ist viel.
- Ihr Netzwerk ist alles. Finden Sie Reaktionsgruppen und Anbieter von Power-Likes. Es gibt auch jede Menge Facebook-Gruppen, die Shout-outs im Tausch für Shout-outs anbieten (kurz: S4S), und Möglichkeiten, neue Reaktionsgruppen zu bilden.
- Nutzen Sie die Explore-Seite, um entdeckt zu werden.
- Bringen Sie High-Profile-Accounts (mit einer Menge Followern und diejenigen, die ihre Plattform schon seit langer Zeit haben) dazu, Ihre Seite zu liken, zu kommentieren und zu erwähnen, und geben Sie ihnen die Möglichkeit, Ihren Content zu nutzen.
- Ermutigen Sie die Leute, Sie in ihren Posts zu taggen. Sie können Ihnen sogar einen Anreiz dafür in Form eines Followback bieten.
- Die Bildunterschrift ist das Wichtigste, wenn man auf natürliche Weise die Reaktionsfreudigkeit steigern will.
- Wenn Sie eine Marke haben, nutzen Sie visuelle Posts und »Behind the Scenes«-Momente auf dieser Plattform.

- Sprechen Sie zuerst unbekanntere Influencer an und arbeiten Sie sich nach oben.
- Aktuell ist die Zeit, die jemand mit einem bestimmten Content auf Instagram verbringt, sehr kurz. Aber mit dem Aufkommen von IGTV versucht Instagram, dieses Verhalten zu ändern.
- Ihr Content sollte das Ziel sein.
- Nutzen Sie die Plattform, die Ihnen dabei helfen kann, Influencer anzuziehen, die Einfluss auf die Influencer haben, auf die Sie eigentlich abzielen.
- Instagram kann für lokale Unternehmen von großem Nutzen sein, denn es stellt Offlineerlebnisse in den Mittelpunkt.

KAPITEL 9

WACHSTUMSTREIBER FÜR YOUTUBE

YouTube ist eine der Plattformen, auf der es am schwierigsten ist, schnelles Wachstum zu erzielen oder viral zu gehen. Ähnlich wie Instagram ist sie nicht dafür eingerichtet, eine Shareplattform zu sein. Ähnlich wie bei Suchmaschinenoptimierung (SEO) ist es das Ziel, innerhalb des YouTube-Algorithmus einen guten Rang einzunehmen, um den eigenen Content ans obere Ende der Suchergebnisse zu bringen und bei Videovorschlägen vertreten zu sein.

Jackie Koppell, ein bedeutendes Talent vor der Kamera und Kreativschaffende bei Newsy News, wurde kürzlich von YouTube für das Eröffnungsprogramm von Women in Comedy ausgewählt. Sie ist außerdem ehemalige Head of Talent bei AwesomenessTV, einem Multiplattform-Medienunternehmen. Koppell erklärt, dass 20 000 Subscriber das Minimum ist, das man erreichen muss, damit die Algorithmen auf einen aufmerksam werden; 50 000 sind nötig, um Geld zu machen; und 100 000, damit Marken auf einen aufmerksam werden.

Sie sagt, eine Strategie für Wachstum bestehe darin, das Potenzial für Viralität und schnelles Wachstum bei Facebook zu nutzen, um ein größeres Publikum aufzubauen und diese Fans dann dazu zu bringen, dem eigenen YouTube-Kanal zu folgen. Wie wir in früheren Kapiteln besprochen haben, können Werbe-Dollar auf der Facebook-Plattform mehr bewirken als auf YouTubes Werbeplattform – es ist viel billiger und man kann schnelleres Wachstum erzielen. Sobald Sie auf Facebook ein anhaltendes rasches Wachstum erzielen, wird es einfacher, Follower auf Ihren YouTube-Kanal zu bringen. Über diese Strategie hinaus gibt es noch andere Wachstums- und Effizienzstrategien, die man auf der YouTube-Plattform direkt anwenden kann.

Betrachtungszeit ist entscheidend

Für den Algorithmus von YouTube ist die Betrachtungszeit das Entscheidende, also der Prozentsatz der Zeit, den Leute Ihre Videos ansehen, ist wichtiger als die Zahl der Viewer. Erfolg hängt davon ab, guten, qualitativ hochwertigen Content zu erstellen, den das Publikum für lange Zeit ansehen will, und strategische Zusammenarbeit zu nutzen, die einem beim Wachstum hilft.

Anders als auf anderen Plattformen performt längerer Content auf YouTube sehr gut. Joivan Wade, Gründer von »Wall of Comedy«, erklärt, dass User tatsächlich auf die Plattform kommen, um sich langen Content anzusehen. Ein achtminütiges Video scheint das Optimum zu sein und wird gut ankommen (wenn es gut gemacht ist).

Erick Brownstein von Shareability berichtet, dass sein Team der Meinung ist, YouTube sei besonders wertvoll auf lange Sicht, denn der Content verbleibt dort unbegrenzt und ist leicht zu durchsuchen. Wenn Ihr Content solide ist, verbreitet er sich vielleicht auf andere Websites und Sie erzielen organisches Wachstum.

Die Entdeckung von Content und Wachstum

Brownstein erläutert, dass Content normalerweise auf drei verschiedene Arten entdeckt wird: (1) Jeder teilt Ihren Content und er geht viral – das ist die beste Methode, aber auf YouTube sehr schwer zu realisieren, denn es ist keine Plattform, die inhärent auf Sharing angelegt ist. (2) Durch Suchen. Wenn Sie Metadaten nutzen und Trends, nach denen bereits gesucht wird, ist das eine sehr gute Methode, um entdeckt zu werden. (3) Durch den Content anderer, ein bedeutender Grund, wieso Kollaborationen nützlich sind.

Jonathan Skogmo, CEO von Jukin Media und Schöpfer des YouTube-Kanals FailArmy mit mehr als 13 Millionen Abonnenten, war enorm erfolgreich. Als »Gangnam Style« das meistgesehene Video der Welt war, hielt Skogmos Unternehmen den zweiten Platz mit »The Ultimate Girls Fail Compilation 2012«.[1] »Gangnam Style« erzielte 400 Millionen Views im November 2012 und »Ultimate Girl Fails« hatte 290 Millionen. Laut Skogmo hat sein Unternehmen beobachten können, dass YouTube alle möglichen Veränderungen an seinen Algorithmen vornahm, basierend auf dem Verhalten der Nutzer und ihren Reaktionen. Wenn Sie Content-Creator sind, müssen Sie flexibel genug sein, um schnelle Veränderungen und Verfeinerungen vorzunehmen, wenn sich YouTube verändert. Studieren Sie die Plattform und achten Sie stets genau darauf, was gut funktioniert. Das führt wieder zur Idee, zu testen und daraus zu lernen, da es stets ein Schlüssel für Wachstum ist, von Suchalgorithmen gefunden zu werden.

---

1 »The Ultimate Girls Fail Compilation 2012«, YouTube-Video, 10:14, gepostet von FailArmy, 22. November 2012, https://www.youtube.com/watch?v=Gng3sPiJdzA.

Chris Williams, Gründer und CEO von pocket.watch und ehemaliger Chief Audience Officer von Maker Studios, wo er für mehr als 60 000 Kanäle zuständig war, sagt, die beste Methode, um auf YouTube zu wachsen, ist eine Kombination von Paid Media, Kollaborationen, Optimierung und Playlisting. Seiner Meinung nach ist es eine sehr gute Taktik, Paid Media für organisches Wachstum zu nutzen. Er fügt hinzu, dass der verlässlichste Indikator für organisches Wachstum, das durch Paid Media entsteht, »Follow-on«-Videos sind – also die Menge an Content, die sich Leute nach dem ersten Video ansehen, das sie angelockt hat.

Er nutzt AdSense, um zu tracken, welche Videos seine Zuschauer ansehen. Sein Team bestimmt, wie effektiv ein Content gewesen ist, indem sie ermitteln, wie viel weiteren Content die User danach noch ansehen. Dieser Indikator legt ihre Strategie fest und beeinflusst, wie sein Team Paid Media nutzt, um Wachstum voranzutreiben. Das schenkt ihnen Einsichten über den Content und die Marketingstrategie.

Jackie Koppell fügt hinzu, dass sie gesehen hat, wie Accounts durch Geschenkaktionen schnell gewachsen sind. Als sie bei AwesomeTV war, verschenkten manche schicke Kameras oder iPads. Wenn man das häufiger machen kann (und ihr ist klar, dass die meisten es nicht können), schießen die Zahlen in die Höhe.

Kollaborationen führen zu schnellem organischem Wachstum

Eine der besten Arten, wie man eine Community auf YouTube aufbauen kann, besteht in Kollaborationen mit anderen YouTubern. Sich sein Publikum zu teilen, ist kein neues Konzept – darüber hat man schon seit zehn Jahren geredet –, aber es funktioniert wirklich. Die größten Fans Ihres Kollaborateurs werden jeden Kanal abonnieren, der an der Zusammenarbeit teilnimmt.

Phil Ranta, der ehemalige COO von Studio71, einem der größten, von Influencern getragenen digitalen Unterhaltungsunternehmen, hat strategische Partnerschaften genutzt, um Influencern auf YouTube zu mehr Followern zu verhelfen. Sein Team hat häufig mit Rhett & Link (4,4 Millionen Subscriber) zusammengearbeitet, die mit dem Fernsehmoderator Jimmy Fallon zusammenarbeiten.

Rhett & Link schufen *Good Mythical Morning*, eine YouTube-Talkshow. Die Shows von Rhett & Link und Jimmy Fallon haben einen ähnlichen Stil, aber wenden sich an ein anderes Publikum. Fallon hat eher ältere, traditionellere Fans, und Rhett & Link eine Fangemeinde, die jünger und wilder ist. Um zu kollaborieren und sich das Publikum zu teilen, traten sie in den Shows des jeweils anderen auf. Fallon erscheint bei Episoden von *Good Mythical Morning* und Rhett & Link treten bei *The Tonight Show* auf. Das war für beide Seiten von großem Vorteil. Mit Fallon zu arbeiten, hat Rhett & Link in den Mainstream gebracht, während es Fallon gleichzeitig geholfen hat, in der digitalen Welt Fuß zu fassen.

Kollaborationen funktionieren auch gut für jemanden, der noch am Anfang steht. Ranta hat häufig gesehen, dass Leute mit nur zehn Abonnenten anfingen und dann mehr als 200 000 neue pro Woche dazugewonnen haben, indem sie mit anderen kollaborierten. Wachstum durch optimale Kollaborationen kann es auf YouTube nach kurzer Zeit geben. So hat zum Beispiel Ranta Partnerschaften zwischen Kanälen bei Fullscreen anberaumt, als YouTuber Shane Dawson zum Netzwerk gehörte. Als er dort arbeitete, beobachtete er, dass Dawson ein Experte für Kollaborationen war. Er konnte Karrieren aus der Taufe heben. Ranta sah zu, wie Dawson kleinere Creator unter seine Fittiche nahm und mit ihnen bei ein paar Videos zusammenarbeitete, worauf diese zu großen Stars wurden, noch bevor sie mit mehr Nachdruck begonnen hatten, eigene Videos zu posten. Die Zusammenarbeit mit Dawson hat Internetpersönlichkeiten wie Shanna Malcolm und Alexis G. Zall dabei geholfen, ihre Fangemeinde zu vergrößern.

Denken Sie daran, was wir im Instagram-Kapitel über Kollaboration gelernt haben – wenn Sie am Anfang stehen, müssen Sie nicht mit jemandem zusammenarbeiten, der das Format von Shane Dawson hat. Selbst wenn die Person, mit der Sie kollaborieren, nur 10 000 Subscriber hat, besteht die Chance, dass 300 dieser Fans auch Follower Ihres Kanals werden. Und wenn Sie zwischen null und 100 Subscriber haben, arbeiten Sie mit jemandem zusammen, der 1000 hat. Arbeiten Sie sich die Leiter hoch.

Chris Williams ist ebenfalls der Meinung, dass strategische Partnerschaften und Kollaborationen lebenswichtig sind, um zu skalieren und zu wachsen. Sein Team ist der Ansicht, dass sie eine außerordentlich effiziente Methode sind, um eine »Konferenz der Coolness« zu schaffen. Im Grunde erhält dadurch das Publikum die Möglichkeit, Sie zu finden, und die Leute mögen Sie vielleicht, weil Sie mit jemandem in Verbindung stehen, den sie bereits mögen. Kollaborationen verschaffen einem auf sehr effiziente Weise ein direktes Publikum.

Überdies hat Ranta festgestellt, dass viele YouTuber in den gleichen Apartmentkomplex in L. A. gezogen sind, um die Zusammenarbeit leichter zu machen. Offensichtlich haben eine Menge der Top-Social-Influencer irgendwann mal im Hollywood-and-Vine-Gebäude gewohnt (Pech für die Nachbarn, die keine YouTuber sind).

Aber Koppell weist darauf hin, dass man nicht voreilig nur deswegen nach L. A. ziehen sollte. Schöpfen Sie erst einmal die Connections aus, die Sie von Ihrer Heimatstadt aus machen können. Und wenn Sie mindestens 10 000 Subscriber haben, können Sie einmal im Monat kostenlos in den YouTube-Büros in allen großen Städten der Welt filmen, inklusive Los Angeles, New York, Paris und London,[2] was großartige Möglichkeiten bietet, Connections zu knüpfen und Leute zu treffen. Betreiben Sie so viel Networking, wie

2 YouTube Space, https://www.youtube.com/yt/space.

Sie können, bevor Sie umziehen, damit der Übergang leichter wird, falls und sobald Sie beschließen umzuziehen.

Fokus bei Aufwand und Frequenz

Ranta glaubt, um ein stabiles Publikum auf YouTube aufzubauen, sollten Sie sich auf die Content-Creation für diesen Kanal konzentrieren. Er schlägt nicht vor, dass Sie andere Plattformen ignorieren sollten, während Sie Ihr Publikum auf YouTube vergrößern, aber er meint, es wäre für Sie besser, wenn Sie fünf YouTube-Videos produzieren statt zwei YouTube-Videos, zwei Facebook-Posts und einen Podcast. Er erklärt, dass Größe Wachstum nach sich zieht, es also eine optimale Strategie wäre, den Großteil des Contents auf YouTube zu erstellen und dann andere soziale Plattformen zu nutzen, um mit den Fans in Kontakt zu treten und Ihre YouTube-Videos zu bewerben. Wenn man seinen Aufwand hauptsächlich auf YouTube konzentriert, sieht man laut Ranta, dass so jemand mehr Subscriber insgesamt erhält, als wenn er alles auf einmal ausbauen wollte.

Wenn Sie außerdem täglich guten YouTube-Content produzieren, wirkt das Wunder für Ihr Wachstum. Ranta sagt, die schnellste Art zu wachsen ist, mehr Aufwand zu treiben, und mehr Aufwand zu treiben, bedeutet, mehr Videos zu machen. Frequenz ist wichtig, um ein Publikum aufzubauen, besonders wenn man erst am Anfang steht. Natürlich sollte man nicht Content hochladen, den man nicht mag, aber wenn Sie Vlogger sind und nur einmal pro Woche posten, ist es wirklich schwer, mit denjenigen mitzuhalten, die jeden Tag posten. Fans sind jeden Tag zur Stelle, wenn Sie also viermal nacheinander auf Ihrem Vlog posten und dann ein paar Tage nicht auftauchen, wird das Publikum Sie vergessen.

Vertreten Sie einen markanten Blickwinkel und bleiben Sie bei einem Thema

Ranta glaubt, das Wichtigste, was alle erfolgreichen YouTuber gemeinsam haben, ist ein bestimmter Blickwinkel, um den herum sie beständig Content kreieren. Der Blickwinkel könnte mit einem komödiantischen Sinn für Humor zu tun haben, einem bestimmten Make-up-Stil, Fitnessideen, aber man muss etwas haben, das einen einzigartig macht.

Sobald Sie erkennen, was Sie von anderen unterscheidet, stellen Sie diese Eigenschaft oder dieses Thema auf Ihrem Kanal heraus. Wenn Sie dranbleiben, werden Sie normalerweise erfolgreich sein. Das ist wichtiger, als vor der Kamera toll auszusehen oder eine Menge Erfahrung als Vlogger zu haben. Ranta hat beobachtet, dass man selbst mit viel Können oft nicht erfolgreich ist, wenn man nicht bei einem Thema bleibt. Das Thema zu oft zu wechseln, kann sehr verwirrend für das Publikum werden. Gehen Sie Ihren Content von einem einzigen Blickwinkel aus an, und Sie werden bessere Chancen haben, Ihr Publikum zu finden.

Wenn Sie sich die YouTube-Kommentare durchlesen, werden Sie sehen, dass Videos und Kanäle, die am besten ankommen, bei den Zuschauern das Gefühl auslösen, eine Verbindung mit einem guten Freund herzustellen. Es ist schwer, das Gefühl zu haben, jemand sei Ihr bester Freund, wenn Sie nicht erklären können, wofür er sich interessiert. Halten Sie es einfach und den Fokus eng.

Eine Unterhaltung in beide Richtungen

YouTube bietet den Nutzern eine Community und einen Ort, den sie besuchen und an dem sie sich mit anderen austauschen können. Einer der größten Unterschiede zwischen dem Erfolg von Stars in den sozialen Medien und traditionellen Film- oder Fernsehstars ist die Tatsache, dass man bei denjenigen, die sozialen Content kreieren, das Gefühl hat, mit einem Freund zu sprechen, während der Film- oder Fernsehstar unnahbarer erscheint. Ein Social-Media-Star ist inspirierend, während ein Filmstar eher Ehrgeiz weckt.

Ranta erklärt, wenn man ein Vlogger oder eine Onlinepersönlichkeit ist, herrsche die Erwartung vor, das Publikum sehe jemandem zu, der potenziell ein Freund sein oder mit einem selbst interagieren könnte. Das Publikum liebt die Vorstellung, in einem Kommentar erwähnt zu werden. Einige Creator mit größeren Kanälen führen eher einseitige Konversationen – wie »How to«-Videos oder Vivo-Kanäle. Aber sie funktionieren, weil sie eher wie Fernsehen konsumiert werden, wobei die Zuschauer weniger wichtig sind. Wenn aber Ihr Ziel darin besteht, eine YouTube-Persönlichkeit zu werden oder Moderator, dann ist eine Konversation in beiden Richtungen entscheidend. Sie sollten mit Ihrem Publikum reden, sollten dafür sorgen, dass es sich dazugehörig fühlt, als wären es Ihre Freunde.

Leidenschaft und Wissen

Ranta erläutert, dass es ein Fehler ist, wenn man über etwas redet, das man nicht liebt. Diejenigen, die auf dieser Plattform Erfolg haben, sind leidenschaftlich an den Themen ihrer Videos interessiert. Und da es ein solch offener Markt ist, gibt es für fast alles ein Publikum, solange Sie coolen Content kreieren.

Es gibt ein paar tiefgründige Gruppenkulturen online. Wenn Sie zum Beispiel Interesse an Superhelden oder Comicbüchern haben, so gibt es dafür eine Menge Fans. Sie müssen wirklich wissen, wovon Sie reden, damit ein solcher Kanal funktioniert. Ranta erklärt, wenn Sie aus dem Kino nach Hause gehen und sich denken: »Marvel-Filme sind beliebt. Ich werde Marvel-Themen kommentieren«, aber nicht wirklich Experte sind, wird man schnell bemerken, dass Sie nicht authentisch sind, und Ihr Content wird floppen.

Stellen Sie sicher, das nötige Wissen und die Leidenschaft für das Thema mitzubringen, über das Sie auf Ihrem Kanal reden wollen. Diese authentische Leidenschaft wird Ihnen positive Reaktionen einbringen. Außerdem wird es Ihnen Spaß machen, alles über ein Thema zu lernen, das Sie lieben. Sie werden motiviert bleiben und den Antrieb für die Anstrengung haben, die nötig ist, um einen gedeihenden Kanal aufzubauen.

Seien Sie ähnlich, aber anders

Um ein Publikum auf YouTube für sich zu interessieren, müssen Sie den grundlegenden Mustern und Trends folgen. Normalerweise können Sie nicht aus dem Nichts kommen und Content anbieten, der völlig unvertraut ist. Das Wichtigste, was Ranta anderen mit auf den Weg gibt, ist die Anweisung, *ähnlich, aber anders zu sein.* Ihr Stil muss erkennbar sein und das Publikum muss verstehen, was vor sich geht, aber Sie müssen unterscheidbar genug sein, damit jemand Ihnen und nicht einem anderen Vlogger folgt.

Koppell weist darauf hin, dass Make-up-Anleitungen und Gaming-Kanäle immer gut laufen und Familien/Kinder-Content den ersten Rang auf YouTube innehat. Sie erklärt außerdem, dass ein aktuell beliebter Trend, um die Zeit zu verlängern, die Zuschauer mit Ihrem Content verbringen, darin besteht, den Leuten Stichworte zu liefern, damit sie am Ball bleiben. Sie können Sachen sagen wie:

»Ich kann es kaum erwarten, euch das zu erzählen – am Ende des Videos kommt die Überraschung.« Oder wenn Sie ein Beauty-Tutorial machen, können Sie sagen: »Bleibt bis zum Ende des Videos, Leute, denn am Ende werde ich den gesamten Look enthüllen.«

Sie sollten zwar den oben genannten Tipps folgen, müssen aber auch Ihre ganze eigene Methode entwickeln. Finden Sie Ihre authentische Stimme und Formel. Auf jeden Fall müssen Sie eine klar erkennbare Persönlichkeit haben und dem Publikum zeigen, wer Sie wirklich sind. Es gibt niemanden, der so ist wie Sie und wenn Sie Ihr ganzes Selbst vor der Kamera präsentieren, wird Ihnen das helfen, herauszustechen und mehr Fans zu gewinnen.

Virale Maschinen

Rantas Unternehmen, Studio71, arbeitet mit Roman Atwood zusammen, einem der bedeutendsten Social Influencer der Welt mit mehr als 14 Millionen Abonnenten, der virale Videos kreiert hat, die mehr als 4,5 Milliarden Views erhielten. Atwood gelangte zu Bekanntheit, indem er virale Prank-Videos aufnahm und den daraus resultierenden Erfolg nutzte, um einen täglichen Vlog aufzubauen, der familienfreundlicher war.

Atwood ist eine virale Maschine. Er hat nicht nur hier und da mal ein virales Video, sondern anhaltend. Zum Großteil deswegen, weil er versteht, wie wichtig Tempo ist und warum etwas angeklickt wird oder unterhaltsam ist. Er musste keinen Schauspielunterricht nehmen oder lernen, wie man moderiert. Als Atwood die ersten Prank-Videos online stellte, zeigte sich, dass er einfach mit der Kamera umgehen konnte, und er sieht gut aus, ist jung und energiegeladen.

Ranta berichtet, dass er einen interessanten Artikel über Michael Phelps gelesen hat, in dem stand, wieso er als Schwimmer so erfolgreich ist. Offensichtlich wurde Phelps mit einem vergrößerten Herzen geboren und litt an Syndaktylie – es war, als wäre er zum

Schwimmer geboren worden. Ranta ist der Ansicht, dass viele YouTuber aus demselben Grund erfolgreich sind – es ist, als wären sie in einem Labor als perfekte YouTuber entwickelt worden. Ranta meint, besonders die erfolgreichen hören gut zu und lernen daraus. Sie absorbieren Informationen, die Optimierungs- und Programmierungsstrategien betreffen. Und sie beobachten das Verhalten ihrer Fans und orientieren sich daran.

Chris Williams stimmt zu, dass Persönlichkeit ein wichtiger Indikator dafür ist, wie erfolgreich jemand auf YouTube sein wird. Aber um eine tiefergehende Analyse zu bieten, studierte sein Team Ryan ToysReview, den größten YouTube-Creator-Channel der Welt und Partner von Chris' Unternehmen, um einige Attribute zu ermitteln, die zum phänomenalen Wachstum des Kanals führten. Laut Forbes hat der sechsjährige Ryan, der den Kanal moderiert, elf Millionen Dollar über seinen YouTube-Account verdient. Der Kanal war auf Nummer acht von Forbes' jährlicher Liste der YouTube-Kanäle mit dem höchsten Einkommen.[3] (Welch Glück für diesen kleinen Jungen, der den Traum vieler Kinder leben kann, indem er dafür bezahlt wird, mit Spielzeug zu spielen und diese Spielzeuge auf seinem Kanal zu reviewen.)

Williams hat den Eindruck, ein Großteil von Ryans Erfolg könne der Tatsache zugeschrieben werden, dass er multikulturell erscheint. Auf dieses Konzept wurde er aufmerksam, als er ein Interview mit Dwayne »The Rock« Johnson ansah, in dem er nach seiner Popularität befragt wurde. The Rock erklärte, er denke, er komme bei vielen Leuten gut an, weil sie glaubten, er habe dieselbe Nationalität und Ethnie wie sie selbst. Sie glauben, The Rock ist »einer von ihnen«, weil er einen Bezug zu so vielen verschiedenen ethnischen Communitys herstellt. Williams meint, Ryan habe dieselbe Anziehungskraft.

---

[3] John Lynch, »A 6-Year-Old Boy Is Making $11 Million a Year on YouTube Reviewing Toys«, *Business Insider*, 9. Dezember 2017, https://www.businessinsider.in/tech/a-6-year-old-boy-is-making-11-million-a-year-on-youtube-reviewing-toys/articleshow/62000551.cms.

Er hat den Eindruck, es kann ein lohnendes Attribut auf YouTube sein, als multikulturell gesehen zu werden. Er glaubt außerdem, das ansteckende Lachen von Ryans Mutter (da sie diejenige ist, die die Kamera hält) habe zum Erfolg des Kanals beigetragen. Und natürlich ist die Auswahl an Content und Spielzeug, das Ryan reviewt, ein wesentlicher Teil des Erfolgs.

Koppell fügt hinzu, dass die größten Influencer hart arbeiten. So leicht es für die Öffentlichkeit sein mag, die Arbeit der Influencer kleinzureden, tatsächlich ist es so, dass sie auf ihrem Gebiet gute Arbeit leisten – sie haben einfach etwas, das die Leute dazu bringt, zuzusehen. Sie produzieren mit großer Ausdauer Content, wagen sich an die Öffentlichkeit und gehen dabei mit der Zeit. Koppell ist der Meinung, das sei durchaus respektabel und wertvoll.

Der Wert von Multichannel-Networks

Multichannel-Networks (MCNs) kollaborieren mit Videoplattformen wie YouTube, um den Besitzern der Kanäle Unterstützung in Bereichen wie Digital Rights Management, Programmieren, Finanzierung, Partnermanagement, Aufbau eines Publikums, dem Produkt, Werbung über mehrere Plattformen, Monetarisierung oder Verkauf zu bieten, im Gegenzug für einen Teil der Werbeeinnahmen des Kanals.

Die Entscheidung, einem Netzwerk auf YouTube beizutreten, basiert darauf, ob Sie damit Karriere machen wollen und wohin die Reise gehen soll. MCNs können sehr hilfreich sein, aber es ist ähnlich, als würde man bei einem Agenten oder Manager einen Vertrag unterschreiben – man will dabei nicht auf der untersten Stufe einer Liste stehen. Sie wollen nicht in eine »One size fits all«-Situation geraten, die nicht zu den Bedürfnissen Ihrer Marke passt.

Ranta erläutert beispielsweise, dass, wenn ein MCN Ihnen Zugang zu einer Tech-Plattform bietet, auf der Sie Zugriff auf tiefgehende Daten und Analysen haben, Sie bessere Entscheidungen treffen können, aber wenn Sie nicht besonders daran interessiert sind, Daten und Analysen zu entziffern, es vermutlich nicht das richtige MCN für Sie ist. Wenn Sie jedoch bereit sind, Ihre eigenen Fernsehsendungen im Paket zu verkaufen, und es ein MCN ist, das auf diesem Gebiet eine hohe Erfolgsrate aufzuweisen hat, kann es möglicherweise sehr gewinnbringend sein, Teil eines solchen Netzwerks zu sein, und Sie sollten sich darum bemühen.

Sich an Kinder wenden und Kennzahlen analysieren

Williams meint, wenn Ihr Publikum demografisch aus Kindern und Familien besteht, ist YouTube besonders gut geeignet, denn »dort leben die Kids«. Über 70 Prozent des Konsums von Video-Content von Kindern erfolgt über Streamingplattformen. Und YouTube dominiert dabei, wenn es darum geht, wie viel Zeit Kinder mit dem Ansehen von Videos verbringen. Für sein Unternehmen war es die primäre Plattform, wenn es um Wachstum geht, denn sie wenden sich an diese demografische Gruppe.

Wenn Sie mit Kindern arbeiten, haben Ihre Kennzahlen überhaupt nichts damit zu tun, wie viele Abonnenten Sie gewinnen, denn Kinder sind zu jung, um auf YouTube einen Kanal zu abonnieren. Stattdessen konzentriert sein Team seine Strategie darauf, die Algorithmen zu optimieren, damit sie an prominenter Stelle in den vorgeschlagenen und ähnlichen Videos auftauchen. Normalerweise achten sie auf Kennzahlen wie Watch Time und Follow-on-Videos (wie viele weitere Videos ein Zuschauer nach dem ersten noch ansieht), um zu beurteilen, wie effektiv ihre Taktiken sind.

Viral gehen

Filmemacher und CEO/Creative Director bei CompA Productions, Pedro D. Flores, der selbst mehr als 239 000 Abonnenten hat und dessen viraler Hit »Tacos« über 100 Millionen Views erhielt, erklärt, dass es stets Glück ist, ob etwas viral geht. Sie können all die richtigen Zutaten für das perfekte virale Video haben, aber ehrlich gesagt können Sie nie wissen, ob es erfolgreich sein wird.

Er hätte nie geglaubt, dass das Parodie-Video »Tacos« – in dem es darum geht, dass er ein Mexikaner ist, der nicht wie einer aussieht – viral gehen könnte. Dieser Erfolg veränderte seine ganze Perspektive auf die Art von Content, die er machen wollte. Vor diesem Video hatte er nie etwas über Ethnizität kreiert. Aber nachdem er gesehen hatte, wie gut das Publikum darauf anspricht, bedient er nun genau diese Nische. Sie werden am Anfang nicht wissen, was für Sie funktioniert. Sie werden den Geschmack Ihrer Zuschauer ergründen, indem Sie Content schaffen, ihn testen und dazulernen. Hört sich das vertraut an?

Flores sagt, dass man sich stets verändern muss. Und das sollte er am besten wissen. Flores war von Anfang an auf YouTube. Er schuf frühe virale Sensationen, wie »Kings of Myspace« und »Kings of YouTube« (wenn Sie genau hinsehen, werden Sie mich in diesem Video entdecken). Er hat auch häufig mit YouTube-Stars wie Timothy DeLaGhetto (3,6 Millionen Abonnenten) und Eric Ochoa von SUPEReeeGO (2,8 Millionen Abonnenten) zusammengearbeitet und für sie Regie geführt. Zudem hat er seinen Kanal erfolgreich von einem englischsprachigen zu einem transformiert, der sämtlichen Content auf Spanisch anbietet. Dann verlagerte er sich von einem spanischen Kanal, in dem echte Menschen auftraten, in einen, der hauptsächlich Cartoons zeigte. Man muss bereit sein, mit der Zeit zu gehen und sich zu verändern sowie Trends zu folgen. Er meint, wenn Sie nicht mithalten können, bleiben Sie auf der Strecke.

Tipps und Zusammenfassung

- Auf YouTube müssen Sie mindestens 20 000 Abonnenten haben, damit der Algorithmus reagiert, 50 000, um Geld zu verdienen, und 100 000, damit Marken Sie bemerken.
- Im Moment favorisiert YouTubes Algorithmus Content mit viel Watch Time. Längerer Content funktioniert auf YouTube besser.
- YouTube ist eine der Plattformen, auf denen es am schwierigsten ist, schnelles Wachstum zu erzielen.
- Das Wachstum erfolgt hauptsächlich über Algorithmen, die Suchfunktion und Kollaborationen.
- Bleiben Sie am Ball und laden Sie täglich Content hoch.
- Zusammenarbeit ist der Schlüssel für schnelles Wachstum auf YouTube.
- Ziehen Sie nach Hollywood and Vine, um Leute zu finden, mit denen Sie auf YouTube kollaborieren können (nur ein Scherz – vielleicht nicht ganz).
- Wenn Sie 10 000 Subscriber haben, können Sie einmal im Monat kostenlos in einem YouTube-Büro drehen.
- Ermitteln Sie, wie effektiv ein Content ist, indem Sie darauf achten, wie viel weiteren Content das Publikum danach konsumiert.
- Nutzen Sie AdSense, um nachzuverfolgen, welche Videos die Leute sich ansehen.
- Analysieren Sie Ihre Kennzahlen, soweit es um Abonnenten, Watch Time, und Follow-on-Videos geht, ganz nach Ihren Bedürfnissen.
- Machen Sie Ihren Blickwinkel in Ihrem Content und auf Ihrem Kanal deutlich.
- Bleiben Sie bei einem Thema oder einer Perspektive auf Ihrem Kanal.

- Wenn Ihr Ziel darin besteht, eine YouTube-Persönlichkeit oder Moderator zu werden, ist die Konversation in beide Richtungen mit Ihren Fans wichtig.
- Seien Sie leidenschaftlich und gut informiert, wenn es um Ihr Thema geht.
- Seien Sie ähnlich, aber anders, wenn Sie Themen angehen und in Ihrem Stil beim Erstellen von Content.
- Make-up-Anleitungen, Gaming-Kanäle und familienfreundliche Programme sind auf YouTube besonders erfolgreich.
- Nutzen Sie Anreize, damit die Leute am Ball bleiben und Ihren Content ansehen.
- Arbeiten Sie hart, bleiben Sie flexibel und passen Sie sich an, während die Plattform sich verändert.

KAPITEL 10

DIE HARTE REALITÄT AUF SNAPCHAT

Dieses Kapitel wird sehr kurz werden. Das tue ich aus dem gleichen Grund, wieso ich kein Kapitel über Twitter geschrieben habe: Ich nutze diese Plattformen nicht. Meiner Meinung nach geben sie einem nicht die gleichen Chancen für Wachstum und Monetarisierung, wie es die anderen Plattformen tun. Tatsächlich werden Sie in diesem Kapitel erfahren, dass viele Snapchat-Influencer die Plattform verlassen und zu Instagram Stories wechseln. Eine Menge der Content-Strategien, die Sie hier lernen, können auch auf diese Features auf der Instagram-Plattform angewendet werden. Aber weil wir gerade dabei sind: Es gibt noch einige Markes, die eine Menge Nutzen in dieser Plattform sehen, und es gibt Influencer, die bis zu 100 000 Dollar pro Woche verdient haben.

Die größte Hürde für einen Erfolg auf Snapchat ist die Tatsache, dass die einzige Methode, um zu wachsen, darin besteht, entweder Kollaborationen durchzuführen oder jemanden, der bekannt ist, für einen Shout-out zu bezahlen. Es ist extrem schwer, auf dieser Plattform entdeckt zu werden. Es gibt kaum irgendwelche Such-Tools und Snapchat hat von Anfang an beschlossen, Influencer nicht zu unterstützen.

Aber das bedeutet nicht, dass es nicht einigen Nutzen für das Marketing bietet. Christy Choi, CEO von First Influence, einem Digitalmarketing-Unternehmen, das sich hauptsächlich auf Snapchat konzentriert, hat gelernt, wie man Snapchat als Direct-Response-Vehikel nutzt, und eine Menge Erfolg damit gehabt, User dazu zu bringen, die Apps ihrer Klienten zu installieren. Choi glaubt, das hat aufgrund der Beziehung zwischen den Menschen und Influencern auf der Plattform funktioniert. Snapchat ist eine Chatplattform. Es geht nicht wirklich darum, der Öffentlichkeit Fotos zu präsentieren; sie zielt auf intimere Beziehungen ab, wobei die Nutzer, auch wenn ein Influencer nicht reagiert, immer noch das Gefühl haben, über einen direkten Kommunikationskanal zu der Person zu verfügen, an die sie eine Nachricht senden. Dieses Maß an Intimität auf der Plattform gibt Menschen den Eindruck, als würden sie persönliche Empfehlungen erhalten, wenn ein Influencer einen Call to Action absetzt. Es ist, als würde ein Freund Ihre Hand halten und sagen: »Hey, sieh dir das mal an. Das ist wirklich cool.«

Content-Produktion und Content-Strategie für Snapchat

Snapchat-Content funktioniert gut, wenn er in irgendeiner Form auf Zusammenarbeit beruht oder das Publikum einbezieht. Während Choi verschiedenen Snapchat-Accounts zu Wachstum verhalf, entdeckte sie, dass eine erfolgreiche Taktik darin bestand, eine wöchentliche Story zum Mitmachen zu posten, bei der das Publikum auf Fragen antwortet. Sie kreierte zum Beispiel eine Story, durch die der Name eines Liedes oder etwas Ähnliches erraten werden musste. Sie postete das Lied und das Publikum schrieb seine Antworten. Sie schickten ihr entweder eine Antwort oder ein Selfie mit einer Antwort. Das war sehr beliebt und sorgte für jede Menge Reaktionen.

Aufgrund von Snapchats kollaborativer Natur sind die Reaktionsraten normalerweise höher als auf den meisten anderen Plattformen. Deswegen empfahl Choi, einen Call to Action zu nutzen und die Leute dazu zu bringen, Ihnen ihre Gedanken oder einen Input zu schicken. Auch dabei wollen User das Gefühl haben, sie chatteten direkt mit dem Influencer, nicht, als würden sie einen Post passiv liken oder kommentieren.

Seien Sie authentisch

Chris Carmichael, Kreativschaffender und Influencer der ersten Stunde auf Snapchat (der Erste, der 100 000 Follower hatte) und aktuell CEO von Bitsmash – einer App, die es den Usern sehr einfach macht, kreative Vlogs mit ihren Smartphones zu erstellen –, erzählt darüber, wie er auf dieser Plattform zu Popularität gelangte. Als Snapchat 2014 noch am Anfang seines Aufstiegs zur Popularität stand, war er gerade auf einer Reise nach Island. Die Plattform war in den Staaten noch nicht so bekannt, aber er stellte fest, dass in Island sogar Großeltern schon Snaps als Kommunikationstool nutzten. Als er dieses Verhalten beobachtete, sagte ihm seine Intuition, dass die Plattform kurz vor dem Durchbruch stand, und er begann, jeden Tag Storys zu posten. Allein auf dieser Reise erhielt er 10 000 Views seiner Snaps. Damals dachte noch niemand daran, diese Plattform als Influencer-Tool zu nutzen, also war es ein neues Konzept, 10 000 Views zu haben.

Kurz nach diesem Erfolg zog er nach New York und arbeitete mit einer Gruppe »Viner« (über die Vine-App) zusammen, um ihnen beim Wachstum auf Snapchat zu helfen. Schließlich erreichte Carmichael um die 150 000 Views pro Snap und erhielt Shoutouts von Influencern wie Jérôme Jarre, King Bach und Vitaly. Die

Konversionsraten bei diesen Shout-outs lagen bei über 10 Prozent, ein unglaublicher Wert – normalerweise erhält man nur eine Konversionsrate von ein bis zwei Prozent der User.

Marken wandten sich an ihn. Carmichael musste sich nicht mehr von Tütennudelsuppe ernähren, sondern verkaufte Storys an Disney für 10 000 Dollar pro Stück. Er arbeitete für Universal, Lionsgate und FOX. Er lernte schnell, dass vertikale Videos (diejenigen, die auf Snapchat und Instagram Stories gepostet werden) das nächste Medium sein würden, nach dem junge Menschen süchtig sind. Und es war für ihn offensichtlich, dass Marken keine Ahnung hatten, wie sie dieses Medium der vertikalen Videos nutzen sollten. Eine Menge Marken versuchten, traditionelle Werbeideologie auf eine Plattform zu übertragen, die dafür einfach nicht gemacht war. Wenn Millennials einen traditionellen Werbespot sehen, schalten sie sofort ab, und da die meisten Snapchat-User zwischen 13 und 43 Jahre alt sind, wittern sie sofort, wenn etwas nicht authentisch ist. Marken gingen auf Snapchat, um traditionelle Methoden auf einer Plattform anzuwenden, die auf höchste Intimität angelegt ist und auf der man nicht lügen kann. Man kann nicht Sachen sagen wie »Kaufe diese Zahnpasta, denn sie wird dich glücklicher machen«. Wenn Sie lügen oder etwas zu verkaufen versuchen, werden Sie Ihr Publikum verlieren. Sie müssen authentisch sein und die Wahrheit sagen. Außerdem ist Ihr Gesichtsausdruck in einem vertikalen Video in der Nahaufnahme sehr deutlich zu sehen – Ihr Publikum sieht Sie sehr deutlich, und wenn eine Person also nicht tatsächlich begeistert von dem angepriesenen Produkt ist, wird das offensichtlich und zum Nachteil der Marke sein.

Carmichael hält fest, dass eine Menge Marken auch den Fehler machen, hochglanzpolierten High-End-Content für Snapchat zu erstellen, was bei jungen Leuten nicht ankommt – dazu finden sie keinen Zugang. Sie mögen flüchtig erstellte Zeichnungen und Fehler. Choi fügt hinzu, dass die meisten nicht vorher über ihre Snaps nachdenken. Sie sehen etwas, holen das Smartphone heraus, dokumentieren es und schicken es ab; das ist die Natur der Plattform.

Choi führt Mike Khoury an, der 200 000 Views bei einem einzelnen Snap auf Snapchat erzielt – eine Menge für jemanden, der keinen prominenten YouTube-Kanal oder eine bereits bestehende Gefolgschaft auf Vine besitzt. Er kreiert komödiantischen Content, in dem er sich über bestimmte Dinge direkt in diesem Moment auslässt. Dabei verspricht er sich häufig, aber es funktioniert, weil es lustig und authentisch ist. Das ist es, was den Usern auf dieser Plattform gefällt. Deswegen teilen sie eine Snapchat-Story.

Junge Leute wollen einen echten Menschen sehen, inklusive seiner Fehler. Seien Sie dem Publikum gegenüber authentisch, echt und verletzlich.

Gut geeignet für Events

Tim Greenberg, Chief Community Officer der World Surf League, berichtet, dass sein Team damals, als Instagram Stories herauskam, die eigenen Plattformen genauer betrachtete und sich die Frage stellte: »Nun, wir wollen nicht den gleichen Content auf beiden Plattformen produzieren, also wie finden wir einen anderen Stil und einen anderen Ansatz für Snapchat?« Sie kamen zum Schluss, dass Snapchat gut geeignet für ihre Fans wäre, um dem Team für soziale Medien auf seiner Reise um die Welt zu folgen, und man Instagram Stories für Content über die Sportler verwenden sollte, denn dort erhielten sie die meisten Reaktionen.

Die World Surf League stellt fest, dass sie auf Snapchat erfolgreich ist, wenn sie Live-Events wie die Billabong Pipe Masters zeigt. Auf dieser Plattform versucht sie, lustiger und zugänglicher zu sein. Tim berichtet, dass man eine Menge Spaß haben kann, denn der Content verschwindet in 24 Stunden. Es ist ein gutes »Behind the Scenes«-Tool, um die Fans näher an den Strand heranzubringen. Sie versuchen auch, den Eindruck zu erwecken, ein Freund würde mit den Fans reden, wie: »Hey, ich bin bei diesem Event. Ich erzähle etwas darüber.«

Joivan Wade, Gründer von »Wall of Comedy«, fügt hinzu, dass man es zum eigenen Vorteil nutzen kann, dass der Content verschwindet. Auf Snapchat veröffentlich sein Team Content, der die Leute dazu ermuntert, um fünf Uhr am Freitag da zu sein, denn wenn es fünf Uhr am Samstag ist, wird der Content verschwunden sein. Sie kreieren Content, der sich gut für ein Liveformat eignet – der jemanden dazu ermutigt, ihn unmittelbar an Ort und Stelle anzusehen.

Die Schwierigkeit, auf dieser Plattform entdeckt zu werden

Choi erklärt, dass es wirklich schwer für Creator ist, auf Snapchat entdeckt zu werden. Sie hat den Eindruck, dass Influencer einer Plattform »ein bisschen Extraglanz verleihen«, und leider hat Snapchat deren Wachstum auf der Plattform nicht begünstigt. Unlängst hat die Plattform Check-Boxen eingeführt, um die Accounts von Marken/Prominenten zu verifizieren, und man kann auch nach Interessen wie Musik suchen. Aber wenn man nach Interessengebieten sucht, schlagen sie einfach nur die Top Ten der Musiker vor, und das ist nicht genug – es hilft weniger bekannten Künstlern nicht zu wachsen. Die gesamte User-Experience ist einfach unangenehm. Choi meint, es fühlt sich an, wie »durch eine Kiste mit Schrott zu wühlen«, um den Content zu finden, nach dem man sucht.

Die einzige Methode, wie man auf dieser Plattform wachsen kann, besteht in Shout-outs mit anderen Influencern. Sie müssen in den Storys des jeweils anderen vorkommen, Snapcode teilen und zum Follower des anderen werden. Nur so kann man wachsen – außer, man ist bereits berühmt, wie Kylie Jenner, und dann kommen die Follower auf natürliche Weise.

Nutzen Sie Kollaborationen

Carmichael sagt, um Beziehungen zu schmieden, müssen Sie die Leiter hinaufsteigen. Treffen Sie Leute, die noch unten stehen; kommen Sie ihnen nahe und erhalten Sie Shout-outs. Schaffen Sie etwas Einzigartiges, das niemand anderer tut, und wenn andere glauben, Sie erzielten Wachstum, werden Sie mit Ihnen zusammenarbeiten. Sie müssen nach den tief hängenden Früchten greifen (nach Leuten mit weniger Followern) und hoffen, dass jemand eine Story mit Ihnen machen will.

Als Choi dem Account einer bestimmten Marke zum Wachstum verhalf, erhielt sie die meisten Follower durch Shout-outs von bezahlten Influencern. Aber auf Snapchat muss man sie auf eine bestimmte Weise angehen. Man lässt den Influencer nicht sagen: »Hey, es gibt da diesen echt coolen Channel. Der macht das und das, abonniert ihn.« Stattdessen lässt man es so aussehen, als wäre man bereits mit dem größeren Influencer befreundet. Sie bat die Influencer, zu sagen: »Hey, Leute, ach übrigens, sagt Hi zu meiner Freundin Christy.«

Nach dieser Initiative wurden Tausende junger Menschen zu ihren Followern. Die jungen Leute denken: »Ich weiß nicht, wer Christy ist, aber sie ist mit dieser Person befreundet, die ich mag, und die sagte mir, dass ich Hi zu ihr sagen soll, also mache ich das, weil es irgendwie lustig ist.« Das half Choi dabei, eine Riesenmenge Follower zu gewinnen, denn auf Snapchat muss man eine Person zur Freundesliste hinzufügen, um ihr eine Nachricht schicken zu können. Sobald sie dann die Follower der Influencer zu ihrem Vorteil nutzen wollte, kreierte sie eine fesselnde Story, die dafür sorgte, dass die Leute dabeiblieben. Sie nutzte die Taktik, Fans einen Auftritt auf dem Kanal zu verschaffen, indem sie Dinge sagte, wie: »Hey, wenn du meine Storys ansiehst, kannst du vor Tausenden Leuten erscheinen.« Dieser Anreiz ist normalerweise erfolgreich.

Viele verlassen Snapchat

Aus einer Marketingperspektive sieht Choi gute Konversionsraten auf Snapchat. Wenn sie vom selben Influencer eine Promotion auf Snapchat durchführen lässt, hat sie im Vergleich zu Instagram Stories eine bessere Konversionsrate. Die Herausforderung ist jedoch, dass mehr und mehr Influencer die Plattform verlassen.

Viele wechseln zu Instagram Stories, denn sie erzielen auf Snapchat kein Wachstum. Sie wissen nicht, wie viele Follower sie tatsächlich haben, und die Zahl der Views, die sie erhalten, sinkt an bestimmten Tagen, was entmutigend ist. Choi hat den Eindruck, dass eine gewisse Eitelkeit dadurch befriedigt wird, Influencer zu sein und nicht zu wissen, wie viele Follower man hat, oder zu sehen, wie die Zahl der Views fällt, kann ein Problem sein.

Eine Menge der ursprünglichen Content-Creator auf Snapchat versuchen, auf anderen Plattformen Fuß zu fassen. Viele davon sind auch zu TikTok abgewandert, weil man dort Follower vermehren kann, wenn man herausgestellt wird. Die meisten Leute, die soziale Medien nutzen, versuchen, stärker wahrgenommen zu werden, und auf Snapchat ist das wirklich schwer.

Soweit es die Markes betrifft, stellt Choi fest, dass in jüngster Zeit weniger von ihnen regelmäßig posten. Sie scheinen uninteressiert, entweder weil ihre Plattformen nicht wachsen oder weil sie sehen, dass Snapchat an Bedeutung verliert.

Carmichael meint dazu, dass es eine Menge Arbeit und Geld für Marken bedeutet, Leute anzustellen, die sich gut mit Snapchat auskennen und dort Performance bringen. Und wenn jemand gut ist, kündigt er und startet eine eigene Plattform – es gibt keinen Grund, nur für eine Marke zu arbeiten. Also bleibt den Marken oft nichts anderes übrig, als ihre Social-Media-Manager Content posten zu lassen, was im Allgemeinen uninteressant oder statisch bleibt. Zudem ist es für die Marken schwer einzuschätzen, ob ihre Aktivitäten ihnen etwas bringen oder nicht. Also konzentrieren sich eine

Menge Marken und Influencer auf Instagram Stories und verlassen Snapchat.

Carmichael glaubt, der Hauptgrund, wieso so viele Snapchat verlassen, liege darin, dass die Plattform von Anfang an die Entscheidung getroffen hatte, nicht mit Influencern zusammenzuarbeiten – tatsächlich haben sie diese gemieden. Sie stellten deutlich klar, dass sie sie nicht unterstützen würden. Vine hat jahrelang denselben Fehler begangen. Sie verloren eine Menge User an Facebook und Instagram und versuchten dann, sie zurückzugewinnen, aber es war zu spät, genau wie es für Snapchat zu spät sein könnte.

Als Instagram Snapchat kopierte, dachten all die Influencer: »Okay, wieso sollte ich mein Instagram und mein Snapchat promoten, wenn ich einfach nur mein Instagram promoten kann und sowohl die Storys als auch den Bilder-Feed haben kann?« Eine Menge Influencer hatten sofort weit mehr Views auf Instagram Stories, denn dort ist Wachstum möglich. Sie können Hashtags nutzen, um Ihre Story über die Suchfunktion auffindbar zu machen. Wenn Sie der Top-Post in einer Kategorie sind, erhalten Sie eine Menge Views und User können Ihr Profil entdecken und Ihre Follower werden. Bei Snapchat hingegen gibt es buchstäblich keine Möglichkeit für so etwas. Selbst wenn Sie in einer öffentlichen Story landen, können User Sie nicht erreichen oder herausfinden, wer Sie sind, um Sie zu Ihrer Freundesliste hinzuzufügen.

Vertikale Videos sind die Zukunft

Carmichael und Choi glauben, die Zukunft der sozialen Medien liege in vertikalen Videos. Sie sehen zunehmend, dass Musiker wie Selena Gomez und Maroon 5 ihre Musikvideos in einem vertikalen Videoformat auf Plattformen wie Snapchat posten. Carmichael glaubt, dass Videos sich in diese Richtung entwickeln, weil es so persönlich ist. Er sagt, ein vertikales Video ist fast wie ein Fenster in die Welt einer anderen Person. Es ist, als würde man die Hand einer Person halten oder mit ihr einen FaceTime-Anruf machen. Das bietet einen Grad an Intimität und Verbindung, den horizontale Videos einfach nicht hervorrufen.

Wenn man das Ganze noch einen Schritt weitertreibt, ermöglicht Ihnen Instagram Stories, bestimmte Storys zu pinnen/abzuspeichern, damit sie für immer in Ihrem Feed bleiben wie ein YouTube-Video. Deswegen haben die Influencer damit begonnen, unterhaltsame Video-Storys im Erzählstil zu produzieren und zu speichern. Sie pinnen sie an, damit Nutzer sie später ansehen können. Cho glaubt, vertikale Videosketche und kunstvolle erzählerische Storys werden in den kommenden Jahren dominieren.

Tipps und Zusammenfassung

- Snapchat wurde als Plattform für Chats ins Leben gerufen. Die User genießen die Intimität der Snaps und haben das Gefühl, direkt mit dem Influencer zu chatten.
- Kreieren Sie Content, der für Ihr Publikum interaktiv ist. Nutzen Sie einen Call to Action. Inkludieren Sie Ihr Publikum in Ihre Storys. Bringen Sie die Fans dazu, Ihnen ihre Ideen und Input zu schicken, oder bitten Sie sie, auf Fragen zu reagieren und sie zu beantworten. Aufgrund der kollaborativen Natur von Snapchat sind die Reaktionsraten normalerweise höher als bei den meisten anderen Plattformen.
- Seien Sie authentisch, verletzlich und echt.
- Sagen Sie die Wahrheit. Die App zeigt Ihr Gesicht aus nächster Nähe und die Nutzer können sehen, ob Sie lügen. (Seien Sie kein Pinocchio!)
- Es ist okay und sogar gern gesehen, wenn Sie bei dem Content, den Sie kreieren, Fehler machen.
- Seien Sie konsistent und produzieren Sie jeden Tag Content.

- Snapchat eignet sich gut, um Live-Events zu zeigen.
- Die einzige Methode, um auf Snapchat zu wachsen, besteht in Shout-outs und Zusammenarbeit mit anderen Influencern. Tauchen Sie gegenseitig in Ihren Storys auf, teilen Sie Snapcodes und werden Sie zu Followern des jeweils anderen.
- Die einzig wichtige Zahl ist, wie viele Menschen Ihre Story pro Tag sehen, nicht die Zahl der Follower wie auf anderen Plattformen.
- Weil es so schwer ist, auf Snapchat zu wachsen, wechseln viele zu Instagram Stories.
- Vertikale Videosketche und kunstvoll erzählte Storys sind möglicherweise die Zukunft der sozialen Medien.

KAPITEL 11

SUBSTANZIELLES BUSINESS-WACHSTUM DURCH LINKEDIN

LinkedIn ist eine einflussreiche Plattform, die Ihnen helfen kann, bestimmte Personen anzusprechen und zu erreichen, was zu bedeutendem Wachstum für Ihr Business führen kann. Auf den ersten Blick sehen es einige nur als eine Job-Suchmaschine oder Plattform, um Positionen zu besetzen, aber wenn man sie richtig einsetzt, kann sie erstaunlich wirkungsvoll sein, um Werbung für Produkte zu machen, große Deals abzuschließen und karrierefördernde Connections zu knüpfen. Wenn Sie zum Beispiel ein Produkt haben, das für Chief Marketing Officers (CMOs) von Unternehmen mit mindestens 1000 Mitarbeitern nützlich sein kann, ist LinkedIn bei Weitem das beste und vielleicht das einzige Tool, das es Ihnen gestattet, diese Personen in großem Maßstab aufzuspüren.[1]

AJ Wilcox, ein LinkedIn-Werbeberater, gründete B2Linked.com im Jahr 2014. Das Unternehmen hat bisher mehr als 100 LinkedIn-Werbe-Accounts gemanagt und insgesamt mehr als 100 Millionen

---

1 In Deutschland gibt für diesen Zweck auch noch Xing als nützliches und gutes Tool. (Anm. d. Verl.)

Dollar auf der Plattform ausgegeben (mehr als jedes andere Unternehmen und jede Einzelperson weltweit), und drei von LinkedIns Top-5-Kunden gemanagt. Er glaubt, dass LinkedIn der Ort ist, an dem man am leichtesten Zugang zu Personen findet, die entsprechende Jobbezeichnungen, Skills oder die geschäftsbezogenen Profileigenschaften haben, nach denen Sie suchen und die Ihrer Marke oder Ihrem Unternehmen zum Wachstum verhelfen können.

Unternehmensentwicklung und starke Partnerschaften aufbauen

Wilcox ist der Meinung, LinkedIn sei bestens geeignet, um nach Aufträgen zu suchen, denn man kann sich mit jedem beliebigen User vernetzen. Ihr Zugang zu Personen ist nur durch Ihre Fähigkeit limitiert, die Fühler auszustrecken. Sie können die Suchfunktion nutzen, um den Head of Marketing für das Unternehmen zu finden, mit dem Sie gerne arbeiten würden. Wenn Sie dem Unternehmen eine tolle Dienstleistung anbieten können, hält Sie nichts davon ab, demjenigen eine Bitte zu schicken, sich mit Ihnen zu vernetzen. Sie können ungefähr Folgendes schreiben: »Hey, ich folge Ihnen schon seit Jahren und bewundere Ihre Arbeit. Ich würde mich gerne mit Ihnen vernetzen.« Und sobald Sie mit jemandem auf LinkedIn vernetzt sind, können Sie seine E-Mail-Adresse oder andere Informationen, die derjenige gepostet hat, abrufen. Sie können sich kostenlos und unbegrenzt E-Mails hin- und her schreiben.

Wenn Sie jemanden kennen, mit dem Sie sich gerne vernetzen würden – Ihr idealer Kunde oder Geschäftspartner –, können Sie einen Kommunikationskanal herstellen. Der Schlüssel ist, geschickt vorzugehen, wenn Sie die Fühler ausstrecken. Sie sollten eher keine Anfrage schicken, die lautet: »Hey, ich will Sie mal ans Telefon kriegen und Ihnen etwas verkaufen.« Es geht darum, jemandem einen Wert zu bieten. Beginnen Sie mit einem Kompliment oder mit etwas, das eine Beziehung aufbaut, bevor Sie versuchen, etwas zu verkaufen.

Wilcox weist darauf hin, dass jeder es hasst, wenn er etwas angedreht bekommt, aber jeder gerne etwas kauft. Wenn Sie also das erste Mal Kontakt aufnehmen, sollten Sie nicht rüberkommen, als würden Sie etwas verkaufen wollen, oder Sie werden nie wieder von demjenigen hören. Man wird Ihre E-Mails als Spam einstufen. Ich habe schon enorme Erfolge verzeichnen können, indem ich mich mit der Absicht an jemanden wendete, einen echten Wert zu bieten, um ihn dabei zu unterstützen, das eigene Unternehmen zu vergrößern oder in der Arbeit erfolgreicher zu sein. Das kann die Chancen bedeutend verbessern, eine Antwort zu erhalten, und letztlich zu einem Verkauf führen. Verkaufen Sie nicht Ihre Dienstleistung oder ein Produkt; bieten Sie stattdessen einzigartigen Wert durch Ihr Produkt oder Ihre Dienstleistung. Ich weiß, das mag sich ähnlich anhören, also will ich Ihnen ein Beispiel geben.

Als ich ein Unternehmen beriet, das bezahlte Optimierung für soziale Medien (zum Beispiel bezahlte Kampagnen in den sozialen Medien zu managen und zu optimieren) an Fortune-100- und Fortune-500-Unternehmen verkaufte, habe ich nicht potenzielle Kunden kontaktiert, indem ich schrieb: »Hi, ich würde gerne mit Ihnen darüber reden, Ihre Kampagnen in den sozialen Medien zu managen. Haben Sie diese Woche Zeit für ein kurzes Telefongespräch?« Das hört sich zu sehr nach Vertrieb an und ich hätte niemals eine Antwort erhalten. Stattdessen schickte ich eine Nachricht, die etwa folgendermaßen lautete:

> Hi (Name der Person), ich wollte Ihnen zuerst einmal für den Erfolg bei (Unternehmensname) gratulieren. Es ist wirklich bemerkenswert, was Sie mit (nennen Sie ein bestimmtes Projekt, Produkt oder eine Kampagne) erreicht haben.
>
> Weil Sie Experte im digitalen Bereich sind, wollte ich Sie über eine neue Tech-Plattform informieren, die wir lanciert haben und

die präzise Daten darüber liefert, wie viel Ihre Konkurrenten in den sozialen Kanälen ausgeben, kombiniert mit Informationen über die vergangene Performance. Sie bietet außerdem Deep Data darüber, welche Videos sich User ansehen, bevor und nachdem sie ein Video der Konkurrenz gesehen haben, sowie Informationen darüber, auf welcher sozialen Plattform sie dieses Video gesehen haben.

Das Interessante an dieser Plattform ist, dass man dort Data-Mining betreiben und dieses dafür nutzen kann, die qualitative Bewertung Ihrer eigenen Videos zu steigern, was wiederum die Cost per View Ihrer eigenen Kampagnen senkt und die organische Viralität des Videos steigert. Das Beste an der Plattform ist, dass sie zu 100 Prozent transparent ist und Ihnen bis zu (hier beeindruckende Statistik einfügen) für Ihre Paid-Media-Kampagnen sparen kann, während sie gleichzeitig die Performance um bis zu (hier beeindruckende Statistik einfügen) steigert.

Wir arbeiten aktuell mit (Namen der Klienten einfügen) unter Nutzung dieser neuen Technologie. Weil Sie stets an vorderster Front der digitalen Welt stehen, wollte ich Ihnen diese Information zukommen lassen, da ich dachte, es könnte hilfreich sein. Liebend gerne würde ich Ihnen dieses Unternehmen vorstellen, wenn Sie gerne mehr darüber erfahren wollen.

Mit freundlichen Grüssen,
Brendan Kane

Diese Nachricht ist von dem Standpunkt aus formuliert, der Person einen Wert zu bieten, um den Erfolg ihrer Mühen in den sozialen Medien zu vergrößern, und nicht, weil ich etwas verkaufen will. Im Grunde wenden Sie dabei dieselben Regeln an, die auch für persönliches Networking gelten. Sie wenden sich nie an Menschen bei einem Networking-Event, drücken ihnen Ihre Karte in die Hand und sagen: »Hey, Sie sind doch von Unternehmen XYZ. Wir sollten Geschäfte miteinander machen.« Das wird nur dazu führen, dass Ihnen auf dem Weg zum Buffet eine Menge Leute ausweichen werden. Eröffnen Sie das Gespräch stets mit einer feinfühligen Einleitung und finden Sie heraus, wie Sie der anderen Person so schnell wie möglich einen Wert bieten können.

Content, der Leads generiert

Wilcox hatte eine Menge Glück, als er für seine Agentur das Geschäft ankurbelte, indem er Content teilte, um im Gespräch zu bleiben. Aktuell hat er 3000 Kontakte. Diese Zahl mag sich nach nicht viel anhören, aber es sind 3000 Geschäftskontakte, die alle seinen Wert als LinkedIn-Spezialist kennen, der ihnen oder Leuten, die sie kennen, helfen kann. Wenn sein Publikum ihn einmal im Monat in seinem Feed sieht oder wenn sie jedes Mal beim Einloggen etwas von ihm sehen, werden sie sich mit größerer Wahrscheinlichkeit an ihn wenden. Das liegt daran, dass Sie weiter oben auf der Anrufliste stehen, wenn die Leute an Sie denken, weil Sie Content teilen. Ich kann Ihnen aus eigener Erfahrung sagen, dass das funktioniert, weil ich selbst schon mehrere potenzielle Klienten an AJ verwiesen habe.

Wilcox sieht den größten Wert in einfachen Updates, wie einmal pro Woche Content, Gedanken oder Erlebnisse zu teilen, statt das LinkedIn-Article-Feature zu nutzen. Das liegt daran, dass Sie unter allen Umständen selbst dafür verantwortlich sind, Traffic zu Ihrem Content zu lenken. LinkedIn hilft Ihnen nicht dabei. Aber wenn Sie die Zeit haben und ein Update über etwas schreiben wollen, kann es dennoch nützlich sein. Das Wichtigste ist, dass Leads daraus entstehen, dass man Leuten kostenlose Informationen bietet, ob man nun den originalen Content selbst geschrieben hat oder nicht. Solange die Einsichten wertvoll sind, erinnern Sie die Nutzer an Ihre Expertise und Autorität auf Ihrem Gebiet.

Sie können sogar Dinge teilen, die nicht rein beruflich sind. Es ist völlig in Ordnung, etwas Persönliches einzubringen. Zum Beispiel hat Wilcox gesehen, dass ein HR-Recruiter einen Artikel über einen

Bewerber geschrieben hat, der eine Viertelstunde zu spät kam und sich nicht dafür entschuldigte. Der Recruiter fragte die LinkedIn-Community, ob irgendwer empfehlen würde, so jemanden einzustellen. Er sah, dass eine Unmenge Leute Kommentare abgaben und Dinge sagten, wie »Nein, vergiss den mal lieber« oder »Ja, gib ihm eine Chance. Vielleicht ist er einfach Ingenieur ohne Social Skills«. Aufgrund dieses einen Posts wurde eine lange Unterhaltung angestoßen.

Und das ist wirklich wertvoll, denn einer der großen Unterschiede zwischen LinkedIn und anderen sozialen Netzwerken besteht darin, dass jede soziale Interaktion – ein Like, ein Kommentar oder ein Share – dafür sorgt, dass Ihr Content von einem Teil des Netzwerks dieser Person gesehen wird. Wenn Sie etwas schreiben, das fesselnd genug ist, um andere Menschen damit interagieren zu lassen, haben Sie leicht die Chance, viral zu gehen. Ihr Content kann das Netzwerk Ihres Netzwerks erreichen, dann das Netzwerk dieses Netzwerks und so weiter.

Eine große Zahl an Kontakten bedeutet nicht unbedingt, dass Sie viel Einfluss haben

Wilcox ist sehr wählerisch, wenn es um seine Kontakte auf LinkedIn geht. Er vernetzt sich nur mit jemandem, den er auch schon persönlich getroffen hat oder bei dem die Möglichkeit einer Zusammenarbeit besteht. Er vernetzt sich nicht mit Leuten, nur weil sie in der gleichen Branche sind. Deswegen hat er die Zahl seiner Kontakte relativ niedrig gehalten.

Oft trifft er Leute, die 15 000, 20 000 oder sogar 30 000 Kontakte haben (30 000 ist die Höchstzahl an direkten Kontakten, die auf LinkedIn möglich sind, abgesehen von denjenigen, die am äußerst exklusiven Influencer-Programm teilnehmen).[2] Aber hohe Zahlen sind nicht immer nützlich auf LinkedIn – aufgrund der Tatsache, dass es beim Teilen von Content vorteilhafter ist, wenn man eine persönliche Verbindung zum Großteil des eigenen Netzwerks hat. Wenn Wilcox etwas teilt, hat er Freunde und Kollegen, die jubeln und ihn anfeuern – sie liken und kommentieren fast alles, was er postet, denn sie sind loyal und ihnen liegt sein Erfolg am Herzen. Wenn Sie ein großes Publikum haben und niemand Ihren Content likt oder teilt, sieht LinkedIn den Content als weniger wirkungsvoll und präsentiert ihn weniger Leuten.

Werbung für Karriereorientierte

LinkedIn ist der beste Ort, um mit Individuen ins Gespräch zu kommen, die karriereorientiert sind. Wenn man Teil des LinkedIn-Ökosystems ist, konzentriert man sich normalerweise mehr auf Geschäft und Karriere. Die Leute versuchen, mit einem Unternehmen Kontakt zu knüpfen, oder interessieren sich für eine Dienstleistung oder ein Produkt. Wenn Sie also Werbung auf der Plattform machen, werden Sie die Aufmerksamkeit dieses Menschenschlags erregen.

Facebook ist eine fantastische Plattform, um günstig Werbung zu machen, aber wenige User schreiben in ihr Profil, wo sie früher gearbeitet haben und wo sie heute tätig sind. Wenn Sie sich also an Leute aufgrund Ihrer Stellenbeschreibung wenden wollen, haben Sie nicht dieselbe Auswahl wie auf LinkedIn. Wilcox hält fest, dass man auf LinkedIn unglaublich hohe Konversionsraten erzielen kann, wenn man jemandem etwas anbietet, das mit Arbeit oder Karriere zu tun

---

2 Tracy Raiteri, »Did You Know That There Are Connection Limits on LinkedIn?«, Townsville Social Media Marketing, 31. August 2012, http://townsvillesocialmediamarketing.com/did-you-know-that-there-are-connection-limits-on-linkedin.

hat, wohingegen man auf Facebook mit mehr Content konkurriert (inklusive der Fotos von Enkelkindern und Haustieren, und wir wissen ja alle, dass das viel interessanter ist).

Wilcox empfiehlt, sich LinkedIn-Werbeanzeigen wie das Schießen mit einem Scharfschützengewehr vorzustellen, und die auf Facebook entsprechen eher dem Abfeuern einer Schrotflinte. Sie können auf LinkedIn viel präziser das Businesssegment einer Population mit mehr Effizienz ansprechen.

Kosten

Die Aufmerksamkeit, die Zugangsqualität und wie spezifisch Ihr Targeting auf LinkedIn ist, zieht jedoch alles hohe Kosten nach sich. Wilcox erklärt, dass LinkedIn eine der teuersten Werbeplattformen überhaupt anbietet. Er beobachtet, dass im Durchschnitt ein Klick auf LinkedIn zwischen sechs und neun Dollar kostet. Weil Sie im Voraus mehr ausgeben müssen, sollten Sie einen guten Deal dahinterstehen haben, um die Kosten wieder hereinzuholen.

Bevor wir uns tiefgehender der Werbeplattform widmen, will ich darauf hinweisen, dass Sie auch ohne die Werbeplattform eine Menge Geschäfte abschließen können. Werbeanzeigen sind nicht die einzige Möglichkeit. Ich selbst habe zum Beispiel Deals mit Disney, Xbox und FOX abgeschlossen, die insgesamt mehr als 15 Millionen Dollar schwer waren; einfach indem ich die richtigen Leute mit der richtigen Nachricht kontaktierte (das kostete mich gar nichts). Und ein guter Freund von mir hat mit derselben Technik mehr als 90 Millionen Dollar an Geschäften gemacht. Wir haben sogar untereinander unsere Geheimnisse darüber ausgetauscht, welche Nachrichten am besten funktionierten.

Wollen Sie unser Geheimnis erfahren? Es ist simpel – wir versuchen einfach, uns in die Lage des Gegenübers zu versetzen, und denken uns: »Was wird das Leben dieser Person einfacher machen?«, oder: »Wodurch wird derjenige bei seinem Chef wie ein Rockstar dastehen?«

Aber wenn Sie die Werbeplattform nutzen wollen, werfen Sie einen genauen Blick auf die folgende Liste, denn Wilcox gibt Ihnen die besten Strategien an die Hand, wie Sie das System zu Ihrem Vorteil nutzen.

Wer sollte die LinkedIn-Werbeplattform nutzen?

Im Folgenden einige Charakteristika der Leute, die am meisten davon profitieren, die LinkedIn-Werbeplattform zu nutzen:

1. Diejenigen, die einen großen Deal anzubieten haben, was bedeutet, dass er 15 000 Dollar oder mehr durch einen einzigen Abschluss, einen Kunden oder über die Dauer einer Geschäftsbeziehung mit einem Klienten einbringt.
2. Diejenigen, die schon genau wissen, welche Zielgruppe ihr Produkt kaufen wird. Wenn Sie glauben, Ihr Käufer könnte eigentlich so gut wie jeder sein, ist die Werbeplattform von LinkedIn nicht gerade für Sie geeignet. Sie ist nur dann sinnvoll, wenn das von Ihnen angesprochene Publikum spezifisch und klar umrissen ist – wenn Sie nur dort Ihre Kunden im großen Maßstab erreichen können.
3. Wenn Sie Leute für die Führungsetage rekrutieren wollen. Wenn Ihr Unternehmen versucht, einen Sales Manager einzustellen, können Sie den Leuten in Ihrer Nähe Anzeigen präsentieren, deren Berufstitel im Moment »Sales Manager« lautet, und jeder Lebenslauf, den Sie erhalten, wird von einer qualifizierten Person stammen.
4. Bildungseinrichtungen im Hochschulbereich. Wenn eine MBA-Fakultät Studenten mit Bachelorabschluss (aber keinen

höheren Abschlüssen) sucht, die Journalismus oder Englisch studiert haben, kann man ganz präzise nach diesen Qualifikationen suchen, um Leute zu finden, auf die diese Kriterien zutreffen. LinkedIn ist der einzige Ort, an dem man diese Art von bildungsbezogenem Targeting vornehmen kann, wodurch es großartig für Universitäten geeignet ist oder Hochschulen, die nach neuen Bewerbern suchen. Das liegt daran, weil LinkedIn neben Xing die einzige Social-Media-Plattform ist, auf der User tatsächlich ihre gesamten Ausbildungsinformationen auflisten. Und Hochschulen erfüllen das Kriterium, einen großen Deal hinter ihrer Werbeanzeige stehen zu haben, denn wenn eine Schule auch nur einen Kandidaten durch eine Anzeige erhält, wird diese eine Person eine Menge Geld an der Schule ausgeben (in den Vereinigten Staaten, Anm. d. Übers.).

Content-Strategie für LinkedIn-Werbeanzeigen

Stellen Sie sich eine LinkedIn-Werbeanzeige als eine Quelle des ersten Kontakts mit einem potenziellen Klienten vor. Und genauso, als würden Sie sich mit einer Nachricht an jemanden wenden, sollten Sie die Werbeanzeige nutzen, um Ihren Kunden einen Wert zu bieten, bevor Sie diese um irgendetwas bitten. Vermitteln Sie keine Botschaft, die Leute direkt bittet, Sie anzurufen oder Ihre Dienstleistung zu erwerben. Sie müssen zuerst einen Wert bieten, um eine Verbindung herzustellen und Loyalität aufzubauen, um zu demonstrieren, dass Sie auch wissen, wovon Sie reden. Bieten Sie den potenziellen Kunden Informationen, die ein Problem lösen oder durch die sie selbst darauf kommen, wie sie spezifische Probleme lösen können. Mit dieser Strategie bauen Sie Glaubwürdigkeit und Vertrauen auf, was Ihnen hilft, zum nächsten Schritt überzugehen.

Um es noch einmal zu sagen, LinkedIn-Anzeigen sind teuer, also sollten Sie sofort auf einer Linie mit den Bedürfnissen Ihrer Kunden sein, was schwierig ist, denn oft weiß der Nutzer nicht viel über Ihr Unternehmen (im digitalen Marketing nennt man so etwas »Cold Traffic« oder auch Kaltakquise). Wilcox' Team geht dieses Problem an, indem es Cold Traffic zu wertvollen Angeboten lenkt, die den Job der Adressaten leichter machen. Das ist eine Form der programmatischen Werbung, bei der man dem Klienten etwas von extremem Wert bietet, im Tausch gegen dessen E-Mail-Adresse oder andere relevante Informationen. Indem Sie von Anfang an wertvolle Informationen bieten, bauen Sie Glaubwürdigkeit und Vertrauen auf.

Außerdem sollten Sie, genau wie auf der Facebook-Plattform, Anzeigen erstellen, auf die die Nutzer auch klicken, denn das wird die Kosten in der Auktion senken. Wenn Sie großartigen Content haben, der häufig angeklickt wird, erhalten Sie einen höheren Qualitäts- oder Relevanz-Score. Wilcox sagt, mit einem hohen Relevanz-Score können Ihre Kosten pro Klick auf LinkedIn um 20 oder 30 Cent sinken, also ist die Qualität Ihres Contents überaus wichtig.

Sie müssen Ihrem Publikum etwas geben, das interessant genug ist, damit es angeklickt wird. LinkedIn legt großen Wert auf die eigene Community und wird keinen schlechten Content pushen. Wenn niemand auf das anspringt, was Sie posten, wird man Ihre Anzeige deaktivieren oder die Zeit begrenzen, in der sie sichtbar ist. Wenn Sie großartigen Content haben, auf den das Publikum reagiert, wird LinkedIn ihn andererseits weiter pushen.

Werbetitel sind wichtig

Wilcox erklärt, dass der Titel Ihres Contents (das, was wir in Kapitel 4 »Überschrift« genannt haben) enorm wichtig ist. Der Grund, wieso Leute mit Content interagieren oder ihre E-Mail-Adresse im Austausch für einen Download anbieten, besteht darin, dass sie glauben, dadurch einen Wert zu erhalten. Wenn Ihr Titel gut genug ist, sodass die Leute mehr über Ihr Produkt wissen wollen oder ihr Interesse auf andere Weise geweckt ist, erhalten Sie eine höhere Konversionsrate, auch wenn der Rest des Artikels gar nicht gelesen wird.

Führen Sie A/B-Tests durch und hypersegmentieren Sie Ihr Publikum

Wie bei allen Social-Media-Plattformen, über die wir geredet haben, ist Testen ein entscheidender Teil der Gleichung, wenn man etwas lernen, experimentieren und die beste Methode ermitteln will, wie man mit dem angestrebten Publikum in Kontakt tritt und das eigene Marketingbudget maximal ausschöpft. Die wichtigste Komponente, die man testen sollte, ist, wie die verschiedenen Segmente Ihres Zielpublikums reagieren. Dadurch werden Sie besser verstehen, wie Ihre Botschaft oder Ihr Angebot bei verschiedenen Personen innerhalb eines Unternehmens ankommt.

Wilcox sagt, der beste Ansatz bestehe darin, verschiedene Stellenbezeichnungen zu testen, damit man bewerten und erfahren kann, welche Art von Messages am effizientesten für verschiedene Rollen sind. Jede Rolle in einem Unternehmen hat spezifische Motivationen und Verantwortlichkeiten der jeweiligen Position, was einen Einfluss darauf hat, wie man am effektivsten kommuniziert. Wenn zum Beispiel ein Klient zu ihm kommt und sagt: »Wir können unsere Produkte an jeden im Marketingbereich verkaufen«, wird er daraus verschiedene Kampagnen machen. Er segmentiert nach Marketing Directors, Marketing VPs und CMOs. Er lanciert denselben Content in verschiedenen Kampagnen an das jeweilige Publikum, damit er herausfinden kann, wie CMOs mit dem Content interagieren, verglichen damit, wie Manager damit interagieren.

Wilcox fügt hinzu, dass Stellentitel die Art beeinflussen können, wie das Klick- und Konversionsverhalten sein wird. Die geschicktesten Marketingteams im Bereich B2B wissen das und tracken jeden einzelnen Schritt eines Leads. Sie betrachten das Verhalten der qualifizierten Leads und finden heraus, was zu einem erfolgreichen oder erfolglosen Deal führt. Wenn Sie das Verhalten durch den ganzen Prozess hindurch tracken, können Sie zu faszinierenden Einsichten gelangen.

Vielleicht finden Sie heraus, dass CMOs eine hohe Konversionsrate haben, aber man sie dann doch nicht ans Telefon bekommt; oder dass Manager leichter zu erreichen sind, aber eine geringere Konversionsrate aufweisen. (Behalten Sie im Hinterkopf, dass das nur Beispiele sind – Sie werden Tests durchführen müssen, um zu erfahren, was auf Ihr Publikum und Ihre möglichen Kunden zutrifft. Es gibt bei diesem Prozess keine Abkürzungen.)

Und nachdem Sie Ihre Daten analysiert haben, stellen Sie vielleicht fest, dass es realistischer ist, auf Manager abzuzielen, um einen höheren ROI zu erreichen, obwohl es Ihnen ursprünglich vorschwebte, CMOs würden am besten Ihr Produkt nutzen. Aber, Sie werden es nicht wissen, bevor Sie nicht Ihr Publikum segmentieren und testen. Sie können also im Grunde zu Beginn eine generelle Vorstellung haben, aber Sie sollten Ihre Voranmahmen testen, bevor Sie all Ihr Geld auf eine einzige Karte setzen.

Nachdem Wilcox herausgefunden hat, welches Publikum er am besten ansprechen sollte, wirft er einen Blick auf Bildgröße, die Länge der Einleitung und die Gestaltung der Überschrift. Jeder dieser Aspekte ist von unterschiedlicher Wichtigkeit. Das Bild in einer Anzeige ist wirklich wichtig, denn wenn man das gleiche Bild zwei- oder dreimal in seinem Newsfeed sieht, wird man es dauerhaft ignorieren. Wilcox erläutert, dass es entscheidend ist, das Bild zu ändern, damit eine Anzeige neu aussieht und die Click-Through-Rates (CTRs) nicht mit der Zeit absinken. Er weiß auch, dass Einleitungen unbedingt getestet werden müssen, denn die Leute lesen sie, um zu sehen, ob Ihre Anzeige es wert ist, daraufzuklicken.

Retargeting von Anzeigen auf anderen Plattformen

Da sechs bis neun Dollar pro Klick ein wirklich hoher Preis für Traffic sind, müssen Sie das Maximum aus Ihren Anzeigen herausholen. Retargeting kann Ihnen helfen, den ursprünglichen Traffic, den Sie damit erzielen, zu einem günstigeren Preis erneut zu erreichen. Wilcox' Team nutzt oft Retargeting, um Anzeigen für andere Plattformen zu nutzen. LinkedIn hat seine eigene Form des Retargetings, aber Wilcox verrät, dass die Ergebnisse ziemlich schwach sind, weil die Leute nicht so viel Zeit auf LinkedIn verbringen wie auf anderen Plattformen. Normalerweise kommen sie nur einmal pro Woche, um sich einzuloggen. Retargeting erfordert, dass man seinem Publikum einen Schritt voraus ist und auf dessen Radar bleibt. LinkedIn ist dafür nicht die richtige Grundlage. Mit Facebook-Anzeigen andererseits werden Sie von Ihrem Publikum jedes Mal gesehen, wenn dieses die sozialen Medien besucht, entweder auf Facebook oder Instagram. Und mit Google AdWords stehen Sie ihnen jedes Mal vor Augen, wenn sie mit dem Google Display Network (GDN) online sind. Wenn Sie also Traffic umlenken wollen, bieten Facebook-Anzeigen und Google AdWords die besten Möglichkeiten.

Sie können auf LinkedIn einen Lead erhalten und dessen Informationen wie die E-Mail-Adresse auf die Facebook-Werbeplattform oder AdWords hochladen, um diese Personen durch Retargeting erneut anzusprechen. Das erhöht Ihre Chancen auf eine Konversion oder einen Verkauf und gestattet es Ihnen, den Traffic, für den Sie bezahlt haben, am effektivsten zu nutzen.

Tipps und Zusammenfassung

- LinkedIn ist eine hervorragende Plattform für B2B-Targeting, um nach Stellenangeboten zu suchen und um Leute anzusprechen, die geschäftsorientiert sind.
- Das Ausmaß an Zugang zu Menschen auf LinkedIn, inklusive derjenigen, die Ihr Produkt kaufen könnten oder Ihnen einen Job geben, ist nur durch Ihre Fertigkeit beschränkt, die Fühler auszustrecken.
- Wenn Sie sich mit anderen auf LinkedIn vernetzen wollen, finden Sie eine Möglichkeit, einen Wert zu bieten. Beginnen Sie das Gespräch mit einem Kompliment oder mit etwas, das zuerst einmal eine Beziehung herstellt. Verkaufen Sie anderen nicht Ihre Dienstleistung oder Ihr Produkt; bieten Sie stattdessen einen einzigartigen Wert durch Ihre Dienstleistung oder Ihr Produkt an.
- Teilen Sie Content in Ihrem Feed, der einen Wert bietet und eine Unterhaltung einleitet. Selbst einfache Updates, einzelne Gedanken und Erlebnisse können dazu dienen, sich anderen ins Bewusstsein zu rufen.
- Auf LinkedIn ist es einfacher, viral zu gehen, als auf vielen anderen Geschäftsplattformen, denn jede soziale Interaktion (ein Like, ein Kommentar oder ein Share) sorgt dafür, dass Ihr Content von Ihrem Netzwerk und dem Netzwerk Ihres Netzwerks gesehen wird.
- Aufgrund der Spezifität, besonders im Bereich B2B, ist die LinkedIn-Werbeplattform eine der teuersten unter allen sozialen Medien. Im Durchschnitt kostet ein Klick zwischen sechs und neun Dollar.

- Am meisten profitieren diejenigen von der LinkedIn-Werbeplattform, die B2B-Deals mit großen Umsätzen in der Hinterhand haben oder entsprechende Produkte und Dienstleistungen (zum Beispiel über 15 000 Dollar); diejenigen, die genau die Targeting-Eigenschaften ihrer Käufer innerhalb von Unternehmen kennen. Sie eignet sich außerdem für die Rekrutierung von Angestellten für die Führungsebene und für Hochschulen, die nach Studierenden suchen.
- Nutzen Sie Ihre Werbeanzeigen, um Glaubwürdigkeit und Vertrauen aufzubauen. Bieten Sie potenziellen Klienten etwas von hohem Wert an.
- Führen Sie A/B-Tests mit Ihrem Publikum durch und hypersegmentieren Sie es, um mehr darüber zu erfahren und herauszufinden, wie effektiv Ihr Content ist.
- Es ist entscheidend, die Bilder in Ihren Anzeigen zu ändern, damit sie immer wieder neu aussehen.
- Titel und Einleitungen von Anzeigen müssen besonders getestet werden, denn das ist es, was die Leute lesen, um zu entscheiden, ob Ihre Anzeige es wert ist, angeklickt zu werden.
- Führen Sie bei Ihren Anzeigen ein Retargeting auf anderen Plattformen wie Facebook, Instagram oder Google AdWords durch, um den größtmöglichen Nutzen durch Ihre Investition zu erzielen.

KAPITEL 12

DURCHHALTEVERMÖGEN

Gratulation, dass Sie es so weit geschafft haben! Sie verfügen nun über jede Menge Informationen und Tools, die Ihnen helfen können, Ihr Publikum zu vergrößern und Ihren Content zu syndizieren und der Welt darzubieten. Aber die Reise ist damit noch nicht vorbei. Ich könnte mir vorstellen, dass viele von Ihnen dieses Buch lesen, weil Sie große Träume und Ziele haben, die Sie verwirklichen wollen. Es geht nicht darum, wie eine Feuerwerksrakete aufzusteigen, zu explodieren und zu verglühen. Sie sollen zum Leitstern werden – zu jemandem, nach dem man wieder und wieder sucht.

Sie müssen eine Marke werden, ein bekannter Name, dem man vertraut. Joivan Wade ist ebenfalls der Meinung, dass eine Marke vor allem durch Vertrauenswürdigkeit anhaltenden Erfolg hat. Vertrauen ist das Fundament für alles. Das Publikum muss wissen, wofür Sie stehen, welche Werte Sie haben, was Sie antreibt – das Mindset, mit dem Sie Produkte und Dienstleistungen schaffen. Lassen Sie uns also einen genaueren Blick darauf werfen, wie Sie Durchhaltevermögen, Relevanz und Glaubwürdigkeit erlangen, um eine langlebige und mächtige Marke zu erschaffen.

Es ist möglich

Zuerst sollten Sie wissen, dass es möglich ist, zu einem relevanten und bekannten Namen zu werden. Hegen Sie große Träume! Prince Ea erläutert, dass ein Pilot oft eine Route fliegt, die nördlich seines Zieles liegt. Wenn er geradeaus fliegt, landet er unterhalb seines Ziels. Seiner Meinung nach ist das eine gute Analogie für die Arbeit und das Leben. Wenn wir zu realistisch sind, enden wir als Pessimisten. Aber wenn wir auf den Mond zielen, landen wir zwischen den Sternen (genau da, wo wir hinwollen). Der berühmte Eishockeyspieler Wayne Gretzky sagte stets: »Ich skate nicht dahin, wo der Puck ist; ich skate dahin, wo der Puck sein wird.«[1]

Gehen Sie über das hinaus, was Sie für möglich halten. Stellen Sie sich etwas vor, das größer ist als das, was Sie glauben, erreichen zu können. Prince Ea sagt, dass er die Welt in ihren Grundfesten erschüttern will. Sie müssen nicht wissen, wie man das bewerkstelligt, aber Sie müssen wissen, dass es möglich ist. Zu viele Leute stecken fest, weil sie nicht an ihre Fähigkeiten glauben.

Er fügt hinzu, dass persönliches Wachstum die Voraussetzung für beruflichen Erfolg ist. Wenn Sie verstehen, wer Sie sind, erreichen Sie eine Position, von der aus Sie der Welt etwas schenken können. Und etwas, das Sie nicht besitzen, können Sie auch nicht weitergeben; deswegen sind Selbstverbesserung und ein Verständnis Ihres eigenen Selbst so wichtig.

---

1 »Total Quality Leadership in a Changing World«, 35th NACDA Convention, Orlando, Florida, 11.–14. Juni 2000, http://www.nacda.com/convention/proceedings/2000/00leadership.html (zuletzt aktiv im August 2018).

Konzentrieren Sie sich darauf, wer Sie sind

Jeder hat eine Gabe, die er der Welt schenken kann. Um sie zu finden, müssen Sie innehalten, auf Ihre Intuition hören und zur Einsicht gelangen, dass Ihnen nichts fehlt – Sie sind vollständig, so wie Sie sind. Werfen Sie einen Blick nach innen und stellen Sie sich die Frage, was Sie einzigartig macht, wieso Sie hier sind und was Sie zu geben haben.

Prince Ea schlägt die folgenden Fragen vor, mit denen Sie mehr über sich selbst herausfinden können und die Sie nutzen können, um Ihre Marke aufzubauen:

1. Wieso bin ich auf diesem Planeten?
2. Was kann ich anderen geben?
3. Was macht mich glücklich?
4. Wenn ich noch fünf Jahre zu leben hätte, was würde ich tun?
5. Wenn ich noch ein Jahr zu leben hätte und wüsste, was immer ich tue, wird garantiert erfolgreich sein, was würde ich tun?

Diese Fragen zu beantworten, kann hilfreich für Sie sein, um herauszufinden, was Sie mit Ihrem Leben anfangen sollen; es stärkt Ihren Glauben daran, dass es möglich ist, und es hilft Ihnen, bei der Arbeit und dem Aufbau Ihrer Marke am Ball zu bleiben.

Nate Morley, Gründer von Works Collective und einer der Topmarkenstrategen in den Vereinigten Staaten, hat bei einigen der besten Agenturen weltweit als Group Creative Director gearbeitet, inklusive 72andSunny und Deutsch Los Angeles. Er war auch im Global Marketing bei Nike und als CMO bei Skullcandy und DC Shoes tätig. Bei DC Shoes leistete Morley Pionierarbeit bei der Entwicklung einer neuen Art von Marken-Content – der ikonischen

Gymkhana-Filmreihe, die weit über 500 Millionen Mal gesehen wurde. Allein *Gymkhana 3* wurde 65 Millionen Mal gesehen, ohne dass dafür Geld geflossen wäre.

Morley sagt, wenn man eine Marke aufbaut, besteht ein Unterschied dazwischen, wer Sie sind und was Sie tun. »Die meisten Leute stellen sich Nike als einen Schuhhersteller vor, aber das sind sie nicht«, sagte er. »Nike ist ein Performance-Unternehmen, das Schuhe macht, um menschliche Leistungen zu inspirieren und zu ermöglichen. Der Ausdruck dieser Performance (Schuhe) änderte sich in den letzten 40 Jahren drastisch, aber was Nike als Marke ist, hat sich nicht geändert. Nike war von Anfang an ein Performance-Unternehmen und das ist es heute noch und wird es auch in Zukunft sein.«

Eine Marke zu erschaffen, ist schwer. Es gibt eine Menge Schuhhersteller, aber Nike gibt es nur einmal.

Morley sagt, sobald Sie wirklich wissen, wer Sie sind, können Sie eine Menge verschiedener Dinge tun und die Bedürfnisse verschiedener Menschen adressieren. Er nutzt diesen Ansatz bei seiner Arbeit mit Unternehmen auf allen Ebenen. »Die meisten Start-ups konzentrieren sich vollständig darauf, ein Produkt zu schaffen und auf den Markt zu bringen – und das ist gut«, fuhr er fort. »Aber es kommt die Zeit, wenn ein Unternehmen eine Geschichte darüber erzählen muss, wer es ist, und nicht, was es herstellt oder tut. Was Sie herstellen oder tun, ist ein Ausdruck dessen, wer Sie als Marke sind.«

Chatbooks ist ein Start-up, das aus Ihren Bildern Fotobücher macht und Social-Media-Accounts erstellt. Als Mitglied des Beratungsausschusses half Morley Chatboooks dabei, zu realisieren, dass es nicht einfach ein Unternehmen ist, das Bücher druckt – es ist ein Unternehmen, bei dem es darum geht, »zu bewahren, was wichtig ist«, und das existiert, um Menschen zu inspirieren und ihnen die Möglichkeit zu geben, die Momente und die Menschen, die ihnen am wichtigsten sind, festzuhalten und zu bewahren. Das tut das Unternehmen, indem es Bücher druckt, aber das bringt nicht seinen

Wesenskern zum Ausdruck. Morley erklärt: »Dieser Ansatz gestattet es Chatbooks, das eigene Produkt und die eigenen Dienstleistungen weiterzuentwickeln, wenn sie dies wünschen, und das, ohne etwas daran zu ändern, wer Chatbooks als Marke ist.

Eine Marke zu werden, verleiht Ihnen auch Beständigkeit in einer sich ändernden Welt. Wenn Sie zum Beispiel ein Computerchiphersteller sind, der den besten Chip der Welt produziert, aber dies das Einzige ist, was Sie tun, dann ist Ihr Unternehmen in der Sekunde nicht mehr relevant, wenn jemand anderes einen besseren Prozessor herstellt. Deswegen nutzen die besten Unternehmen der Welt Werbung für Produkte als Ausdruck dessen, wer sie als Marke sind. Die besten Marken wissen, wie wichtig es ist, Ressourcen exklusiv nur fürs Marken-Building zu verwenden.

Morley schuf mehrere Kampagnen für Target, in denen gar keine Produkte vorkamen. Der Zweck dieser Kampagnen war einfach nur, beim Publikum den Eindruck zu erwecken, dass Target modisch, cool, zugänglich und witzig ist. Die meisten Gegenstände, die Target verkauft, kann man überall kaufen, aber die Kunden wollen gerne von einer Marke kaufen, die sie mögen.

Stehen Sie für etwas Größeres

Die Journalistin Katie Couric glaubt, dass diejenigen, die lernen, die Macht der Technologie und des Storytellings zu kombinieren, auf lange Sicht am erfolgreichsten sein werden. Die Möglichkeiten sind unbegrenzt, aber der Wettstreit um Aufmerksamkeit ist intensiver als je zuvor. Die Herausforderung besteht darin, Aufmerksamkeit zu erlangen, während man seinen Prinzipien treu bleibt. Außerdem brauchen Sie eine Strategie. Sonst haben Sie nur tollen Content, den niemand sieht.

Influencern muss die Welt um sich herum wichtig sein, es darf nicht nur darum gehen, neue Produkte oder Dienstleistungen zu bewerben. Man muss selbst zu einer Marke werden, die für etwas Größeres steht. Couric ist der Meinung, das ist es, was wirklich zu einer Verstärkung der eigenen Message führt.

Bauen Sie eine Marke um sich selbst herum auf

Phil Ranta von Studio71 berichtet, dass einer der Bereiche, auf die sich sein Unternehmen konzentriert, der Aufbau einer Marke um den Gründer herum ist, damit dieser ein Sicherheitsnetz für eine lang andauernde Karriere hat. In der Unterhaltungsbranche ist es sehr selten, dass ein Star, der nur eine einzige Sache beherrscht, sehr lange an der Spitze bleibt, besonders in Rantas Branche, in der er hauptsächlich mit einem jugendlichen Publikum arbeitet. Im Allgemeinen wollen junge Menschen mit anderen in derselben Alterskohorte interagieren. Also versucht er sicherzustellen, dass seine Klienten immer noch ein Publikum haben, sobald sie diese Altersgruppe hinter sich lassen.

Um relevant zu bleiben, ist es wichtig, eine Marke um sich herum aufzubauen – auf diese Weise haben Sie mehr Bedeutung, als nur der Content zu sein, den Sie im Moment produzieren. Rhett & Link (über die wir schon im YouTube-Kapitel gesprochen haben) sind ein großartiges Beispiel für Menschen, die genau das getan haben. Nachdem sie das sehr erfolgreiche *Good Mythical Morning* erschaffen haben, lancierten sie die *Good Mythical Crew*, wobei der Fokus auf den Leuten liegt, die in ihrer *Morning Show* arbeiten. Nicht nur sind Rhett & Link selbst zu Stars geworden, sie machen ihre Fans auch mit einer Menge anderer Menschen bekannt, damit sie weiterhin wachsen können. Heute haben sie 15 verschiedene Persönlichkeiten in ihrer Marke vereint, die jeder kennt und mag. Es ist immer clever, sich weiterzuentwickeln und nicht nur der einzige Content-Creator zu sein.

Nutzen Sie verschiedene Kanäle

Chris Williams von pocket.watch erläutert, dass Reichweite nicht das Gleiche ist, wie eine Marke zu haben. Eine Million Follower auf Facebook oder 50 000 Views bei einem Video bedeuten noch nicht, dass Sie eine Marke haben. Selbst 800 Millionen Views im Monat sind keine Garantie dafür, dass Ihr Name bekannt wird.

Um eine hohe Zahl von Followern zu einer Marke zu machen, empfiehlt Williams, Menschen an verschiedenen Orten zu erreichen. Er glaubt, dass der YouTube-Star Jake Paul seine digitale Marke ausweiten konnte, weil er in der Disney-Channel-Show *Bizaardvark* auftrat. Er tat es nicht für Geld – er tat es, weil er wusste, dass es seine Marke weiterbringen würde, wenn er auf mehr Plattformen sichtbar ist. Wenn die Leute Sie an verschiedenen Orten sehen, baut das Ihre Marke auf. Wenn Sie hingegen nur mit einer einzigen Plattform assoziiert werden, genügt das normalerweise nicht.

Ray Chan von 9GAG sieht das ebenso und sagt, dass Ihr Ziel darin besteht, eine solide Marke aufzubauen, während Sie gleichzeitig neue User hinzugewinnen. Informieren Sie sie und halten Sie sie auf dem Laufenden, worum es bei Ihrer Marke geht. Lassen Sie sie wissen, dass Sie auch auf anderen Kanälen sind, damit das Publikum mit Ihnen auf verschiedene Weise interagieren kann.

Schaffen Sie Ihre Chancen selbst

Wade beschloss, seine eigene Comedyshow ins Leben zu rufen, weil er wusste, dass sein Wunsch, für BBC und Comedy Central zu arbeiten, als er die Theaterschule abgeschlossen hatte, keine realistische Vorstellung war. Stattdessen nahm er das kreative Steuer in die Hand und kreierte eine Show, die er selbst online unter das Publikum brachte. Indem er das tat, hatte er damit ein »Proof of Concept« – er hatte den Beweis in Form hoher Zuschauerzahlen eines Onlinepublikums. Weil sein Content so gut ankam, erhielt er damit Bestätigung und Glaubwürdigkeit, um hinterher zu den großen Fernsehsendern gehen zu können und gute Deals abzuschließen.

Er erläutert, dass man den großen Kanälen beweisen muss, dass das eigene Konzept funktioniert. »Kreieren Sie Ihren eigenen ›Buzz‹, und das Interesse folgt«, sagt Wade. Wenn Sie etwas für sich selbst erschaffen, werden andere daran Interesse zeigen – Menschen werden zu Ihrem Content strömen und hinter Ihnen und Ihren Ideen stehen.

Wade erhielt Millionen von Views bei seinen Sketchen und Shows in den digitalen Medien, bevor er zur BBC ging und ihnen zeigte, dass seine Kreationen funktionierten. Sie gaben ihm eine Show. Er hat den Eindruck, dass jeder, der eine eigene Marke aufbauen will, sein Geschick in die eigenen Hände nehmen sollte. Niemand schuldet Ihnen etwas, also arbeiten Sie hart daran, Ihre eigenen Chancen zu kreieren.

Schaffen Sie das Gefühl einer starken Verbindung

David Oh von FabFitFun erklärt, dass Sie sich ganz Ihrer Beziehung zu den Kunden oder Fans verschreiben und diese wertschätzen müssen. Durchhaltevermögen erreicht man, indem man eine starke Beziehung mit dem eigenen Publikum aufrechterhält. Eine Million Follower zu gewinnen, bedeutet gar nichts, wenn Sie nicht eine Beziehung und Verbindung zu ihnen aufrechterhalten.

Sie können diese Verbindung verbessern, indem Sie Menschen antworten und auf sie reagieren, wenn diese Ihre Posts kommentieren – das schafft eine Verbindung zu Ihrem Unternehmen, die sich für die Menschen authentisch anfühlt. FabFitFun hat ein Forum, in dem die Kunden Fragen stellen können, und Oh ist selbst dort aktiv und redet mit den Kunden. Das hat eine Menge Wert für das Unternehmen geschaffen. Oh erläutert, dass eine Menge Marken offenbar Angst haben, das Gleiche zu tun, aber er weiß, dass die besten Entrepreneure, inklusive Steve Jobs und Bill Gates, sich online eingebracht haben.

Er fügt außerdem hinzu, dass die beste Kritik von Ihren Freunden stammt. Wenn Sie Ihre Fans wie Freunde behandeln, werden sie Ihnen vermutlich gute Einsichten und Ratschläge präsentieren. Sie sagen Ihnen vielleicht, was ihnen am besten an Ihrem Unternehmen oder Ihrer Website gefällt, und helfen Ihnen, sich mit der Zeit zu verbessern.

Es gibt kein Geheimrezept für Erfolg

Chan erklärt, dass man den Erfolg nicht mit sogenannten Hacks oder Tricks erzwingen kann; zum Beispiel, die Tageszeit zu beachten, zu der Sie posten, oder beliebte Hashtags zu verwenden. Die meisten User sind intelligent, und wenn sie auf ein Hashtag klicken und irrelevanten Content sehen, werden sie Ihrem Account nicht folgen. Hacks helfen vielleicht zu Beginn ein wenig, aber das Geheimrezept des Erfolgs ist einfach: Schaffen Sie auf Ihrer Plattform die bestmögliche User-Experience.

Chan erläutert, dass er eine Menge über diesen Prozess gelernt hat, indem er sich an Filmen orientierte, die er mochte. Er sah, dass Marvel Comics eine Unmenge an Superheldenfilmen herausbrachte, die sehr beliebt sind. Deswegen versuchte DC Comics, das Modell von Marvel zu kopieren. Aber wenn man sich die Einspielergebnisse ansieht, sind die Filme von DC Comics nicht so erfolgreich wie die Marvel-Filme. Er erkannte, dass das Schlüsselelement nicht der Superheld selbst ist. Wenn man genauer hinsieht, kombinieren die Marvel-Filme sehr lustige Szenen mit ans Herz gehenden Stellen, in denen es um Familie und persönliche Beziehungen ging. Bei den DC-Filmen fehlen diese Aspekte normalerweise. DC versuchte, einen Hack zu nutzen – die Beliebtheit von Superhelden –, wenn das Geheimnis eigentlich in tollem Content bestand, der einen Zugang zu den Emotionen der Zuschauer findet.

Passen Sie sich an Plattformen an, die sich verändern, indem Sie testen und lernen

Chan hat den Eindruck, dass es schwer ist, gute Leistungen in den sozialen Medien zu erzielen, denn man muss Höchstleistungen erbringen und relevant bleiben, während sich die Internetlandschaft und die Social-Media-Plattformen ständig verändern. Neue Plattformen treten alle paar Jahre auf den Plan und man muss hart arbeiten, um sich daran anzupassen.

Wade stimmt zu, dass es diese ständige Volatilität gibt und man seinen Weg durch diese Veränderungen finden muss – genau das ist es, wobei Ihnen der Aufbau einer Marke hilft. Marken-Building ist eine der Methoden, mit der Sie das kurzfristige Auf und Ab des Konsumentenverhaltens oder kulturelle Veränderungen und gesellschaftlichen Druck abfedern können.

Chan glaubt, ein wesentlicher Faktor für seinen anhaltenden Erfolg bestehe darin, dass sein Team beständig testet und dazulernt, um neue Wege zu finden, sich zu verbessern. Die Kernprinzipien des Storytellings, der Unterhaltung und wie man mit Content Reaktionen des Publikums hervorruft, sind immer die gleichen, aber das konstante Dazulernen, Testen und Verändern hat einen Einfluss darauf, wie Sie diesen Content in einem spezifischen Format für jede Plattform verpacken.

Zum Beispiel hat Facebook gerade angekündigt, dass es eine bedeutende Veränderung in seinen Newsfeed implementiert – man wird sich mehr darauf konzentrieren, Content von Freunden und

Familie zu präsentieren und weniger von Marken und Medienunternehmen.[2] Das macht meine Strategie zur Nutzung der Werbeplattform sogar noch wichtiger, um auf diesem Kanal relevant zu bleiben. Eine Menge Unternehmen werden zu kämpfen haben, wenn sie nicht den Wert von Paid Media erkennen, um gesehen zu werden. Organisches Marketing wird für Marken und Medienunternehmen auf Facebook nun noch schwieriger als vorher sein.

Eine (aber nicht die einzige) Methode, sich an diesen Wandel anzupassen, besteht darin, die Werbestrategien zu nutzen, die ich in diesem Buch präsentierte, und darin, in seinem eigenen Content Integrität und Kreativität zum Ausdruck zu bringen. Wenn Ihr Content nicht hochgradig teilbar ist, wird er einfach nicht gesehen werden. Diese Veränderung ist nur ein Beispiel dafür, dass die sozialen Medien von Ihnen harte Arbeit und eine ständige Aktualisierung Ihrer Strategie erfordern.

Strecken Sie sich nach den Sternen

Jeder hat einen Lebenszweck und ein Talent, das ihm oder ihr hilft, diesen Zweck zu erfüllen. Sie können ein Unternehmen aufbauen und jede beliebige Fertigkeit nutzbringend einsetzen. Finden Sie einfach heraus, wie Sie anderen einen Wert bieten können. Hören Sie auf Ihren Bauch. Wenn Sie einen Traum haben – etwas, ohne das Sie nicht leben können –, wieso sollten Sie dann aufhören, diesen zu verfolgen? Verlieren können Sie nur, wenn Sie aufgeben.

Wade drängt Sie, Ihr Leben so authentisch und so gut wie möglich zu leben. Es gibt keinen Grund, wieso Sie nicht die vollkommene

---

2 Kurt Wagner, »Facebook Is Making a Major Change to the News Feed That Will Show You More Content from Friends and Family and Less from Publishers«, Recode, 11. Januar 2018, https://www.recode.net/2018/1/11/16881160/facebook-mark-zuckerberg-news-feed-algorithm-content-video-friends-family-media-publishers.

Glückseligkeit erlangen können. Wenn Sie eine Stimme in sich hören, die sagt: »Ich liebe es, das zu tun, und ich will es für den Rest meines Lebens tun«, dann lassen Sie sich von nichts aufhalten. Selbst wenn Sie es nie »zu etwas bringen«, ist das Verfolgen eines Traums interessanter, als ein genügsames Leben zu leben und etwas zu tun, was Sie nicht mögen.

Wade erinnert uns daran, dass man nur einmal lebt. Nutzen Sie dieses eine Leben und tun Sie etwas, das Sie glücklich macht. Tun Sie alles in Ihrer Macht Stehende, um diesen Traum wahr werden zu lassen. Wenn Sie nicht Ihren eigenen Traum erschaffen, wird jemand anderes Sie einstellen, um seinen eigenen Traum zu verwirklichen.

Jonathan Skogmo von Jukin Media erinnert Entrepreneure daran, dass Erfolg kein Sprint ist; er ist ein Marathon. Er rät dringend, sich Zeit zu nehmen, nichts zu überstürzen und alle Komponenten des eigenen Business zu testen, bis man eine Kombination findet, die erfolgreich ist.

Stellen Sie etwas online, testen und lernen Sie daraus und wiederholen Sie, was erfolgreich war. Handeln Sie nicht kurzsichtig; spielen Sie auf lange Sicht. Wade erinnert uns daran, dass Geduld entscheidend ist. Seiner Meinung nach wissen das die meisten Menschen nicht zu schätzen. Um anhaltend von Bedeutung zu sein, müssen Sie heute anfangen, aber auf die kleinen Erfolge warten, die sich mit der Zeit einstellen. Wenn Sie etwas Kleines tun, aber das ausdauernd, wird es mit der Zeit einen großen Effekt erzielen.

Beginnen Sie mit einem Video oder einem kleinen Stückchen Content jeden zweiten Tag und dann einem Video an jedem Tag. Mit Leidenschaft und Zeit werden Sie etwas Wertvolles aufbauen. In einem Jahr werden Sie etwas erreicht haben, was Sie nie für möglich gehalten haben. Fangen Sie heute an und leben Sie Ihre Träume.

Tipps und Zusammenfassung

- Greifen Sie nach den Sternen.
- Finden Sie heraus, wer Sie wirklich sind, damit Sie der Welt etwas schenken können.
- Eine Marke aufzubauen, gibt Ihnen ein Sicherheitsnetz für eine längere Karriere.
- Nutzen Sie mehrere Plattformen, um Ihre Marke aufzubauen.
- Wer Sie sind und was Sie tun, ist ein Unterschied. Für anhaltenden Erfolg sollten Sie sich darauf konzentrieren, wer Sie sind.
- Seien Sie vertrauenswürdig. Vertrauen ist das Fundament für alles.
- Bauen Sie starke Beziehungen zu Ihren Kunden auf. Behandeln Sie Ihre Fans wie Freunde.
- Kreieren Sie die beste User-Experience auf Ihrer Plattform.
- Passen Sie sich an eine sich verändernde Plattform an, indem Sie testen und lernen.
- Schaffen Sie Ihre eigenen Chancen. Wenn Sie Ihren eigenen »Buzz« kreieren, stellt sich auch der Erfolg ein.
- Sie können nur scheitern, indem Sie aufgeben.
- Tun Sie alles in Ihrer Macht Stehende, um Ihren Traum wahr werden zu lassen.
- Lassen Sie sich Zeit. Überstürzen Sie nichts. Vergessen Sie das Testen nicht.
- Haben Sie Geduld.
- Beginnen Sie heute damit, Ihre Träume zu leben.

DANKSAGUNG

Zuerst einmal möchte ich meinem Literaturagenten, Bill Gladstone, danken, ohne den dieses Buch nicht möglich gewesen wäre. Bill, es ist für mich von großer Tragweite, dass jemand von seinem Format, der für mehr als fünf Milliarden Dollar an Buchverkäufen verantwortlich ist, sich die Zeit genommen hat, dieses Projekt und mich als Autor unter seine Fittiche zu nehmen. Danke für deine anhaltende Unterstützung. Ich freue mich schon, mit dir zusammen an künftigen Büchern zu arbeiten.

Latham Arneson, danke, dass du so ein toller Freund bist. Ich habe immer gerne mit dir bei Paramount Pictures zusammengearbeitet, besonders gefielen mir unsere tiefgehenden und gehaltvollen Gespräche darüber, wie man die besten Ergebnisse für all die Filme erzielt, an denen wir gearbeitet haben. Auf weitere solche Unterhaltungen mit dir freue ich mich bereits. Danke noch mal, dass du ein Teil dieses Buches bist.

Erick Brownstein, ich weiß all deine Einsichten und die Ratschläge zu schätzen, die du mir über die Jahre geschenkt hast. Es ist erstaunlich zu sehen, wie viel du in der kurzen Zeit erreicht hast, die wir uns kennen. Was dein Team bei Shareability tut, ist wirklich außergewöhnlich – du warst so nett, den Lesern dieses Buches wertvolle Einsichten zu gewähren, wie man bedeutenden und wirkungsvollen Content kreiert.

Eamonn Carey, danke für die vielen inspirierenden Gespräche, die wir in all den Jahren führten, besonders wenn es darum geht, über den Bereich des Digitalen und des Business auf globaler Ebene zu reden. In den letzten zehn Jahren habe ich enorm viel gelernt durch die Informationen, die du mir gegeben hast.

Danke, Ray Chan von 9GAG. Ich weiß wirklich zu schätzen, dass du dir die Zeit genommen hast, dieses Buch mit deinem Wissen zu bereichern. Es besteht für mich kein Zweifel daran, wieso 9GAG so erfolgreich war. Die vielen wichtigen Lektionen, die du zu diesem Buch beigesteuert hast, können jedem dabei helfen, sein Wachstum zu steigern und seine Strategie zu verbessern.

Danke, Ken Cheng, weil du in all den Jahren so ein toller Freund und Mitarbeiter warst. Es ist immer wieder begeisternd, mit dir über verschiedene Konzepte, Strategien und Geschäftsmodelle zu reden.

Katie Couric, ich danke dir vielmals. In den vergangenen drei Jahren mit dir zusammenzuarbeiten, war eine herausragende Erfahrung – wahrlich eine Ehre und eine Freude. Es macht immer viel Spaß, bei der Erstellung faszinierender Interviews zusammenzuarbeiten und ich freue mich auf die Fortsetzung unserer gemeinsamen Arbeit. Darüber hinaus freue ich mich schon auf den Content, den du in den kommenden Jahren produzieren wirst und der das Leben der Menschen positiv verändern wird.

Danke, Julius Dein, dass du dir die Zeit für das Interview beim Web Summit genommen hast. Es ist wirklich erstaunlich, wie viel Wachstum du erzielen konntest. Die Prämisse dieses Buches fußte darauf, eine Million Follower in 30 Tagen zu gewinnen, aber du hast dabei das nächste Level erreicht, indem du 15 Millionen Follower in 15 Monaten dazugewonnen hast. Das stete Wachstum und die Viralität deines Contents ist in meinen Augen unerreicht.

Pedro D. Flores, es war eine wunderbare Erfahrung, dich all die Jahre zu kennen, und es ist kaum zu glauben, dass wir vor zehn Jahren die erste Influencer-Kampagne auf YouTube kreiert haben (um den Film *Crank* mit Jason Statham). Es ist immer unterhaltsam, deine Kreativität zu sehen, und den Content, den du produzierst – du bist ein echtes Original unter den YouTube-Kreativen.

Tim Greenberg, danke, dass du dir die Zeit genommen hast, ein Teil dieses Buches zu werden. Ich habe immer eine Menge aus deinen unglaublich innovativen Ansätzen gelernt, die du genutzt hast, um eine weltweite Community um die World Surf League herum zu erschaffen.

Danke, Phil Ranta. Unsere Treffen waren immer sehr motivierend – selbst in den Frühtagen, als du noch bei Fullscreen gearbeitet hast. Was du bisher in dieser Branche erreicht hast, ist phänomenal. Ich lerne ständig von dir und du sollst wissen, dass ich wirklich sehr zu schätzen weiß, dass du mich an deinem Wissen hast teilhaben lassen.

Jon Jashni, danke für deine Eloquenz. Du bist eine der intelligentesten Personen, die ich in der Unterhaltungsbranche getroffen habe, und jedes Wort aus deinem Mund ist wahre Poesie. Ich will dir außerdem für deine beständige Führung und die tiefgehenden Gespräche danken, nicht nur über den digitalen Bereich und die Unterhaltungsindustrie, sondern auch über das Leben im Allgemeinen.

Mike Jurkovac, danke dir. Es war unglaublich, mit dir in den vergangenen acht Jahren zusammenzuarbeiten, beginnend mit unserer Kollaboration bei Fashion Trust über Adriana Lima bis aktuell zu VAST. Ich weiß unsere Zusammenarbeit wirklich zu schätzen und freue mich schon darauf, weitere innovative Projekte gemeinsam zu entwickeln.

Danke, Jeff King. Deine Erklärungen des Process Communication Model (PCM) haben auf mein Leben transformativ gewirkt. Ich bin dankbar für deine Unterstützung und Leitung. Ich liebe unsere Gespräche über Kommunikation und wie sie das Business, den Content und die sozialen Medien, aber auch unser tägliches Leben beeinflusst. PCM und deine Präsenz in meinem Leben und meiner Karriere waren von großer Bedeutung für mich.

Rob Moran, herzlichen Dank für deine Freundschaft und deine stete Leitung. Es war wunderbar, über die letzten paar Jahre mit dir zusammenzuarbeiten, und ich freue mich darauf, das auch in der nahen Zukunft zu tun.

Nate Morley, deine Intelligenz und Erfahrung beim Branding sind meiner Meinung nach unerreicht. Ich sehe Branding als einen der wichtigsten und entscheidenden Faktoren für ein lang anhaltendes Wachstum. Ob du mit Nike, Skullcandy oder DC Shoes zusammengearbeitet hast, du findest immer die innovativsten Möglichkeiten, um fesselnden Content zu schaffen, der Reaktionen hervorruft und einen Einfluss auf das Zielpublikum hat. Danke für das Wissen, das du in jeder unserer Unterhaltungen weitergibst.

Danke für deinen Beitrag, David Oh. Ich sage den Leuten immer, dass du der cleverste Internet-Werbefachmann bist, den ich je getroffen habe. Dein Ausmaß an Expertise, Erfahrung und Einsicht ist wahrlich unerreicht. Ich lerne jedes Mal eine Menge, wenn wir uns unterhalten, und ich bin immer wieder erstaunt über das Wachstum, das du bei den Unternehmen erreichst, die du über die Jahre mit aufgebaut hast. Das beeindruckende Wachstum, das FabFitFun erzielte, kann nicht nur dem Glück zugeschrieben werden, sondern deinen Einsichten und deiner Erfahrung. Ich freue mich schon, mit dir bei künftigen Projekten zusammenzuarbeiten.

Kario Salem, deine Freundschaft bedeutet mir eine Menge. Ich genieße stets unsere Unterhaltungen und freue mich darauf, dein anhaltendes Wachstum zu beobachten, nicht nur als Drehbuchautor, sondern auch als Musiker. Mit dir bei sozialen Kampagnen für deine Musik zusammenzuarbeiten, ist lustig und aufregend.

Jonathan Skogmo, ich danke dir. Es ist unglaublich, dass wir zusammen von Chicago nach L.A. gezogen sind und du Jukin Media von dem Apartment aus gegründet hast, in dem wir damals wohnten. Dein persönliches Wachstum und das deiner Firma zu sehen, ist erstaunlich. Wenn ich durch dein Büro gehe, bin ich inspiriert von dem, was dein Unternehmen erreicht hat. Wir sind gemeinsam weit gekommen.

Danke, Joivan Wade. Unsere Unterhaltungen sind wahrlich wunderbar. Jemanden vom anderen Ende der Erde zu treffen, der dasselbe Mindset und die gleichen Ziele hat, ist wirklich aufregend. Ich mag deine inspirierenden Einsichten und freue mich auf eine künftige Zusammenarbeit.

Danke auch an AJ Wilcox. Was du auf LinkedIn erreicht hast, ist bemerkenswert. Mehr als 100 Millionen Dollar an Ausgaben auf der LinkedIn-Plattform zu managen, ist wahrlich ein Beleg für dein Ausmaß an Expertise und Wissen. Ich habe unsere Unterhaltungen immer genossen und freue mich auf eine künftige Zusammenarbeit.

Chris Williams, du bist wahrlich eine herausragende Persönlichkeit. Ich erinnere mich daran, als wir uns das erste Mal trafen und du noch Chief Community Officer bei Maker Studios warst – ich wusste damals schon, dass du der cleverste Kerl im digitalen Bereich bist. Deine Einsichten sind von unschätzbarem Wert für dieses Buch und für mein eigenes Wissen und mein Wachstum. Wie viel Wachstum und Größe du in so kurzer Zeit mit deinem neuen Unternehmen, pocket.watch, erreicht hast, ist wahrlich inspirierend.

Ich will an dieser Stelle auch Prince Ea danken. Danke, dass du dir die Zeit genommen hast, dein Wissen in unserem Interview für dieses Buch mit mir zu teilen, und dafür, dass du mit deinem inspirierenden und motivierenden Ansatz bei der Produktion von digitalem Content einen solchen Einfluss auf mich hattest. Was du in so kurzer Zeit erreicht hast, ist wirklich bemerkenswert. Indem du einige der viralsten Videos des Planeten schufst, hast du uns alle gelehrt, wie man großartigen Content für soziale Medien kreiert und wie man ein positives Leben voller Impact lebt.

Wissen und Einsichten erhielt ich von allen Interviewten, die diesem Projekt ihre Zeit gewidmet haben und von denen ich viele bereits erwähnte. Ich bin euch allen dankbar, dass ihr eure Zeit geopfert und teilgenommen habt. Ein besonderes Dankeschön an alle, die mitgewirkt haben, inklusive Christy Ahni, Anthony Arron, Chris Barton und Chris Carmichael.

An das Team von BenBella: Danke, dass ihr euch so engagiert der Aufgabe gewidmet habt, den Inhalt dieses Buches zu verbessern und es für die Veröffentlichung vorzubereiten. Ein aufrichtiges Dankeschön an das gesamte Team und besonders an Glenn Yeffeth, Vy Tran, Sarah Avinger, Adrienne Lang und Jennifer Canzoneri.

Danke an all die brillanten Mitglieder meines Teams bei OPTin.tv und onemillionfollowers.com. Unser eigenes Wachstum wäre nicht möglich ohne eure stetige harte Arbeit und euer Engagement. Einen besonderen Gruß an Shant Yegparian, Dave Siedler, Strahil Hadzhiev und Javier Vital.

Tara Rose Gladstone, vielen herzlichen Dank für all deine Unterstützung bei der Abfassung dieses Buches; es wäre ohne dich auf keinen Fall möglich gewesen. Mit dir zu arbeiten, ist ein erstaunlicher Prozess – es gab Höhen und Tiefen, aber ich glaube, das Endprodukt wurde wirklich herausragend, aufgrund deiner Mühen, deiner Hingabe und der Zeit, die du hineingesteckt hast. Das weiß ich wirklich zu schätzen und freue mich darauf, mit dir bei künftigen Projekten zusammenzuarbeiten.

Und zu guter Letzt möchte ich Geyer Kosinski, Gary Lucchesi, Antony Randall, Pete Wilson, Brian McNelis und Richard Wright dafür danken, dass sie mich all die Jahre als Mentoren begleitet haben. Ich weiß eure anhaltende Anleitung und Unterstützung wirklich zu schätzen.

STIMMEN ZU EINE MILLION FOLLOWER

»Die heutige Onlinewelt ist so chaotisch, dass wirklich guter Content oft untergeht oder ignoriert wird. Die guten Neuigkeiten sind, dass Sie die Kontrolle darüber erlangen können, wie weit es Ihnen gelingt, ein breites Publikum zu erreichen – und Sie können heute damit anfangen, mit *Eine Million Follower.*«

– Katie Couric

»Als wir Hilfe brauchten, um eine digitale Serie herauszubringen, von der wir wussten, dass sie so viel Gutes in der Welt bewirken konnte, war Brendan die erste Person, die ich anrief. Ich bin froh, dass er ein Buch schreibt und andere an seinen Recherchen und seiner Erfahrung teilhaben lässt.«

– Justin Baldoni, Star von *Jane the Virgin*, Produzent von *My Last Days* und Mitgründer und CEO von Wayfarer

»Brendan sticht in einem überfüllten Markt hervor. Seine Strategien sind einfach umzusetzen und führen zu gewaltigen Erfolgen. Mit ihm zu arbeiten, hat mir die Augen geöffnet, wie wirkungsvoll seine Ideen sind. Er ist der Beste in dem, was er tut.«

– Luke Wahl, Executive Producer bei *Sports Illustrated* und Yahoo!

»Brendan hat das erreicht, wovon die meisten nur träumen. Wir können uns glücklich schätzen, dass er seine Geheimnisse mit uns teilt. Dieses Buch ist Pflichtlektüre.«

– JULIE MORAN, EHEMALIGE CO-MODERATORIN VON *ENTERTAINMENT TONIGHT*

»Brendans Erfolgsgeschichten sind umso interessanter, da sie sich um große, weltweite Marken drehen, wie Taylor Swift, Rihanna, Jason Statham, Katie Couric, MTW, Vice, Lionsgate und Yahoo! Wie eine Fallstudie für sein eigenes Buch hat er sein Geld in seine eigenen Ideen investiert und in sehr kurzer Zeit eine Million echte Follower mit geringen Kosten gewonnen. Ideen auszuprobieren und seine Methoden auf den Prüfstand zu stellen, ist ein wesentlicher Teil von Brendans Erfolg, und es ist sehr großzügig von ihm, dass er diese Aspekte seiner Arbeit mit dem Rest der Welt teilt.«

– GREG DURKIN, CEO BEI GUTS + DATA, EHEMALIGER SENIOR VICE PRESIDENT FÜR MARKETING ANALYTICS BEI WARNER BROS. PICTURES

»Auch wenn es wohl stimmt, dass niemand vorhersagen kann, welcher Content viral geht, gibt es eine bewährte Formel, die von Experten genutzt wird, um die Reichweite zu maximieren und sich vom Rest abzuheben – und sie wird für Sie ebenfalls funktionieren. Brendan Kane gibt Ihnen all die Tipps, Tools und Insidergeheimnisse, die Sie brauchen, um genau das zu erreichen.«

– DAVID OH, CHIEF PRODUCT OFFICER BEI FABFITFUN

»Es ist ansteckend, wie Brendan sich darauf fokussiert, wie die Dinge funktionieren. Seine Neugier und sein Wissen werden dafür sorgen, dass Sie mehr leisten wollen.«

– LATHAM ARNESON, EHEMALIGER VICE PRESIDENT FÜR DIGITALES MARKETING BEI PARAMOUNT PICTURES

»Brendan Kane wird Sie durch den Nebel der sozialen Medien geleiten und Ihnen mit seinen visionären Fähigkeiten deren strategische Anwendung erläutern.«

– Jon Jashni, Gründern von Raintree Ventures, ehemaliger Präsident und Chief Creative Officer von Legendary Entertainment, wo er die Entwicklung und Produktion von Filmen wie *Kong: Skull Island, Warcraft, Godzilla, Lost in Space*, das Jackie-Robinson-Biopic *42* und *Pacific Rim* leitete

»Es gibt heutzutage jede Menge Onlinehintergrundlärm – und es wird immer schwerer, den eigenen Content, die eigene Marke oder eine Botschaft dem größtmöglichen Publikum zu vermitteln, das für Sie relevant ist. Es sei denn, Sie lesen dieses Buch. Brendan hat Unglaubliches geleistet, wenn es darum geht, Tipps, Tools und Insiderinformationen zusammenzutragen, die umsetzbar und für jeden anwendbar sind.«

– Eamonn Carey, Managing Director bei Techstars London

»Die sozialen Medien sind eine Währung, die Sie gegen bare Münze eintauschen oder einsetzen können, um möglichst viele Menschen zu erreichen. Dieses Buch ermöglicht es Ihnen, die Grundlagen von den großartigsten Vordenkern weltweit in diesem Bereich zu erlernen. Sie werden von den Experten auf jedem Gebiet das entsprechende Wissen erlernen, das Sie für den Erfolg in den sozialen Medien brauchen!«

– Joivan Wade, Gründer von »Wall of Comedy« und Schauspieler in *The First Purge*

»Wenn Sie nach einem Buch suchen, das Ihnen dabei hilft, echten und anhaltenden Einfluss in der komplizierten und sich stets wandelnden Welt der sozialen Medien zu nehmen … dann hat Ihre

Suche ein Ende. Praktisch, konkret und leicht zu lesen. Brendan Kane hat die Bibel verfasst.«

– Kario Salem, Drehbuchautor und Emmy-Award-Gewinner

»Brendan versteht besser als alle anderen, die mir bekannt sind, wie wichtig Paid Media ist. Und dass bezahlte Werbung, effizient eingesetzt, die neue Form ›organischen‹ Contents ist, und was das tatsächlich bedeutet. Und dass wirklich guter Content die richtige Initialzündung und die richtige Plattform braucht, um erfolgreich zu sein.«

– Erick Brownstein, President und Chief Strategy Officer bei Shareability

»In dieser lärmenden Welt scheint es unrealistisch, eine große Anzahl Follower gewinnen zu können. Aber indem man den cleveren Anweisungen in *Eine Million Follower* folgt, kann jeder eine wirkungsvolle und leidenschaftliche Fangemeinde aufbauen, und zwar unmittelbar.«

– Dorie Clark, Assistenzprofessor an der Fuqua School of Business der Duke University und Autorin von *Entrepreneurial You* und *Stand Out*

»Brendan gibt Ihnen meisterliche und praktische Strategien an die Hand, die Ihnen helfen werden, Ihre Ziele in den sozialen Medien zu erreichen und noch darüber hinauszugehen. Ob Sie eine Marke aufbauen, ein Produkt verkaufen oder ein Influencer werden wollen, hier finden Sie das nötige Wissen, um Ihre Pläne umzusetzen.«

– Antony Randall, CEO und Mitgründer von EQ, und Entertainment Executive Producer/Director seit mehr als 30 Jahren. Er arbeitet mit so grossen Namen wie Jay-Z, Lady Gaga, U2 und vielen weiteren

»Ich wünschte, ich hätte dieses Buch besessen, als ich vor über einem Jahrzehnt meine Karriere als Videoregisseur begann. Es begeistert mich immer wieder, wenn ich das, was ich aus *One Million Followers* gelernt habe, auf meiner eigenen Social-Media-Plattform anwende. Jeder, der dieses Buch ernst nimmt und die Lektionen darin anwendet, ist auf dem Weg, seine Ziele zu erreichen.«

– Pedro D. Flores, CEO von CompA Productions

»Brendan hat es erstaunlicherweise geschafft, innerhalb von weniger als 14 Tagen eine Million Follower für unser Non-Profit-Unternehmen zu generieren. Ich habe in meiner gesamten Karriere noch kein so schnelles Wachstum in den sozialen Medien gesehen.«

– Rich German, Gründer und CEO von JV Insiders

ÜBER DEN AUTOR

Brendan Kane ist Business- und Digital-Stratege für Fortune-500-Unternehmen, Marken und Prominente. Er freut sich stets, seinen Klienten dabei helfen zu können, systematisch neues Publikum zu finden, das relevanten Content, Produkte und Dienstleistungen mit seiner Aufmerksamkeit und dem Ausgeben von Geld belohnt. Brendans größte Stärke besteht darin, Wert zu erschließen. Er verwandelt Komplexität in Simplizität mit Tools und Methoden, die Wachstum verstärken und die Realisierung von Ideen erleichtern.

Er begann seine Karriere bei Lakeshore Entertainment, wo er für alle Aspekte interaktiver Medienstrategien zuständig war. Er arbeitete an 16 Filmen mit, die weltweite Einspielergebnisse von insgesamt 685 Millionen Dollar generierten und leistete Pionierarbeit bei den ersten Influencer-Kampagnen, um auf effiziente Weise die Filme von Lakeshore zu bewerben.

Danach entwickelte Brendan Apps und Plattformen für prominente Klienten wie Taylor Swift, Rihanna, Xzibit, Charley Barkley, Michael Strahan, Supermodel Adriana Lima und Profiskateboarder Ryan Sheckler. Er war zudem Vizepräsident für Digitales bei Paramount Pictures und half, eines der größten Unternehmen für Social-Media-Optimierung zu skalieren, das mit Marken wie Disney, Fox, NBC, Netflix, Xbox, LinkedIn und vielen bekannten Fortune-100-Unternehmen zusammenarbeitete.

Sie können Brendan unter bkane@brendanjkane.com kontaktieren.

STICHWORTVERZEICHNIS